雪風：聯合艦隊盛衰的最後奇蹟

雪風ハ沈マズ　強運駆逐艦 栄光の生涯

豐田 穰 著

鄭天恩 譯

目錄

第一部　神話的誕生

強運艦雪風出動——南太平洋波濤洶湧　009
莊嚴的海景——激鬥的泗水海域　064
不屈的海上男兒——擊沉旗艦德魯伊特號　102
儘管如此仍不辱武名——令人憾恨的中途島　131
軍艦進行曲響起——年輕少尉的初體驗　161

第二部　幸運站在我們一邊

鐵底灣的火祭——戰艦比叡號沉沒　189
隱忍的苦澀之海——惡魔的瓜島快車　223
悲慘的活祭品——丹皮爾海峽的悲劇　256

即使如此，雪風仍持續前行——跨過僚艦的屍體 276
向赫赫武勳致上敬意——「神通號」壯烈的死鬥 301
「沒什麼好擔心的啦！」——強運、豪傑艦長登場 330

第三部　在痛苦的海中求生

遺忘的傳統——馬里亞納海戰的敗北 357
在史上最大海戰中存活下來——充滿悔恨的海上悲劇 384

第四部　即使如此雪風仍不沉

與「大和號」一同展開特攻——跨越地獄之門 489
縱使折戟沉沙——再見了，雪風！ 533

驅逐艦小論 549

照片提供／「雪風」關係者・雜誌「丸」編輯部

艨艟巨艦乘風破浪，大海之神今日依舊馳騁

豊田穰

第一部

神話的誕生

強運艦雪風出動

——南太平洋波濤洶湧

驅逐艦雪風的航海士山崎太喜男少尉聽聞開戰廣播時，是在內南洋的帕勞群島科羅泊地。十二月八日上午六點（東京時間，以下同），收音機播出了以下的內容：

「帝國陸海軍在八日破曉時分，於西太平洋和英美軍進入戰鬥狀態」

這段有名的大本營公告，為長達五年的太平洋戰爭揭開了序幕。

這時候，雪風所屬的第四急襲隊——輕巡洋艦長良號、二十四驅逐隊、十六驅逐隊第一小隊，已經開始陸續出航。

第四急襲隊是為了掩護登陸菲律賓呂宋島黎牙實比的登陸部隊，臨時編組起來的部隊，指揮官是第一根據地隊司令官久保九次少將（海兵三十八期）。他們的任務是讓陸軍部隊（木村支隊）登陸，好占領黎牙實比北部的機場、讓二十七架零戰與陸偵進駐。

分別搭乘四艘特設運送船的陸軍部隊[1]，包括了第十六步兵團長木村直樹少將指揮下的第十六步兵團司令部，步兵第三十三聯隊（缺第一大隊）、野砲兵第二十二聯隊第四中隊，吳一特（吳港第一特別陸戰隊）也搭著松本丸加入戰局。當木村支隊占領機場後，預定就由吳一特來接手警備。

第四急襲隊衝進阿爾拜灣（Albay Gulf，黎牙實比在它的深處），是在X（十二月八日）＋四日，也就是十二月十二日的破曉時分。

澀谷紫郎司令（大佐，四十四期[2]）率領的十六驅逐隊一小隊（雪風、時津風），在八日上午八點從科羅的西灣口出發。

山崎航海士一邊向被拋在後方的帕勞群島與科羅港惜別，一邊莫名想起同學們的事。跟在後面的時津風號上，有雷正博少尉擔任航海士；一起從瀨戶內海過來的第二小隊（六日出航）天津風號，航海士船橋稔也是同學。

除此之外，在往菲律賓（日本稱為比島）、荷屬東印度（日本稱為蘭印）方面的比島部隊（指揮官為第三艦隊司令長官高橋伊望中將）、馬來部隊（指揮官為南遣艦隊司令長官小澤治三郎中將）各艦上，有超過百名的六十八期同學搭乘。這個早上，大家都是帶著緊張，體驗生涯首次的作戰。

雖然山崎沒有注意到，不過這天早上在同時出擊的第十一航空戰隊旗艦——水上機母艦千歲號上，也有同期的大坪弘擔任航海士。

開戰當天早上從帕勞泊地出擊的，有和第四急襲隊一起趕赴黎牙實比的十一航戰（水上機母艦千歲、千代田）與十七戰隊（敷設艦嚴島、八重山號），兩天前的六日，則有田中賴三少將（四十一期）的二水戰（輕巡神通、十五驅逐隊、十六驅逐隊第二小隊——天津風、初風）、四航戰（輕航艦龍驤、驅逐艦汐風）、五戰隊（重巡妙高、羽黑）等從同地出航，展開對民答那峨的達沃（Davao）的空襲作戰。（除此之外，重巡那智號則是在七日出航）

到抵達登陸地點黎牙實比為止，需要在西南太平洋航行三天左右。

雪風號追著先行的第二十四驅逐隊殿後艦隻的白色航跡，當全艦駛出灣口不久，旗艦長

1 編註：特設運送船是據《特設艦船部隊令》編成，原則上由原船員與少數軍人混合編組，並依用途細分為各類後勤船艦，包括運兵船。

2 編註：指日本海軍兵學校期別，下同。

良號的信號桅杆上，掛起了「警戒航行」的號令旗。

於是，雪風號等驅逐艦立刻變陣，擺出環繞運輸艦的護衛陣形。艦長和航海長為了占據新的位置，一下子急急忙忙展開了艦隊運動。

澀谷司令悠然眺望著各艦的動向。

在山崎眼中，這位司令不管人格、見識都很了不起，對部下的掌握也很透徹，將來一定是可以當上司令長官層級的人物。（澀谷大佐之後歷任阿武隈號艦長、那智號艦長，晉升少將後成為百一戰隊司令官。一九四五年一月十二日戰死，追晉為中將）

雪風號艦長飛田健二郎中佐（五十期），是位徹頭徹尾的驅逐艦老兵，出身鹿兒島縣川內市，每次一有什麼事，就會用鹿兒島方言大喊「嗚拗！」[3]

砲術長兼先任軍官荒瀨潤三大尉（五十九期）、水雷長白戶敏造大尉（六十四期）、航海長加藤清一大尉（六十三期）等人，是艦上的主要成員。

第四急襲部隊將航向轉往三二〇度、也就是西北的方向。

——終於要首次上陣了……

環視著約二十艘的艦隊，山崎忽然想起故鄉金澤。山崎出身金澤一中，和後面搭乘時津風號的雷正博是同學。

——現在這時候，金澤的雪應該已經積到兩尺深了吧……

終年盛夏的帕勞，實在很難跟積雪的金澤聯想在一起。

——終於要和英美開戰了。接下來會很辛苦吧……

山崎忽然又想起了海兵時代的教官豬口力平少佐（五十二期）。豬口少佐雖然是戰術和指揮的教官，但他的授課有點不同。在上課的一開始，他會要求學生閉上眼，誦讀明治天皇的詩作，然後忽然開始講起「桶狹間會戰的時候，信長啊……」。

豬口少佐對禪學有研究，也鼓勵學生坐禪。

因為他的授課方式有時很超現實，所以嘴巴比較壞的學生說他的授課是「神靈附體」，但確實是不錯的內容。

有一天，豬口教官一改平常的態度，說了這樣一段話：

「各位，我們無論如何終須和美國海軍打上一仗。記住，千萬不要輕視美國人。或許你

3 譯註：「うんにょ」（Un-ni-yo），鹿兒島方言「不對」、「錯了」的意思。

們曾聽人說，我們日本人有大和魂，美國佬什麼的，根本不堪一擊；但事實上，美國人也有美國魂。不只如此，美國人熱愛冒險，不管什麼都要爭世界第一。在這種鬥爭精神下，他們並不會比日軍差到哪去。不只如此，美國海軍自獨立戰爭以來，就算到了美西戰爭也從沒有輸過，這點和常勝不敗的日本海軍頗為相似。因此，如果我們不盡心竭力，這場戰爭就沒那麼簡單。特別是一旦進入激戰，像你們這樣的年輕軍官都必須在前線奮戰，因此必須充分鍛鍊身心才行哪！」

這場戰鬥終於要開始了。

——就算沒辦法立下功勳，也要打一場不負家鄉父老的作戰才行……

山崎這樣想著，不覺咬緊了嘴唇。

山崎這批六十八期生，在一九四〇年八月七日從海軍兵學校畢業，以少尉候補生身分在香取號、鹿島號進行練習航海後，自九月下旬起配屬到聯合艦隊各艦上。

山崎和筆者一起，配屬到戰艦伊勢號上。關於這段期間同期生們的動向，在我的作品《同期之櫻》（光人社刊）中有詳述。

一九四一年四月一日，山崎正式敘任為少尉，同日被派遣到戰艦金剛號上，之後在八月一日，又被命令前往佐伯灣搭乘驅逐艦雪風，擔任航海士。

對這個任命，山崎感到相當開心。畢竟不管怎麼說，金剛號都是大正年代的一九一二年在英國打造的老戰艦。相較之下，雪風則是一九四〇年一月二十日竣工的陽炎型（甲型）新銳艦，同型艦還有時津風、天津風、初風、浦風、濱風、磯風、谷風等。據說在即將到來的戰爭中，它們將擔任像獵犬一樣四處奔走、讓敵方主力艦隊焦頭爛額的水雷戰隊主力。

聽到要調派雪風時，山崎的心情就像是要從郊外古老寬敞的農家，搬到都心的現代住宅一樣。

開戰前的雪風作為第十六驅逐隊的司令驅逐艦，每天都在澀谷司令親自帶領下，不分晝夜進行猛烈操練。他們以佐伯灣和宿毛灣為基地，駛到外海進行砲雷擊訓練。

在進行日、夜近身魚雷攻擊的訓練時，他們會以二水戰[4]的旗艦神通號為標的。

這時的二水戰，第一隊是十五驅逐隊（跟雪風同型的陽炎型夏潮、黑潮、親潮、早潮四艦），第二隊就是十六驅逐隊。

4 編註：第二水雷戰隊縮寫。

1940 年 1 月，駛出佐世保港的雪風。雪風竣工時的標準排水量是 2,000 噸、航速 35 節、主砲為 12.7 公分砲六門，另外配置 61 公分魚雷發射管八門。

這時候二水戰的訓練情形，隨著日美開戰日益逼近（八月一日，美國宣布對日本禁運石油），可以說是名符其實的日夜不休。山崎也好好體會了一番配屬在驅逐艦才會有、「大丈夫當如是也」的醍醐味。艦上的士官兵也都勤奮不懈，儘管不能上岸，卻沒有半個人口出怨言，抱怨過辛苦或是疲累。

山崎身為航海士，經常待在飛田艦長、加藤航海長（六十三期）、白戶水雷長身邊工作。（砲術長荒瀨潤三大尉則大多待在艦橋上面的射擊指揮所）

飛田艦長是鹿兒島芋燒酎千錘百鍊出來的酒豪，外表貌似十分威嚴，看起來就是一副豪放的樣子，但實際上個性相當細密。白戶水雷長一副心寬體胖、悠悠哉哉的樣子，實際上卻很細心。直屬長官加藤航海長則是像鶴一樣瘦削、表情嚴肅，個性一絲不苟。

和頗有大人物風範的澀谷司令相處，讓雪風艦橋上總是緊張的氛圍，明明繃得很緊，卻又充滿著一種和諧的氣氛。

不管怎麼說，飛田艦長身為海兵五十期，跟山崎這些六十八期生的主任教官大野格少佐（後來擔任羽黑號副長，戰死）是同期。十八年的差異，相當於父子之間的年齡差。山崎像侍奉嚴父般地追隨艦長，艦長也對初次登上驅逐艦的新任少尉，給予懇切的指導。

山崎派任雪風後不久，軍官們各自分到了苧麻織成的軍服。一直以來夏天都是穿著白麻軍服，但因為從這時起要在南方作戰，所以雪風的軍官們，也都要穿著苧麻衣服作戰了。

哎呀呀……山崎再度有感而發；終於要到南方了啊！

這時候，日本的政界與陸海軍的高層，正在為了南進或北進爭論不休。

一九四一年六月二十二日，希特勒的納粹德國入侵蘇聯。時任外相的松岡洋右跳過首相近衛文麿，直接進宮參詣天皇，向天皇上奏道：

「現在應該要尊重和德國的三國同盟，舉關東軍之力進攻蘇聯領土，讓蘇聯盡早屈服才是。」

天皇則是說，「再和近衛好好談談吧！」然後就讓松岡回去了。

直到此時為止，日本海軍都高唱「南進論」，並積極推動進駐法屬印度支那南部。但在這個階段，「北進論」開始崛起，一時之間如松岡所言，把入侵蘇聯當成正解的言論大為盛行。然而，一九三九年夏天在諾門罕慘敗給蘇聯戰車隊的陸軍，並沒有為這種論述所動，於是，南進論的聲勢又再次高漲。

當時日本海軍直接要面對的問題，就是在支那事變（中日戰爭）仍陷於膠著的情況下，要和英美開戰，就勢必要奪取新加坡，但事前要如何準備方為妥當，著實讓人苦惱。

一旦美國停止出口石油，汶萊、蘇門答臘等荷屬東印度的石油對日本來說就是必需品。但要掌握這些石油，就必須把以新加坡軍港為根據地的英國勢力給驅逐出去。

更進一步說，要攻擊新加坡的根據地，特別需要的就是法屬印度支那的西貢基地，但印度支那的領有者為法國，已經在一九四〇年六月向希特勒投降。至於荷屬東印度方面，荷蘭也已經在同年春天向德國投降。

因為要將手伸向東南亞，日本就必須和希特勒、墨索里尼締結三國同盟，所以日本海軍也在一九四〇年九月二十七日，同意締結三國同盟。

接著在一九四一年四月，松岡洋右締結了《日蘇中立條約》。稍早之前，日美也開始進行和平交涉，但這只是美國在正式對德開戰之前爭取時間的策略，所以日本只是徒勞無功地被玩弄罷了。

既然如此，那日本海軍在八月一日美國禁止出口石油後，應該會下定決心對美作戰，踏上南進之路吧……？

後來成為軍事評論家的山崎，模糊感受到以上內容中的一兩點，於是不禁產生出以上這樣的想法。

接著，發生了更進一步證實他推測的事態。

激烈訓練告一段落的十一月中旬，雪風艦進入了吳港。

山崎航海士奉艦長的命令前往水路部，帶回大批的海圖。回來之他打開一看，出乎意料竟是帕勞的海圖。

——不會是要去攻擊帕勞吧……

山崎一邊這樣想，一邊翻開其他的海圖。眼前陸續出現了呂宋島、泗水、西里伯斯島望加錫的地圖。

——果然，真的要幹了嗎……？

山崎不禁倒抽一口氣。

這些地方全都是南進政策的要衝。其他船艦的航海士，現在毫無疑問也正在攤開馬來亞、婆羅洲、新加坡等地的海圖吧……山崎這樣想著。他將這些海圖放進秘密的海圖箱中，鄭重地上了鎖。

「艦長，我領到海圖了。」

「罕見的東西，總是會讓人心頭一熱哪！」

當山崎報告完後，飛田艦長咧嘴一笑——光看他那口鬍子，其實有點可怕。

在吳港，官兵為了休假而上岸。

山崎常會去一家位在中通與中央通間，名為「二鶴」的餐廳喝酒。GF（聯合艦隊）司令長官山本五十六偏好一家外號「Round」（德田）的店，GF參謀長宇垣纏少將則會定期光顧另一家外號「Rock」（岩本）的店家。德田的暖簾上，畫著一個類似加藤清正家紋的圓形圖案，至於岩本的外號，則是來自岩字的同義語（？）。

青年軍官有很多人都喜歡去暱稱「Double Crane」的二鶴喝酒。半年多之前，伊勢的下級軍官室的室友們，也是在二鶴舉行慶祝山崎掛階少尉軍官的聚會。當時，渡邊、小柴、近藤等六十八期生，首次接觸到「藝妓」這種東西。

山崎在二鶴遇到了同期的倉科康介。倉科在進行潛艦訓練，目前正在一艘練習用的潛艦上。

兩人交杯小酌之後，便到吳港的水交社投宿。他們把雙人房裡的兩張床鋪併在一起，並肩而眠。

「山崎，你可真好啊……一開戰就可以踏上戰場……」

像是察覺到什麼似地，倉科這樣說道。

「嗯，在水交社的這晚，或許是在內地的最後一晚了……」

山崎也莫名感慨地這樣回應。

沒有需要告別的女性，要向故鄉的雙親傾吐覺悟又太遠，而且也不能洩漏軍隊的秘密。就算是和母親同寢，恐怕也只能不告而別了吧！

第二天（十一月二十六日），十六驅逐隊一小隊起錨離開吳港，作為第四急襲隊的一員，先朝長崎南方的千千石灣（橘灣）前進。這是為了不讓一般民眾知道去向而做的掩護航路。

千千石灣位在島原半島以西，海岸呈現平緩的曲線，也沒有大型城鎮。灣口寬廣，在夜間出港相當容易。

十一月二十七日午夜零時剛過，雪風和時津風號趁著深夜從千千石灣出港，目的地是帛勞。

就在前一日，赫爾國務卿在華盛頓將《赫爾備忘錄》交給了駐美大使野村。在這份備忘錄中，充滿了包括「應從支那大陸撤退」等日本無論如何都無法接受的條款。

在進入帛勞港的這五天間，雪風和時津風號作為第四急襲隊的一員，連日進行砲、雷擊訓練。

對驅逐艦而言相當重要的魚雷攻擊訓練，是由老練的澀谷司令帶頭指揮。以四艘驅逐艦組成一個驅逐隊的情況，如何對敵艦取得有效的射角？在這個意圖下，要怎樣引導四艘驅逐艦，就得看打頭陣、坐在司令驅逐艦上的司令本領了。

當目標往北航行的時候，司令一般會把驅逐艦帶往更北方，從右（左）前方接觸目標艦，在斜前方急速迴轉、發射魚雷，然後朝著目標艦的艦尾方向退避。

陽炎型驅逐艦因為是設計來伴隨艦隊之用，所以在艦隊決戰的時候，如果戰艦彼此用主砲射擊、且不斷接近，最終必定會演變成近身魚雷攻擊，這時給敵人致命一擊，就成了驅逐艦被賦予的重要任務。

雪風在十二月二日駛入帕勞。也在這一天，聯合艦隊山本長官對正從阿留申南方海域往東航行的南雲中將機動部隊，發出了「登上新高山　一二〇八」（按照預定計畫實施攻擊）的電報。

即使到了帕勞，也還是要隨時出港展開訓練。

有一天，山崎上岸到科羅的餐館，跟時津風號的雷與天津風號的船橋一起把酒對飲。他們已經隱約知道開戰的事情，只是正確的時間和作戰計畫，就只有司令才知道。

司令在吳港鎮守府時，收到了好幾封密封的命令。

在從千千石灣前往帕勞的海上，司令拆開了第一封命令。這上面寫著「前往的目的地是帕勞」。

山崎也看到了這封命令。他注意到，在這份命令上，到處都有像是被刀子割掉的部分；那大概是跟十六驅逐隊沒有關係的部分，但其中到底隱藏了什麼，還是讓他忍不住在意。

就這樣，十二月八日早上，他們從帕勞出擊了。

——

雪風收到大本營海軍部播送，有關包括「擊沉四艘戰艦」在內的珍珠港戰果，是在他們從灣口駛入太平洋之後不久的事情。

艦橋上，飛田艦長手裡拿著這封截獲的電報，望向澀谷司令說：「航空部隊真是大幹一場了哪！」

「我們這邊又會捕獲怎樣的獵物呢？」

澀谷司令微笑著回應，心裡想著比自己低一期的學弟平出英夫大佐（四十五期）。平出在大本營海軍部擔任報導部長，看到這種大戰果，他應該正卯足全力，在努力將它傳播出去吧！

「現在要去的黎牙實比，有怎樣的敵人等著我們呢？」

山崎試著這樣問艦長。在前往珍珠港的南雲中將機動部隊上，應該也有好幾位同期參戰

才對。（茂木明治少尉在戰艦比叡號，擔任代理發令所長）

——如果那邊要解決美國戰艦，那這邊應該也得解決英國戰艦吧！

（這時候，日本的航空部隊和潛艦部隊，正為了如何摧毀停泊在新加坡實里達軍港中的英國新型戰艦威爾斯親王號與戰鬥巡洋艦卻敵號而煞費苦心。這兩艘戰艦從新加坡出擊、在南海現身，是八日傍晚的事。）

面對山崎的問題，艦長「嗚拗！」了一聲，然後微笑著說：「黎牙實比有機場，可是並沒有航海士你期待的那種大型軍艦喔！」

第四急襲隊按照預定計畫，在十一日晚上十一點五十分抵達阿爾拜灣的灣口。打頭陣的是十六驅逐隊。

——終於要來了啊……！

山崎將預先準備好的黎牙實比港海圖在海圖台中央攤開。艦橋內一片漆黑，海圖台為了防止光線外洩，在四周拉起了黑幕，因此他只能把脖子探進去，從兩個洞中伸出手，操作三角尺與圓規，記下各艦的位置。

「好暗啊，瞭望員，你可要好好看緊狀況唷！」

加藤航海長一邊激勵部下，一邊拿著雙筒望遠鏡仔細眺望前方。

這天雖然是二十三日的下弦月，但月亮還沒有升起。不，因為雲層厚重，所以就算升起，四周也還是一片昏暗。

眺望海面，阿爾拜灣就像鰻魚的巢穴一樣細長，在它的深處就是黎牙實比港。黎牙實比位在呂宋島東南方細長突出的半島東側，在它的正北邊，有海拔兩千四百二十一公尺的馬榮山。馬榮山是座形似富士山的紡錘狀美麗火山，在它的山麓地帶有座機場，那就是這次作戰的目標。

第四急襲隊以單縱編隊，魚貫進入海灣深處。打頭陣的雪風艦橋上，充滿了緊張的氣息。美國的新型巡洋艦和驅逐艦擁有叫做雷達的玩意，或許會趁著深夜前來攻擊也說不定。

「等等！放慢速度，有什麼東西過來了！」

艦長突然大喊，動作比熟練的瞭望員還快。

不愧是千錘百鍊的夜戰高手。老練的艦長即使在黑夜裡，也能察覺到三萬公尺外的桅杆。山崎雖然聽聞過這種事，但實際見識到還是深感敬佩。

不久後，大家發現那個可疑的目標只是一艘沒有武裝的帆船，不禁一起鬆了一口氣，同時也再次對艦長的視力感佩萬分。

再過一陣子，下弦月終於升起，四周開始朦朦朧朧亮了起來。敵艦似乎早就逃走了，連一艘也沒看見。木村少將的陸軍與藤村正亮中佐（四十九期）的吳港第一特別陸戰隊，迅速開始進行登陸。

光線變得更明亮了，這時從西方傳來轟鳴聲：

「右方三十度有敵機！」

瞭望員高聲大喊。

「對空戰鬥！」

艦長一聲令下，兼當高射砲使用的十二點七公分主砲骨碌碌地旋轉起來，二十五公厘機砲的射手，也開始對敵機展開射擊。

敵機並沒有進行機槍掃射，而是掠過雪風與時津風的上空。

那粗短的機體，看起來好像是美製的舊型戰鬥機水牛式，但因為是初次面對面，所以不管砲術長還是官兵，都沒辦法清楚加以識別。

——這就是我的第一次上陣嗎？……山崎這樣想著，感到有點索然無味。

但如果飛機以大編隊襲來，只有輕巡長良號與六艘驅逐艦、沒有航空母艦的第四急襲隊恐怕難以抵擋。經這樣一想，又讓他不由得戰慄了起來。在這個狹窄、行動極度受限的海灣內，若是敵方轟炸機與魚雷機攻來，大概就會換成我們重蹈珍珠港的覆轍，化為海上浮屍了吧！

雖然有這種擔憂，但這天對雪風的襲擊也就到此為止了。

山崎透過雙筒望遠鏡遙望機場方向，發現兩隻鳥正在空中相互追逐嬉戲。仔細一看，那並不是鳥，而是敵我雙方的兩架戰機在進行空戰，其中一架是熟悉的零戰。以沐浴在晨光下的馬榮山為背景，兩架飛機展開激烈纏鬥，不過不久後，粗短的水牛式便著火下墜了。

山崎鬆了一口氣，這時獲得勝利的零戰飛近艦隊上空，用力揮了揮機翼，然後便飛走了。它大概是從台灣的高雄一帶飛來，協助登陸作戰的吧！

艦長一邊抬頭仰望，一邊露出痛苦的表情說：

「嗚拗——，還真是做了蠢事哪！要是被當成敵機誤擊，那可就慘了哪！這會讓年輕的官兵困擾啦！」

不久後，陸軍與陸戰隊占領了機場，水牛式也不再飛來，取而代之的是將近二十架的零戰等著轉場過來。到這時為止，在水牛式的掃射下，旗艦長良號有一人戰死，吳一特也承受了四人死傷。

同時，山崎所見的「零戰」，其實是從黎牙實比東方、四航戰（第四航空戰隊）航艦「龍驤號」上飛來的九六式艦上戰鬥機。

角田覺治少將（三十九期，山崎在江田島時候的訓導主任兼監事長）率領的四航戰，在八日早上空襲了達沃之後北上，十二日破曉抵達黎牙實比東方一百浬（一百八十五公里，一浬等於一．八五二公里）海域。同日早上，四航戰起飛了八架九六艦戰來警戒登陸地點，並起飛了七架九七艦攻對機場進行轟炸，以支援陸戰隊。

第二日（十三日），久保少將見黎牙實比登陸作戰成功，於是率領長良號與二十四驅逐隊朝奄美大島前進，目的是支援拉蒙灣（Lamon Bay）登陸作戰。

拉蒙灣位在呂宋島東岸，馬尼拉以東七十公里。控制這邊的海岸，和西岸的林加延灣一樣，是占領首都馬尼拉的重要條件。

對拉蒙灣的登陸是以森岡皐中將率領的陸軍第十六師團為主力，預定在十二月二十四日登陸。

久保少將為了掩護這支登陸部隊，率領長良號和二十四驅逐隊，朝著十二月三日集結在奄美大島、十二月十七日開始南下，往拉蒙灣前進的十六師團搭乘船團的所在位置急馳而去。

另一方面，在林加延灣那邊，本間雅晴中將率領的十四軍在十二月二十三日登陸，負責掩護的是高橋伊望中將麾下的比島部隊（主力為第三艦隊）。

雪風所在的十六驅逐隊一小隊，預計在十二月十九日從黎牙實比出發，協助拉蒙灣作戰，在這之前只能一直在當地整補，過著無聊的日子。

就像要打破這單調的日子般，十四日有兩架美國的B17重型轟炸機飛抵阿爾拜灣。它們究竟是從馬尼拉近郊、還沒有被占領的克拉克機場飛來，還是從遙遠的爪哇、或是澳洲的達爾文港長途飛行而來，完全不清楚。

在兩架轟炸機的高高度轟炸下，生島丸和第七號掃海艇遭受了接近彈襲擊，有少數士兵受傷。

「高度八千左右，出乎意料的難對付啊……」

用雙筒望遠鏡進行觀測的飛田艦長這次沒有「嗚呦」，只是如此喃喃自語著。

「那架四引擎轟炸機是美國自豪的玩意，接下去還會不斷飛來，要小心瞭望啊！」信號長濱田清至兵曹提醒年輕的瞭望員注意。

這天中午，二十三航戰（高雄空、台南空、三空）中，隸屬台南空的九架零戰與兩架陸上偵察機在機場著陸。

這支零戰部隊的指揮官是果敢的戰鬥機駕駛員、在中國戰場名聞遐邇的台南空飛行長小園安名中佐（五十一期）。

小園之後率領台南空遠渡拉包爾，麾下有笹井醇一中尉、坂井三郎上飛曹、西澤廣義上飛曹、太田敏夫上飛曹等擊墜王，是位讓拉包爾戰鬥機隊勇猛名震天下的人物。

不過，這天小園中佐人在台南基地，和司令齋藤正久大佐一起進行指揮，前往黎牙實比基地的是分隊長瀨藤滿壽三大尉（六十四期）。

十四日下午三點左右，一架美軍水牛式戰鬥機與四架B17轟炸機，再次對黎牙實比展開襲擊。

——要來了嗎！

早已嚴陣以待的瀨藤零戰機隊立刻起飛，並擊落了一架B17，但還是有兩架零戰在地面

寇蒂斯 P40 戰鷹式戰鬥機。1941 年 12 月 24 日，雪風在拉蒙灣遭到美軍飛機攻擊，首次遭受損害。

受到水牛式的機槍掃射，略為受損。

十二月十八日，由於陸軍登陸作業完全告一段落，所以雪風所屬的十六驅逐隊一小隊便在十九日下午六點，和其他艦艇一起前去支援拉蒙灣登陸作戰。

雪風、時津風在二十二日早上，和護衛著持續南下船團的長良號與二十四驅逐隊在海上會合。

這時候，這些艦艇都被編入第四護衛隊。指揮官還是久保少將，除了十六驅逐隊、二十四驅逐隊、早鞆號、生島丸、二十一掃海隊外，還加入了獵潛部隊，但說到底仍是一支拼湊起來的陸軍支援部隊，所以士官兵之間早就有人摩拳擦掌、躍躍欲試地說：「早點讓我們參加艦隊作戰、狠狠把魚雷丟出去啦！」

就在這時傳來了消息：十二月十日，航空部隊在馬來亞海戰中，擊沉了威爾斯親王號與卻敵號。

而這場感覺英雄無用武之地的拉蒙灣登陸支援作戰，則因為美軍的戰鬥機而陷入苦戰。二十四日午夜零時，搭載陸軍的運輸船，開始在拉蒙灣南方的毛班（Mauban）與阿蒂莫南（Atimonan）海岸登陸。敵軍的抵抗相當激烈。

這天下午一點，四架美軍P40戰鷹式戰鬥機飛抵毛班上空，和在空中擔任護衛的零戰展開空戰，被擊落兩架。

山崎從灣內泊地抬頭仰望這場戰鬥，不由得歡聲雷動。運輸船上的陸軍也用山砲朝天空開火，雖然看起來聲勢浩大，但實際上打不到飛機，相反地因為打上天空的彈片會落回驅逐艦周遭，所以相當危險。

只是，他們完全沒有和陸軍通信的手段，既不知道對方的無線電波頻率，旗號也彼此不通。山崎露出為難的表情，望著海面上不斷揚起的水柱，但之後就連這樣做都沒辦法了。

在接下來的下午兩點，十多架美軍戰鬥機朝拉蒙灣上空襲擊而來。一部分敵機與零戰展開空戰，其他幾架則沒有針對運輸船，而是趁隙對護衛艦艇用十三公厘機槍進行掃射。

雪風等艦雖然用高射砲和機槍應戰，但敵機是在近距離高速襲擊過來，沒有辦法準確命中。雪風當然是處於航行狀態，飛田艦長老神在在地持續操作艦艇。這時候雪風並沒有退避，而是為了讓所有機槍都能指向美軍飛機，以和敵機呈直角的方向動作。當然，如果敵機是魚雷機的話，那這樣做會極度危險，但現在不用擔心這點。

只是，敵方的射擊很準確，雪風的油槽中彈，重油開始留下一條長長的黑線。不只如此，反覆猛烈射擊的敵機十三公厘子彈，有好幾發打中了裝填在八門發射管內的魚雷，不斷發出鏘鏘、喀拉喀拉的聲音。

這讓艦長、水雷長以下，靠近發射管的水雷科員全都心頭為之一涼。

雖然有安全裝置，但如果六十一公分九三式氧氣魚雷頭部的引信爆炸，那雪風鐵定會在一瞬間轟然沉沒（這並非杞人憂天，就在前不久的十二月十一日，投入威克島攻略作戰的六水戰就因為美軍戰鬥機攻擊，損失了兩艘驅逐艦，其中一艘據說就是因為魚雷被機槍子彈命中所致）。

雪風身為幸運船艦，這時只遭到了六人輕傷的損失，但這只是雪風飽嘗苦難的開端。

由於這些美軍飛機的攻擊，護衛隊有兩人戰死、二十一人負傷。

在這之後，登陸平安無事繼續進行。二十五日，雪風、時津風接獲命令，和二十四驅逐隊一起返回帕勞。

但問題在燃料槽的破洞。附近沒有船塢，也沒有工作艦（修理艦）。

總之要先確認破洞的位置，於是艦長發出這樣的命令：

「全體成員靠近左舷，有重量的東西也都搬到左舷！」

六門十二點七公分砲也一齊往左轉，弟兄也拿來裝有海水的洗衣桶，將它固定在左舷。兩千噸的雪風一下子往左傾斜。這就是驅逐艦的便利所在，要是有厚厚裝甲帶、高達四萬噸的戰艦，這樣就行不通了。

露出在水面上的右舷有六個洞，重油正從裡面不斷滲出。

艦長讓運用科[5]的士兵拿著事先削尖的木栓，用繩索把他們吊到舷側，接著把木栓塞進六個洞中，再用鐵槌敲實。如此一來，重油外洩就頓時停止了。

「準備出港！所有人員就出港部位！」

船身恢復水平，不久後速度便開始提升，趕在僚艦之後出了拉蒙灣。不過她沒有跟其他

5 編註：運用科過去主要負責風帆的操作，風帆廢除後，負責管理所有與索具、錨、起重機等相關的作業，也負責損管作業。

船艦一起前往帕勞，而是逕自南下，在兩天後的二十七日，進入民答那峨島的達沃港。

達沃在一週前的二十日，在陸軍與第五急襲隊（以田中賴三少將親自率領的二水戰神通、十五驅逐隊的夏潮、黑潮、親潮、早潮，十六驅逐隊二小隊的天津風、初風為中心）的掩護下結束了攻略。

在達沃已經有提早入港的工作艦明石號，雪風在那裡跟它側接，用氣焊方式把六個洞補起來。

但在修理過程中，遭到了B17的大編隊襲擊。那應該是從澳洲達爾文港一帶飛來，分成兩個中隊的二十架飛機，帶著震耳欲聾的轟鳴聲襲擊而來。

高度接近三千左右。因為達沃周邊都是山，所以要提早發現敵機相當困難。轟鳴聲剛聽見後不久，大編隊就出現，逼近日本艦隊的上空。

「嗚拗……」

飛田艦長抬頭看到這幅景象，立刻下令：

「準備出港，把繫泊的纜繩鬆開！」

這時候在達沃灣內，除了幾艘驅逐艦外，還有五戰隊的重巡妙高、那智、羽黑碇泊於此。

四航戰的龍驤號航空母艦剛把八架戰鬥機轉移到達沃機場，見狀立刻起飛迎擊B17，但還是趕不及。

敵方第一個中隊鎖定了五戰隊的重巡，劈哩啪啦地將炸彈（六十公斤？）丟下來。其中一顆炸彈命中了重巡妙高號，只見火花驟然爆開，接著黑煙便直衝雲霄。（妙高號因為這次損傷回到內地，沒能參加泗水海戰）

「嗚拗——！」

在艦橋目睹這個場景，飛田艦長不由得呻吟了一聲，馬上下令：

「把臉（艦艏）放下來！兩舷微速前進！」

幸運的是，因為二十四日以降就有空襲，所以鍋爐一直有升火，蒸氣馬上可以提升。

在艦長果斷的決定下，雪風離開了明石號的側腹。不久，敵方的第二個中隊逼近而來。炸彈再次如雨般落下……接著，好幾顆炸彈落在軀體龐大的明石號周邊、揚起水柱。這畫面實在相當危險，如果鍋爐熄火、船隻停止不動，搞不好就會被炸中一顆，引發火災也說不定。

雪風雖然被稱為幸運的驅逐艦，但不單只是幸運而已。要讓幸運降臨，必須要仰賴卓越的艦長判斷，以及支撐他的部下們不斷的努力。

離開明石號的雪風，立刻加速展開迴避動作，同時砲術長荒瀨潤三大尉也衝進艦橋上方的射擊指揮所，下令道：

「目標上方敵機，高射砲、機槍，開始射擊！」

高射砲開始骨碌碌轉動起來，後部煙囪兩舷的二十五公厘連裝機槍動作更快，早早開始嘡嘡嘡的射擊起來。這個砲座因為指揮官是掌砲長，所以啟動很快，但是艦橋頂上的七點七公厘機槍（單裝兩挺），指揮官掌水雷長還在上甲板，一時之間還上不來。

「好吧，只好我來幹了！」山崎說完便上到艙頂，對機槍手下令：「開始射擊！」

每天都只是看著海圖，他早就想這樣好好幹上一次了。

答答答答……機槍彈拖著紅色的尾跡，朝B17飛去。雖然高度三千實在是搆不太著，不過有得打，總是會讓人安心一點。他現在能夠充分理解在拉蒙灣狂放山砲的陸軍心情了。

「就這樣給我好好地打！」

正當山崎心情舒暢的持續射擊時，從頭上傳來了怒罵聲：

「喂，那邊的機槍！給我停止射擊！沒聽到我的命令嗎！」

荒瀨砲術長從射擊指揮所的窗口探出頭來大吼。

——到此為止了啊……

山崎縮了縮脖子，下令「停止射擊！」然後和從下面上來的掌水雷長換手。

——

十二月二十九日，從達沃暫時回到帕勞、和時津風待在一起的雪風，在那裡迎接了一九四二年的元旦。接著，為了參與西里伯斯島的萬鴉老（Manado）攻略作戰，她在一月四日再次駛進了達沃灣。

西里伯斯島盤踞在民答那峨南方、婆羅洲東方，形狀宛若海星，是一座半島眾多的島嶼，萬鴉老是位在它北端的重要港口，也是有十萬餘人口的交通要地。

萬鴉老攻略是占領婆羅洲、蘇門答臘等蘭印石油基地的墊腳石作戰之一，與之並行，以第一護衛隊（四水戰為骨幹）為中心的西方攻略部隊，則會對婆羅洲東北岸的打拉根島（Tarakan，以產油著稱）進行攻略。

一月九日，雪風作為高木武雄少將（五戰隊司令官）指揮的東方攻略部隊下轄艦隻之一，從達沃灣出擊，朝萬鴉老前進。

東方攻略部隊的編制如下：

▽支援隊：第五戰隊（重巡那智、羽黑），第六驅逐隊第二小隊

▽第二護衛隊：二水戰輕巡神通（旗艦）、第十五、第十六驅逐隊、第二十一掃海隊、第五驅潛隊、第一、第二、第三十四號哨戒艇、佐連特（佐世保聯合特別陸戰隊，缺兩個小隊）、第六設營班

▽第一根據地部隊：長良（旗艦）、第一根據地隊（第二十一掃海隊，缺第一驅潛隊）

▽第二航空部隊：第十一航空戰隊、第三十九號哨戒艇、佐連特兩個小隊、漁船

另一方面，陸軍搭乘的輸送船團與護衛艦艇的梯次區分則如下述：

▽第一梯次船團：護衛艦艇：第十五驅逐隊第一小隊、第一驅潛隊、區艦隊領艦艦早潮、輸送艦彰化丸、興新丸、長和丸

▽第二梯次船團：第二十一掃海隊、第一、二號哨戒艇、區艦隊領艦親潮、輸送艦南海丸、畿內丸、北陸丸、天城山丸、葛城丸

萬鴉老位在往東北長長延伸的半島西岸，東岸的克馬（Kema）預定也要有部隊登陸，分區登陸的部署如下：

▽萬鴉老：第十五驅逐隊、第二十一掃海隊的三艘掃海艇、第一驅潛隊、南海丸、畿內丸、彰化丸、興新丸、長和丸、天城山丸

▽克馬：第十六驅逐隊第一小隊（初風、雪風）、第二十一掃海隊的兩艘掃海艇、第一、第二號哨戒艇，北陸丸、葛城丸

東方攻略部隊的指揮官雖然是高木少將，但在實施行動上，則幾乎全都交給第二護衛隊司令官田中少將處理。

另一方面，這場萬鴉老作戰，也有航空部隊和這場大戰中首次出現的空降部隊參戰。

這支第一空襲部隊（基地在達沃機場）的編制如下：

▽指揮官：第二十一航戰司令官　多田武雄少將

▽鹿屋空支隊：一式陸攻二十七架、三空：零戰五十四架

▽東港空：九七式飛行艇二十架

▽一〇〇一部隊：運輸機二十八架

▽橫鎮第一特別陸戰隊[6]：濱田武夫中佐指揮的一個大隊（團）

（我的同學三浦政善少尉這時候擔任小隊長，對萬鴉老的郎貢安機場〔Langoan Airfield〕進行空降，結果戰死。另一方面，由人稱「陸攻之神」的入佐俊家少佐率領的鹿屋空支隊，另外一半部隊進駐佛印的西貢基地，並在十二月十日的馬來亞海戰中，參與了擊沉英國戰艦威爾斯親王號、戰鬥巡洋艦卻敵號的戰鬥。）

一月十一日凌晨一點十分，萬鴉老登陸部隊在以神通號為中心的護衛隊本隊守護下，抵達了萬鴉老灣，並在凌晨四點登陸成功。因為對方對重油槽進行縱火，所以火焰直衝天際、將夜空染成一片通紅，景象十分驚人。

另一方面，雪風參與的克馬登陸部隊也在凌晨一點三十分抵達東岸的克馬海域，並在四點二十分登陸成功。克馬與萬鴉老之間相距約三十公里，從雪風艦上也可以看見萬鴉老的重油槽火焰，而克馬這邊也遭敵軍四處縱火，照得整個地區一片通明。

十一日的日出是六點四十分，從這時候起，敵機便頻繁襲擊這兩個泊地，不停展開轟炸與掃射。

據山崎的記憶，襲來的飛機大多是雙引擎（洛克希德A28哈德遜式），但萬鴉老也有B17前來轟炸。萬鴉老海域的神通號在日出後不久，就遇到六架哈德遜式飛來轟炸，由於對方的連番攻擊，所以神通號持續退避了整整一小時。

克馬也在日出二十分鐘前遭到四架雙引擎飛機前來投彈，但並沒有損傷。早上七點有三架PBY飛行艇、下午四點二十分又有四架哈德遜式前來攻擊克馬，但都沒有造成我軍任何損害。

日出前十分鐘的六點三十分，三浦政善少尉所屬的橫一特空降部隊，開始對郎貢安機場（萬鴉老南方三十五公里，靠近以療養勝地著稱的通達諾湖〔Danau Tondano〕）進行空降。

空降總共進行兩波，在南國廣闊的天空中，出現了宛若巨大白色菊花綻放般的美景，人在克馬海域山崎，也從雙筒望遠鏡中看到了這幅景象。

——真漂亮哪……

山崎完全忘了不久前來襲的敵軍雙引擎轟炸機，忘我地欣賞著眼前美麗的光景。但這時

6 編註：簡稱橫一特，二戰初期即在台灣進行訓練、待命。

他還不知道同學三浦少尉參與了這場戰役，且在空降時的戰鬥中戰死……

儘管如此，山崎還是在這場登陸戰中得到了寶貴的經驗，那就是在運輸船裝有貨物的情況下，如何參與對空戰鬥。

運輸船中也有滿載彈藥的船隻，如果彈藥船被敵方炸彈命中的話，那可就糟糕了。但是，當雪風與時津風展開迴避動作後，運輸船也會在看見討厭的炸彈落下後，跟著展開迴避動作。兩艘驅逐艦偶爾靠近的時候，炸彈就會落在運輸船附近、揚起水柱。

「嗚拗——掉在糟糕的地方了哪！」

即使是膽氣豪邁的艦長，看到這景象似乎心情也不太好。

哈德遜式的攻擊方法，是從高度八千左右飛來，緩速下降到高度三千左右，然後投下炸彈。雖然它們不可能一次就把所有炸彈丟光，但大概可以襲擊三次。

「喂，航海士！去外面，告訴我炸彈掉落的方向！」

聽到艦長這樣說，山崎立刻衝到艦橋旁邊伸出去的信號甲板上抬頭仰望天空。

哈德遜式轟炸機帶著閃光，伸展機翼衝了過來。

「艦長，衝過來了！」

「蛋蛋丟下來就告訴我！」

「艦長，丟下來了！兩顆炸彈，朝這邊丟過來了！」

像鳥糞一樣的兩個物體，筆直朝雪風丟了過來。不管哪個，都像是瞄準自己鼻尖般逼近而來。

「從左舷？還是右舷？」

「左舷！」

「好，右滿舵！」

速度二十八節、軀體輕盈的雪風，轉舵速度很敏捷，只見艦體一口氣左傾，同時艦艏往右轉。剎那間，在右前方五十公尺左右嘩地掀起了水柱，雪風的艦艏從水柱中間穿過去，唰地飽受一陣泥水的洗禮。

「嗚拗——！航海士，剛才那一顆不是從右邊來嗎！」

儘管艦長這樣說，山崎還是相當納悶。畢竟不管喊左喊右，老實說，感覺起來都像是正朝自己這邊飛過來啊！

「哎呀呀，你的判斷力還真是糟糕哪！」

不顧水滴從帽子上一直落下，艦長笑著這樣說。但就算這樣，他也沒有說要叫別人來換掉航海士，於是山崎仍舊在信號甲板上仰望天空，喊著「左舷、右舷」讓艦長知道炸彈的方向。當他終於稍微掌握要領的時候，敵機也開始往南方退散。這些雙引擎轟炸機大概是從安汶（Ambon）方面飛來的吧！

第二天（十二日），空降部隊也繼續展開空降，在陸軍與陸戰隊的通力合作下，萬鴉老與克馬大致都已壓制完成。

作戰告一段落後，田中少將將第二護衛隊集中到萬鴉老北方的班加灣（Bangka）。十五日，他們暫時回到達沃，為接下來的安汶攻略作戰做準備。

但是，就在前一天的下午四點，前往偵察安汶的三空陸偵報告，在西里伯斯北方的摩鹿加海域，發現了三十艘潛艦。

雖然這實際上只是大群的鯨魚，但因為電報裡寫了一堆像是「不時把潛望鏡（帶著海潮）伸出來，潛入時還會冒出油與泡泡的黑色橢圓體」之類繪聲繪影的內容，所以蘭印部隊指揮官高橋伊望中將（座艦為足柄號）便命令第二護衛隊前去掃蕩。

「潛艦三十艘啊，這可麻煩了，不是很好對付啊……」

站在神通號艦橋上的田中少將用長州腔這樣說著，命令戰隊掉頭。

就這樣，十五日晚上十點，到十六日下午六點半，他們開始在摩鹿加海進行獵潛行動。行動兵力為第十五、十六驅逐隊與第二根據地隊派遣過來的第二十一掃海艇，掃蕩的指揮官為第十五驅逐隊司令佐藤寅治郎大佐（四十三期）。

佐藤大佐後來擔任神通號艦長，跟雪風一起在索羅門的科隆班加拉島（Kolombangara）海戰中展開夜戰，結果戰死，是位武勇名聲廣為人傳頌的人物。

掃蕩的方式是：首先在十五日的晚上十點，由第十五、十六驅逐隊的八艘船艦布成一線橫陣，由北往南一邊使用聲納一邊探索，接著在十六日的凌晨三點，由第二十一掃海隊跟在後面進行探測。另一方面，驅逐隊則在十六日的上午六點，改由南往北一線移動，進行地毯式炸射。

「這樣幹說到底，也只是白費力氣啦！總之不是海豚，就是鯨魚啦！浪費油料，實在太可惜了啦！」

飛田艦長在艦橋上，露出痛苦的表情這樣說道。可是，因為對安汶、爪哇的攻略作戰，會有大規模的輸送船團經過這個海域，所以輕忽不得。

作為雪風的僚艦，和她一起行動的天津風號。她們在航路上發現小島的偶發事件，讓雪風的幹部們不由得苦笑。

這時候山崎獲得了一個有趣的經驗，那就是澀谷司令的記憶力。

澀谷司令要率領第十六驅逐隊的四艘船艦進行海域掃蕩的艦隊運動，所以將所有的旗語訊號全都默背了下來。相當於二十六個英文字母的旗號，如果舉出的是「ＡＯＭＳ」，意思就是——

「往右排成一列橫隊，間隔兩百公尺，基準艦雪風」。然而，一般是司令下達這個命令，然後擔任信號長的士官急忙翻閱信號手冊，大聲喊出相當於這個信號的旗幟，然後信號兵再急急忙忙把信號旗升上桅杆。

但是，澀谷司令卻自己接連喊出旗幟的名字，信號兵則是照他說的，把指定的旗幟升到桅杆上。山崎不知道這些旗幟的意思，於是連忙翻閱起信號手冊，報告說：「現在的信號是×××」，司令聽了咧嘴一笑。山崎這才清楚認知到身經百戰水雷專家的厲害。

又，在這次掃蕩作戰期間，發生了一起偶發事件。

三號艦天津風的艦長原為一中佐，撥來隊內電話問說：

「本艦航路上發現小島，請示該如何採取行動。」

山崎試著往海圖上看，那簡直是個豌豆般大小的島。因為夜晚在昏暗的海圖台上畫線，所以看漏了。

「喂，航海士，真的有島嗎？」

確認這件事的澀谷大佐，在電話裡對天津風做了這樣的回應：

「如果這座島跨不過去，那就繞開吧！」

一向個性強硬的原中佐聽了不禁苦笑，把航線稍微往旁邊挪了一點。

飛田艦長聽了也笑著說：

「原為兄也有讓司令受不了的時候哪！」

一月十六日下午六點，艦隊判斷除了鯨魚以外，連一艘潛艦也沒有，於是田中少將停止了掃蕩，回到班加灣泊地。

就這樣，山崎心想：「接下來終於要進行安汶攻略作戰了吧」，但中間還隔著一場肯達里（Kendari）攻略作戰。

肯達里是靠近西里伯斯島南東南端的要衝，是攻略安汶、壓制蘭印的據點。

在這場作戰中，第十五、十六驅逐隊被編入久保少將的第一根據地部隊。

雪風和僚艦一起，從一月十七日起就停泊在萬鴉老北方的班加灣泊地。一月二十一日，他們從班加灣出擊，二十四日抵達肯達里海域，支援佐連特陸戰隊登陸。這場作戰雖然沒有陸軍參加，只有海軍獨力為之，但因為奇襲成功，所以敵軍幾乎沒有抵抗，一天之內就成功占領了機場。

雪風官兵都鬆了一口氣，但這時發生了一件不幸的事情：往肯達里疾馳的二十一驅逐隊初春號，和久保少將的座艦長良號發生了衝撞。初春號前方砲塔前面的船身整段撞爛，長良號則是舷側凹陷，上層結構也有小損傷。

為此，初春和長良必須回到達沃進行修理，久保少將在第二十一驅逐隊的四號艦初霜號上升起了將旗。

這種小艦艇的損失，讓南方部隊指揮官近藤中將頗傷腦筋。

接下來就是安汶作戰了。

安汶島位在肯達里以東六百公里、班達海的北邊，是一個夾在斯蘭島（Ceram）與布魯島（Buru）中間，面積七百六十一平方公里的小島（相當於奄美大島），但深深嵌入安汶灣深處的安汶港（人口三萬）是座天然良港，自古以來便是香料貿易的中心地。在荷蘭占有當地之前，曾是英國與葡萄牙爭奪的目標。

安汶攻略戰以田中少將率領的第二護衛隊為海軍部隊的核心。陸軍以伊東武夫少將率領的伊東支隊（步兵三個大隊、山砲一個大隊等），分乘四艘運輸船，再加上吳一特與第三設營隊等。

登陸預定時間是一月十一日凌晨三點。安汶島分成北邊的大安汶島與南邊的小安汶島

（安汶港在此處），大安汶島北岸的悉督拉馬（Hitoelama）海岸有吳一特、陸軍若林中隊，小安汶島東岸的魯冬（Roetoeng）海岸，則由伊東支隊主力進行登陸。

第二護衛隊與陸軍部隊的編制如下：

▽本隊：神通、第十六驅逐隊第一小隊（雪風、時津風）

▽援護隊：第十五驅逐隊（夏潮、黑潮、早潮、親潮）

第一支隊：第八驅逐隊（大潮、朝潮、滿潮、荒潮）

第一驅潛隊：第二十一掃海隊

第一梯次船團：山浦丸、阿非利加丸、善洋丸、三池丸（伊東支隊各隊搭乘）

第二支隊：第十六驅逐隊第二小隊、第九、第十一號掃海艇

第二梯次船團：霧島丸（吳一特）、山福丸（第三設營隊）、山霧丸（同隊）、里昂丸、第五日之丸、葛城丸（以上為第十一航空艦隊設施用），列外良洋丸

在這當中，雪風所屬的本隊負責支援在悉督拉馬登陸的第二支隊，第十五驅逐隊負責灣口警戒，第八驅逐隊則支援在魯冬登陸的伊東支隊。

與前面的萬鴉老、肯達里不同，大安汶、小安汶有荷蘭、澳洲將近三千人的守備兵力，預期會受到相當嚴重的抵抗。大安汶南岸的拉哈機場（Laha）、小安汶的安汶港，是壓制的要點。

一月二十七日，第一梯次船團從達沃出發，往安汶前進。一月二十九日零時，包含雪風在內的第十六驅逐隊與第二梯次船團從萬鴉老北方的班加泊地出擊，和神通號在海上會合，沿摩鹿加海南下，往安汶前進。

登陸預定日的前一天、也就是一月三十日的中午，本隊（神通號和十六驅一小隊）與第二支隊分開，在布魯島南側警戒。

這天早上有一架哈德遜式轟炸機飛來，但沒有接觸，下午一點二十分又有一架出現，但在雪風等艦的砲擊下逃之夭夭。

本隊沿著布魯島南下，往左轉就是安汶灣，但在剛進入灣口的地方有大片水雷陣，所以無法深入。調查情報與海圖後，在灣口進去一點地方的左側有拉哈機場，那裡駐紮了超過一千名澳軍，對岸的班登（Benteng，安汶市西南方十五公里）則有砲台。但無論如何，海軍還是能在不受水雷陣阻礙的情況下，對兩者展開砲擊，所以田中少將展開了掩護登陸的砲擊。

進入魯冬的伊東支隊方面幾乎沒有遭遇抵抗，在兩點四十五分完成登陸，越過丘陵往西面二十公里的安汶推進，並在同一天的下午五點，迅速攻進了安汶市內。

但是悉督拉馬的吳一特則陷入苦戰。荷澳聯軍認為拉哈機場是日軍的主要目標，所以在悉督拉馬海岸進行了頑強抵抗。

三十一日凌晨三點二十分，吳一特與支援的陸軍若林中隊歷經一番激戰之後，終於登陸成功，越過大安汶島的中央山脈（五百到一千公尺）往拉哈前進。

整片山脈都是叢林、沒有道路，不時有強風暴雨襲來，弄得大家渾身濕透，航空部隊也沒辦法支援。既使如此，他們還是在三十一日下午兩點抵達了安汶灣北岸的魯瑪提加（Rumahtiga），往西方的拉哈前進。傍晚，他們到達了距離拉哈機場只有兩公里的蘇瓦科德（Soeakoda），但在那裡受到了對岸班登砲台的射擊，因此只能把對機場的攻擊延到第二天。

二月一日，敵軍的抵抗也很激烈，再加上班登砲台持續射擊，所以吳一特陷入苦戰，只能仰賴航空部隊與第二護衛隊的支援。

因此從三日早上開始，和航空部隊的轟炸並行，雪風所在的十六驅一小隊也對拉哈的敵軍陣地與班登砲台展開砲擊。這樣的攻擊發揮了很大效果，拉哈機場周圍的敵軍陣地陸續升起白旗。

可是，敵軍的主力澳軍並沒有放棄頑強抵抗，還持續展開反擊。

吳一特的中隊長畠山國登大尉和陸軍若林中隊協商，在二月三日凌晨三點，由若林中隊從北方迂迴突擊，同時吳一特也從東方攻入機場。

三日上午，在我軍的轟炸與砲擊下，澳軍開始膽怯了。上午五點半，畠山隊攻進了重要據點拉哈棧橋，敵方舉起白旗。

另一方面，若林中隊也在下午六點攻入機場，下午六點半，畠山大尉在飛行指揮所的天線上揚起了軍艦旗。

在這場拉哈爭奪戰中，第二十四特別根據地部隊司令官畠山耕一郎少將登陸後，為了掌握吳一特的指揮，帶著參謀家木幸之輔中佐同行，但家木中佐在趕赴前線、和拉哈方面部隊取得聯絡時遭到迫擊砲彈擊中，不幸戰死。

又，這場安汶作戰因為伴隨一場跟我同學有關的悲劇，所以在此簡單說明。

在安汶投降的荷澳聯軍約有一千兩百人，其中有五百名澳軍被留在安汶收容所。一九四四年春天，安汶遭到孤立，陷入飢餓狀態，到終戰時共有三百三十名戰俘餓死。因此在戰犯審判後，當事人第二十警備隊司令白水洋大佐與副長宮崎凱夫大尉，在拉包爾被處死。宮崎是我的同學，我追溯這件事件的實情，寫成了《飢餓的安汶島》這部作品。

自戰鬥告一段落的二日早上開始，在灣內展開了掃雷作業，但進行得並不順利。田中少將命令第十五驅逐隊與第二十一掃海隊從事這項工作，但掃雷器的拖索一直卡住，怎麼樣都切不斷水雷的繫留索，在它們被摧毀前就陸續爆炸。各掃海艇紛紛觸雷，第九號掃海艇還因此沉沒。

田中少將見狀，下令用大發（大發動艇）取代掃海艇。山崎也奉命支援，搭上大發。大發雖是隸屬陸軍船舶工兵部隊，但因為海軍也會用內火艇和卡特帆船掃雷，所以算是熟悉的狀況。

兩艘大發拉起鋼纜，像是拖網漁船一樣在海上奔馳。他們用這種方式來勾住水雷的繫留索並加以切斷，但英製水雷的繫留索很牢靠，並不容易切斷。但若是切斷的話，浮上海面的水雷原則上能阻止其爆炸威力，所以大部分都可以從艇上狙擊雷管的方式加以引爆。

但要是切不斷，在拉扯過程中一不小心讓水雷震動爆發的話，那艇上的山崎他們，鐵定會落得被炸飛上天的下場。

南方的海洋清澈透明，從艇上可以清楚看到水雷。這種橢圓形水雷比日本的大，爆炸力也更強。

——這傢伙真是難處理啊……正當山崎這麼想的時候，從雪風上傳來了「返回」的信號。要接著進行下一場作戰準備了。

二月十七日，雪風作為第二護衛隊的一員，從安汶港出擊，目的地是橫亙在澳洲西北端、帝汶島的重要港口古邦（Kupang）。要攻略爪哇，就有必要摧毀澳洲西北端的達爾文港飛行基地，為此要進行帝汶島攻略作戰。

帝汶島東邊是葡萄牙領地，西邊是荷蘭領地。古邦雖是位在島嶼西南端、人口一萬的小都市，卻是爪哇—澳洲航路上的重要港口。

登陸預定日期是二月二十日，海軍兵力是高木少將的東方攻略部隊，其編制如下：

▽支援隊：第五戰隊（重巡那智、羽黑），驅逐艦曙、雷

第二護衛隊：二水戰神通，第十五、十六驅逐隊，第七驅逐隊一小隊、第二十一掃海隊、水上機母艦瑞穗、其他、哨戒艇、橫須賀第三特別陸戰隊（運輸船四艘）

陸軍則由結束安汶作戰的伊東支隊，搭乘五艘運輸船進行登陸。這時候搭乘運輸船的橫三特空降部隊小隊長，是六十八期中以精力旺盛著稱、出身九州平戶的猶興館中學的長嶺公夫。

二月二十日凌晨一點，第二護衛隊按照預定計畫，將陸軍部隊運到古邦南方三十公里的馬里角（Point Mari，帝汶島南岸）海域，在凌晨三點開始登陸。

古邦作戰的主要目標，是古邦東方十二公里的布通機場（Poeton Airfield）。

伊東支隊平安結束登陸後，一部分往正北面的古邦前進，一部分則往東北二十五公里處的布通機場推進。

另一方面，長嶺小隊長所屬的橫三特空降部隊，則在上午十點於布通東北二十二公里處、巴包（Babaoe）北方的牧場降落。因為是奇襲，所以沒遭到太多抵抗，但長嶺小隊長焦灼不已。他的任務是擔任先鋒的尖兵斥候長。如果不盡早進入布通機場、控制住飛行員，讓敵軍飛機起飛的話，那馬里角地區的陸軍登陸部隊就會遭到攻擊。
忽然間，長嶺往牧場中一望，看到了放養的馬。他是劍道三段、相當機敏的男人。
「喂，小林過來！我們衝進機場！」
他讓傳令的小林一等水兵坐在後面，朝布通機場疾馳而去。據說他在江田島當首席學生的時候，每到星期天就會去廣島的騎兵聯隊，接受騎兵軍曹嚴格的馬術訓練。
長嶺和小林在肩上扛著輕機槍、腰間綁著手榴彈，策馬狂奔。
不久後，他們就看見了敵軍的前哨。兩人投擲手榴彈，讓對方的軍營燒起來，再用輕機槍掃射。負責守備的荷軍大潰，四散奔逃。
但是距離布通機場還很遠。這時候在後方，橫三特的指揮官福見幸一中佐集結了四百五十名空降部隊，也朝布通機場前進。
但福見部隊遭遇到從西方前來的荷軍，擋住了進路。古邦周邊的荷軍一聽到「日軍來了」，便往東方的帝力（葡萄牙領地）奔逃，而這條路正是他們的脫逃路線。
敵方有戰車，人數相當眾多。因此福見部隊陷入苦戰，戰死了兩名小隊長（排長）、士官兵三十餘名，還有一名小隊長、士官兵四十餘名受傷。

就在本隊苦戰的時候，長嶺聚集了少數部下，在向福見隊長表達意見後，為了急襲機場，又騎著馬往西奔去。

布通機場雖然幾天前已經被鹿屋空等的轟炸機好好摧毀了一遍，但還是有殘存的飛機，荷軍正在讓飛機的螺旋槳轉動。

「這些混蛋！還想讓飛機起飛嗎！」

騎在馬上的長嶺一邊用手槍亂射，一邊策馬把地勤士兵驅散，接著把地面殘留幾架飛機的機輪打穿，讓它們不能飛行。

但是敵方主力察覺到他的行動而趕來，情勢一下子變得不妙起來。

長嶺把僅僅二十名的部下聚集起來，向正從東方推進的福見部隊主力會合，這時從西方有戰車和裝甲車襲來。

「混蛋！怎麼可以輸給戰車呢！」

長嶺對戰車的履帶投擲手榴彈，讓其中一輛停下來，接著跳到另一輛戰車上，對探出頭的車長用手槍射擊，然後往車內投入手榴彈、再蓋上蓋子。戰車裡面傳來悶悶的爆炸聲，接著便停止了動作。

但在這過程中，長嶺也被裝甲車射擊，左腳中了七發子彈。他雖然以戰車的指揮塔為掩護應戰，但還是相當吃力。

激戰一直持續到午後，長嶺因為大量出血被後送了。即使到了夜晚，雙方還是陷入拉鋸、分不出勝負。福見部隊得以衝進機場，是在第二天橫三特第二波空降部隊來援之後的好一陣子之後，時間是二十二日下午六點。

雪風所屬的十六驅，最初是在馬里角支援登陸，但不久後伊東支隊的一部分往西，從塞毛海峽（Semau Strait）直指古邦。十六驅與之同行，當二十一日午後陸軍在古邦西方的丹瑙（Tenau）登陸，朝古邦前進的時候，他們也在北方的古邦灣進行支援。

這之前，在馬里角登陸的伊東部隊先行部隊（左翼隊），在二十一日上午九點攻入古邦市內，中央隊也在二十一日下午兩點衝進布通機場，驅逐荷軍並占領當地。至此，古邦攻略作戰終於接近大功告成。

又，在讓長嶺等人陷入苦戰之後，往東方逃走的荷軍主力，在巴包東方的迪沙烏（Desaoe）和伊東支隊的右翼隊進行激戰，之後逃往東北方的蓋波納（Naibonat），在當地投降。因為對方是有戰車、裝甲車一百多輛，約千人的大部隊，長嶺他們會陷入苦戰，也是

長嶺公夫少尉，突襲布通機場時的傘兵部隊小隊長。

理所當然。

精力充沛的長嶺在海軍醫院治療後投入航空領域，在橫空（橫須賀航空隊）成為偵察特修學生，變成一名擅長長距離偵察與高高度攝影的專家。

長嶺燃燒的鬥魂從來不曾衰退過，一九四四年六月，他斷然投身長距離的冒險飛行攝影，從天寧島基地出發，對馬久羅環礁（Majuro Atoll）停泊的美國航艦特遣艦隊停泊狀況進行確認，一時聲名大噪。

接著在同年的六月十二日，敵方航艦特遣艦隊襲擊天寧島，長嶺前往迎擊，壯烈戰死，死後獲得追晉兩級，成為海軍中佐。

二月二十四日，結束古邦作戰的田中少將解散了辛苦將近兩個月的第二護衛隊，親自帶領本隊的神通號和十六驅，前往西里伯斯島西南端的望加錫。

但這時候，擔任掩護隊的十五驅為了警戒，還是留在古邦。

莊嚴的海景

——激鬥的泗水海域

進入望加錫的山崎，得知了同學小島堅二戰死的消息。新潟縣出身的小島，人在第八驅逐隊的滿潮號，在峇里島海戰（二月十九至二十日，又名巴塘海峽戰役）中戰死。

峇里島攻略作戰是在二月十九日實施，但在該島的東南海域，我軍和美荷聯合艦隊爆發了海戰。

我軍的陣容是第八驅逐隊（大潮、朝潮、滿潮、荒潮），敵方則是荷蘭輕巡洋艦爪哇號（HNLMS *Java*）、特龍普號（HNLMS *Tromp*）、德魯伊特號（HNLMS *De Ruyter*），以及三艘荷軍驅逐艦和四艘美軍驅逐艦。

這場海戰歷經了四次戰鬥，日方報告擊沉了三艘荷蘭驅逐艦以及兩艘美軍驅逐艦（事實上擊沉一艘），但我軍的滿潮、大潮也中彈。特別是二十日破曉的第四次會戰（夜戰）中，滿潮號的輪機室等處遭受好幾發砲彈擊中，造成了機關長等六十四人死傷，小島少尉也是犧牲者之一。

直到第八驅逐隊帶著滿身征塵返回望加錫，山崎才得知小島戰死的訊息。

這是第一次聽到同窗戰死，山崎神傷不已。

雖然自進入江田島時起就已經打定主意要把生命奉獻給天皇和國家，但想到直至去年夏天為止，都一起同窗的同學，就會有種一陣悲涼寒風吹過心中的感覺。雖然直到現在為止，自己進行的都是損傷並不特別多的作戰，但明天，或許就輪到自己了也說不定……

接下來等在他面前的，是泗水海域的激鬥。

就在山崎等人攻打東方島嶼的期間，二月十五日，新加坡陷落了。於是大本營便開始推動下一階段的作戰，也就是爪哇攻略作戰。

正如前述，古邦占領後的二月二十四日，第二護衛隊就解編了，但這天二水戰的田中司令官，又接到了新的命令：「在望加錫補給後，往爪哇海進軍。」

雪風等艦所在的二水戰，於是跟在第一護衛隊（以四水戰為中心）後面，朝望加錫駛去。

「終於要遭遇敵方大部隊了吧！」

山崎幹勁十足地對白戶水雷長這樣問道。

現在為止在急襲隊與護衛隊中，做的都只是支援登陸部隊而已。雖然有和飛機交戰，但完全沒有機會發射驅逐艦自豪的魚雷。

「嗯，我也等不及一展身手了！其實我本來是見習海員，但不知為何進了水雷學校學習雷擊，連我自己也不太清楚哪！」

白戶大尉這樣說完後，將視線望向中部甲板的發射管。

兩座四聯裝六十一公分發射管，從這八個發射管中射出的九三式氧氣魚雷，擁有只要命中三發，就連戰艦也能摧毀的力量。

白戶大尉雖是比飛田艦長晚十四期的六十四期，卻是剛以水雷學校高等科學生身分，正式受過最新魚雷戰課程的人物。飛田艦長和澀谷司令，似乎都沒有受過高等科教育訓練，因此白戶水雷長相當自豪，畢竟他很擅長迅速射擊，然後迅速脫離的戰法。

泗水海戰（又名爪哇海海戰）是太平洋戰爭中第一場正式的艦隊決戰，並由日本方面取得勝利。這場戰役的原因不用說，是英美荷澳聯合艦隊（ABDA）為了阻止日軍派去攻略爪哇的大運輸船團，駛出泗水港和日本南方部隊展開決戰。

日軍的登陸作戰分成東方（泗水）、西方（巴達維亞）兩面進行。

二月八日，從呂宋島林加延灣泊地駛出的陸軍運輸艦三十八艘（上面分乘著第四十八師團），預定要在二月二十三日進入泗水西方一百五十公里的克拉干泊地（Kragan）並展開登陸，但航空部隊對爪哇島各基地的壓制不夠完善，因此大本營將時間延後到二月二十七日進入克拉干、二十八日登陸。

二月二十六日早上，船團抵達婆羅洲南端的瑟拉丹角（Cape Selatan），之後往西進，在二十七日上午六點抵達克拉干北北東方一百三十浬處，更往西進之後，他們在上午七點往南轉舵，朝克拉干泊地前進。

護衛這支大船團的主要任務，是由西村少將的第一護衛隊（骨幹為四水戰）擔任，五戰隊部隊——五戰隊、第七驅逐隊第一小隊（潮、漣）、第二十四驅逐隊（山風、江風）、二水戰（神通號與第十六驅逐隊）則負責協助。

上午九點，二水戰在船團東北方五十浬（一浬＝一點八五二公里）處占位警戒，等著以泗水為基地的敵方出擊。

早在二月十九日，敵方就已經在峇里島海戰中派遣了將近十艘的巡洋艦與驅逐艦，因此這次可以想見一定也會從泗水駛出來攻擊我方。

旗艦那珂號以下的第一護衛部隊，二月二十四日離開婆羅洲東南岸的峇里巴板（Balikpapan）臨時泊地南下，在勞特島（Laut Island）哥打巴魯（Kotabaru）泊地暫時停泊後，二十五日早上駛出當地，接著穿過望加錫海峽進入爪哇海。第二天（二十六日）中午左右，他們和運輸船團會合，占據船團左側，也就是靠近泗水一方，往西前進。

雪風所屬的二水戰在二十四日正午從古邦出發，往望加錫前進，二十五日傍晚駛出望加錫，二十六日傍晚在船團東北（左後方）五十浬處占位。

另一方面，五戰隊部隊（重巡那智、羽黑、驅逐艦山風、江風）在二十四日正午，從西里伯斯島南岸的凝望灣（Staring-baai）出港，二十六日上午六點追上第一護衛隊，在該隊右前方往西進。

就像這樣，三十八艘的船團左側面是第一護衛隊、右側面是五戰隊部隊、後方五十浬處有二水戰占位，等待著第二天（二十七日）的決戰。

接著在二十七日上午十一點五十分，二水戰受到兩架B17轟炸，但並沒有損傷。

同一時間，偵察機向五戰隊旗艦那智號發來以下電報：

「敵巡洋艦五、驅逐艦六、泗水三一〇度、六十三浬、航向八十、速度十八節……」

敵方主力艦隊終於出現了。敵方主力位置在五戰隊南方一百二十浬、船團南方六十浬、二水戰南方一百浬處。

擔任護衛部隊總指揮的五戰隊司令官高木武雄少將，立刻下令把航向調往一五〇度、加速到二十四節，並對二水戰、四水戰下達以下命令：

一、報告指出，敵巡洋艦五艘、驅逐艦六艘、正從泗水三一〇度、六十三浬處，以航向八十度、速度十八節駛來。

二、第五戰隊直接往該方向前進。一三〇〇（下午一點）抵達泗水三二八度、一百六十五浬處，速度二十四節。

三、二水戰也前往現場會合，一三一五派出一架追蹤機。

聽到這項命令，二水戰司令官田中賴三少將在下午一點十五分，以航向一五〇度、速度

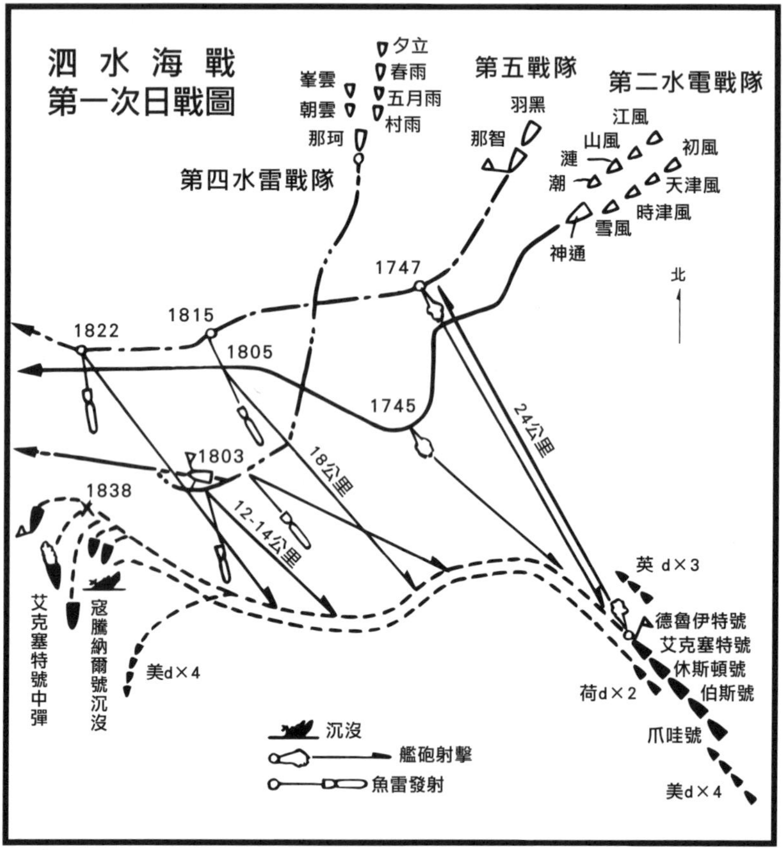
泗水海戰
第一次日戰圖
夕立
春雨
峯雲
五月雨
朝雲
村雨
那珂
第四水雷戰隊
第五戰隊
羽黑
那智
第二水雷戰隊
江風
山風
初風
漣
潮
天津風
時津風
雪風
神通
北
1747
1815
1822
1805
1745
1803
1838
18公里
24公里
12-14公里
英 d×3
德魯伊特號
艾克塞特號
休斯頓號
伯斯號
荷d×2
爪哇號
美d×4
美d×4
艾克塞特號中彈
寇騰納爾號沉沒
沉沒
艦砲射擊
魚雷發射

製圖／蔡懿亭

二十一節，先行趕到預計遇敵地點，等五戰隊前來。

另一方面，四水戰司令官西村祥治少將立刻下令各驅逐隊，「準備好進行魚雷戰」。一三〇〇，運輸船團往西方退避，持續南下的二水戰，形成和船團擦身而過的態勢。

「哇，還真多哪……」

站在雪風號艦橋上的山崎，看著將近一百艘（感覺如此）的大船團，慌慌張張往西轉舵加速，不由得一邊感嘆、一邊凝神眺望。簡直就像是遇到虎群、大舉奔逃的斑馬一樣。

他心想，戰鬥的時機正逐漸迫近。

聯軍艦隊合計共有兩艘重巡、兩艘輕巡、九艘驅逐艦共計十四艘艦艇，算是頗具規模的一支艦隊，但道爾曼少將（Karel Doorman）的司令部參謀都是荷蘭軍官，麾下卻有十艘說英語操艦的軍艦，旗幟信號都不同、艦隊的指揮也不順暢，各艦只好彼此派出能兼通英語和荷語的軍官擔任聯絡人員，好維持意見溝通。

相對於此，日本艦隊的兵力以五戰隊的重巡那智、羽黑為首，包括了驅逐艦山風、江風、潮、漣，再加上二水戰的輕巡神通、驅逐艦雪風、時津風、天津風、初風，接著還有四水戰的輕巡那珂、驅逐艦村雨、五月雨、春雨、夕立、朝雲、峯雲（其他還有海風、涼風、夏雲、山雲，但正如後述，這些船艦留著護衛船團，所以沒有參加泗水海戰），總計為兩艘重巡、兩艘輕巡、十四艘驅逐艦。

下午一點，第二空襲部隊（二十三航戰）的偵察機，傳來以下報告：

「驅逐艦三、巡洋艦三、驅逐艦三的三列縱隊，兩側有疑似水雷艇兩艘，航向一二〇度、速度十八節，一二二五」

「敵方持續呈蛇行運動，似乎是打算在一定時間一齊迴轉，大致是朝現航路九十度方向前進，一二四五」

接著從那智上發射的水偵，也傳回以下的報告：

「敵方重巡二、輕巡三、驅逐艦九，航向一八〇度，速度二十四節，一四〇五」

「似乎正朝泗水前進，一四二五」

「敵方正持續進入泗水港，一四五五」

綜合以上情報，敵道爾曼艦隊正在泗水北方五十浬處，朝東或是朝南前進，擺出一副離我方漸行漸遠的態勢。

——敵方果然無意決戰嗎？

五戰隊旗艦那智艦橋上的高木少將一邊猜測道爾曼司令官的意圖，一邊持續南下。

這時候日本艦隊的隊形是五戰隊從中央南下，在西方六浬處，四水戰稍早已經南下，接著在五戰隊東南二十浬處，二水戰航向朝西前來會合。

高木少將推斷道爾曼的想法可能有三種：

一、敵方為了阻止我方運輸船團而展開威嚇動作。

二、敵方為了迴避日本空中戰力對泗水港的轟炸，而在港外行動。

三、敵方不久後就會北上展開決戰。

綜合這些推斷後，高木也考慮到可能會打夜戰，於是在下午三點下令：

「一、敵巡洋艦戰隊可能正在往泗水灣前進

二、第五戰隊往運輸船隊東側出動，適時減速

三、二水戰按照今夜的配備行動」

第一護衛隊指揮官西村少將眼見敵人正南下朝泗水前進，在下午兩點五十分發電報給運

輪船團：

「船團一五〇〇，轉換航向往預定登陸地點」

按照這項指令，持續往西的船團再次往左轉九十度，指向克拉干泊地。

但就像是察覺到這點似的，下午三點二十分以後，敵人再度擺出一副北上的架式。

那智號的偵察機作了以下的報告：

「敵方沒有入港的企圖，航向六十度，十八節，一五二三」

「敵方掉頭，航向二十度，速度十八節，一六一五」

「敵方航向零度，速度十八節，一六二〇」

「敵方航向三一五度，速度二十二節，一六四八」

敵方往東轉舵之後，接著又往西北轉舵，指向日本艦隊（高木艦隊）的方向。

——果然過來了嗎？這正是我想要的！

高木立刻加速，並對田中和西村下達命令：

「一六三五，我方航向二二〇度，速度二十一節，一邊誘導敵人一邊會合」

位在東方的二水戰田中加速到二十八節，往西疾馳會合。

四水戰的西村稍晚才知道敵人掉頭北上的訊息，急忙命令船團再次往西方迴避，並讓二十四驅逐隊（海風、涼風）、第九驅逐隊第二小隊（夏雲、山雲）隨行，自己則率領那珂號、第九驅逐隊第一小隊、第二驅逐隊南下，向戰場疾馳。

就這樣，就在大家急忙趕赴預定和敵方展開會戰的戰場時，午後四點四十九分，雪風的飛田艦長，用一如往常的口頭禪說：

「嗚拗——，可以看見桅杆了哪！」

山崎急忙把雙筒望遠鏡貼到眼前，朝南方定睛凝視。這時候，二水戰正向西前進，所以左舷是面向南邊。

「喔，來了呀！」

澀谷司令的聲音也驟然拉高。

山崎的雙筒望遠鏡看見了在海平線上宛若火柴棒般豎起的物體，那是敵方各艦的桅杆，合計有八根。

「左方三十度有敵艦八艘，距離二九〇（兩萬九千）」

山崎這樣報告後，司令對他說：

泗水海戰是雪風第一次遭遇敵艦。照片是戰爭期間發表，艾克塞特號的最後身影。

「航海士，桅杆八根應該是四艘才對喔，船隻有兩根桅杆，這不是普通常識嗎！」

被這樣一說，山崎不禁啞口無言。不管怎樣，和敵方艦隊的遭遇，就從這裡開始了。

不過話說回來，在這裡沒有任何人經歷過日俄戰爭或第一次世界大戰，因此關於艦隊決戰，大家其實都是頭一遭吧！

下午五點二十一分，二水戰旗艦神通的瞭望員，在右三十度、八千公尺處，辨識出五戰隊那智、羽黑的桅杆，田中於是一百八十度轉舵，和五戰隊並行，同時繼續觀察敵艦隊動向。

五點三十一分，高木採取了對魚雷戰和砲戰比較有利的做法，將手邊的第七驅逐隊一小隊（潮、漣），山風、江風編入二水戰、交給田中指揮。追加的四艘驅逐艦由潮號打頭陣，在十六驅逐隊的右邊一同航行。

持續南下的二水戰，在五點三十一分轉向往西，五點三十九分和新來的四艘戰力會合後，再往南轉舵。這段期間，敵方的桅杆依然在南方（一五〇度）兩萬八千處清晰可見。

另一方面，持續南下的五戰隊，在將敵方桅杆捕捉進可見範圍內的同時，也開始測距準備砲戰。

敵方持續採取西北航向，戰鬥的時機終於熾熱起來。

持續南下的二水戰，在五點四十五分，神通號距離敵旗艦德魯伊特號一萬七千時，首先開啟了戰端：

「開始砲擊！」

艦長河西虎三大佐命令一下，七發十四公分砲彈立刻向南飛去。

一萬七千對十四公分砲而言，是不太能期待精準度的距離。

五點四十七分，這次是英國驅逐艦對神通號開砲。

不知不覺間，伊萊翠號（HMS *Electra*, H27）、遭遇號（HMS *Encounter*, H10）與朱比特號（HMS *Jupiter*, F85）三艘船艦從聯軍艦隊外側，也就是北側以並行方式接近，打頭陣的伊萊翠號也開始開火。

伊萊翠號在十二月十日的馬來亞海戰中，是負責護衛被擊沉的威爾斯親王號與卻敵號的新銳艦，這時候戰意滿滿，打算一雪舊恨。伊萊翠號的艦長是梅伊中校（Cecil Wakeford May），這艘軍艦在前年五月二十七日，英國戰鬥巡洋艦胡德號被德國戰艦俾斯麥號擊沉的時候，也有救起唯三生存者的經驗。遭遇號的艦長則是摩根少校（Eric Morgan）。

五戰隊的那智、羽黑同樣在五點四十七分，瞄準德魯伊特號與後面的艾克塞特號（HMS *Exeter*, 68）開砲。距離從兩萬三千到兩萬五千，二十門二十公分砲吐出火舌，但要求精度的話，距離還有點遠。總體而言，五戰隊這天從射距範圍外進行的遠距離射擊頗多，後來的研究批判說，應該要更進一步衝進一萬五千左右射擊才對。

接著在下午五點四十八分，緊跟著德魯伊特號（十五公分砲七門），艾克塞特號（二十公分砲六門）、休斯頓號（USS *Houston*, CA-30，二十公分砲九門）兩艘重巡也開始發射主砲。同一時間，跟在神通號後面的十六驅逐隊四艘船艦，也不落人後地開始砲戰。

「開始射擊！」

荒瀨砲術長命令一下，砲彈從六門十二點七公分砲中一口氣飛出去，但在距離一萬七千的情況下，實在不太能期待這些砲彈精準命中。

這天是個大晴天，日落是下午七點五十二分，戰場一帶十分明亮。海浪也平穩無波，就像四十八年前黃海海戰的歌詞

不見煙也不見雲

一樣，是場在光天化日下進行的海戰。

在這天初期的砲戰中，敵方射擊的精度甚佳。在二水戰附近，水柱如雨後春筍般紛紛豎起，所以田中在五點五十分將航線稍微往右轉到二八〇度並施放煙幕，擺出要和敵人拉開距離的態勢。

雪風附近也不斷掀起二十公分砲彈、高度超過二十公尺的水柱，讓人深感危險。對號稱鐵皮罐頭的驅逐艦來說，如果被二十公分砲彈擊中，大概會當場折成兩半吧！

田中少將後來在索羅門的隆加夜戰（亦稱塔薩法隆加海戰，一九四二年十一月三十日）中，同樣率領二水戰展開擅長的魚雷戰，獲得擊沉美國重巡一艘、重創三艘的大戰果，被尊稱為「頑強的田中」，是位猛將。但在這天的日間戰鬥中，他表現得相當慎重。

畢竟不管怎麼說，敵軍可是擁有兩艘裝備二十公分砲的重巡。

田中賴三少將，第二水雷戰隊司令官，以其勇猛而聞名。

我軍雖然盤算著要展開肉搏雷擊，但如果在視野良好的白天作戰中貿然接近，恐怕會在射程外就被打爆。所以上策是先用那智、羽黑的火力讓敵軍重巡啞火，然後等戰局邁入夜戰後，再果敢地轉為魚雷戰。

但是，在這場白天作戰的初期，我方五戰隊的射擊實在也稱不上有效。因為大致來說，二十公分砲的有效射距是兩萬公尺以內（按黛治夫等編《海軍砲術史》所述），所以除非已經接近到五千公尺以內，否則不該展開砲戰。（至於橫須賀砲術學校對這場白天作戰的看法，則認為重巡二十公分砲的決戰有效距離是白天一萬兩千、夜間一萬）

在這裡，我想引用一下當時擔任那智號高射砲指揮官的田中常治大尉（六十四期）在手記《泗水海域日戰》（《炎之翼》，一九六八年，今日話題社刊）中，對旗艦那智號從砲戰開始（五點四十七分）到魚雷發射（六點十五分）為止的砲戰狀況描述。

（田中先生戰後從東大畢業，成為一名律師。當一九五七年五月他出版《海軍兵學校》〔鮹書房刊〕一書的時候，時任《中日新聞》記者的我曾去採訪他，但他在一九六五年二月二十六日與世長辭。）

二月二十七日，午餐剛吃完的時候，一通電報發到了那智號艦上：

「發現敵人，巡洋艦五艘、驅逐艦六艘……一三二〇」

「終於來了嗎……」

田中大尉在艦橋上方高射砲指揮所中的十二公分雙筒望遠鏡前重新坐定。

雖然和敵人還有將近一百五十浬距離，照理說雙筒望遠鏡應該看不見，但如果今天敵方飛機沒有來騷擾，那或許可以看到二十公分主砲的砲戰也說不定。

「戰鬥準備！」擴音器裡傳來命令後，「搭咖搭咖答答」的喇叭聲響徹艦內。

「很好，因為敵人是水面部隊，所以還有時間。先把衣服整理整理，然後去方便一下，讓身體輕盈一點吧！」

田中用幽默的語氣，對部下這樣命令。

五戰隊正一路南下，按照這種狀況，與敵人的砲戰會在五點左右開始，第一發砲彈發射時的距離，則會超過兩萬。那智號上裝備的八門八九式四十口徑十二點七公分高射砲，就射擊距離來說，最大射程是一萬四千六百公尺，最大射擊高度九千四百四十公尺，射速一分鐘十五發，平射的有效距離則少於一萬。

換句話說，在主砲砲戰中，高射砲是搆不上邊的。

——真傷腦筋啊，只能等到接近到一萬左右了，但要等待開打，也實在是很讓人焦灼……

這樣想的田中為了激勵部下，於是對著大家說：

「大家聽好了，今天正是我們充分發揮平日所鍛鍊戰技的時候了！高射砲也可以平射，打起精神好好幹！」

負責索敵兼彈道觀測的一架零式水偵，在午後一點七分從彈射器上彈出。帶著笑容起飛的機長，是飛行長押尾大尉（之後戰死）。

那智號的桅杆頂端揚起了新的軍艦旗，是戰鬥旗。

途中，押尾大尉的那智號一號機，將敵軍北上的情報陸陸續續傳遞過來。午後五點四十二分，辨識出敵軍兩艘重巡的桅杆，那智號艦內的各個部門頓時像電流竄過般，驟然緊張起來。

一根、又一根，田中的雙筒望遠鏡中，桅杆的數量不斷增加。

「可以看見敵人了！」

「測距目標，敵人一號艦！」

從艦橋最上方的主砲指揮所中，陸陸續續發出情報與號令。

四萬、三萬五千、三萬……和敵人的距離不斷縮減。

不久後，敵方一號艦的身影就映入了田中的鏡面。

……這是什麼令人不寒而慄的怪物啊……

田中不禁咋舌。那是像花魁髮型一樣，有著巨大煙囪與高聳艦橋的怪物。

田中回憶當時的敵情報告，上面是這樣寫的：「敵方為戰艦一艘、大型巡洋艦四艘、並配屬有護衛艦」。（這段記載未收錄於《公刊戰史》[1]）

1 編註：《公刊戰史》又稱《戰史叢書》，是日本防衛廳防衛研修所戰史室於一九六六年至一九八〇年間出版的官方二戰戰史。台灣翻譯出版時，名為《日軍對華作戰紀要叢書》。

這確實是艘面目猙獰的怪物（六千四百五十噸的德魯伊特號）。究竟是戰艦、還是重巡呢？如果是裝有四十公分砲的納爾遜級（英國）、西維吉尼亞級（美國）戰艦的話，那智號、羽黑號就毫無勝算。畢竟有效射距差了一萬以上，我方還沒進到射程內就已經變成爪哇海裡的破銅爛鐵了。就算是裝備三十六公分砲的聲望級（英國）、加利福尼亞級（美國），我方的勝算也十分渺茫。如果沒有編入南方部隊的戰艦金剛號、榛名號前來，是絕對應付不了的。

只是，敵方即使拉近到三萬五千，依然沒有開砲的跡象。那麼不是戰艦嗎……？

在不久後的午後五點四十七分，砲術長井上中佐傳來：

「主砲射擊準備完成！」

「開始射擊！」

艦長清田孝彥大佐命令一下，那智號的十門二十公分主砲立刻把第一波齊射的砲彈射向敵人。距離兩萬兩千。高射砲指揮所大大晃了一下，眼裡全是鮮紅的色彩。

接著，敵方的旗艦也開火了。刺眼的開砲閃光，在白晝的天空中散發著火花。

這時候，往西前進的敵方旗艦旗幟，已經以清晰可辨的樣貌，大大映入了田中的雙筒望遠鏡中。由上面數來，分別是紅、白、藍的橫條……

——是荷蘭的國旗。那麼，這應該是荷蘭東洋艦隊的旗艦德魯伊特號了吧……

接下去的二號艦上掛著聯合傑克旗、三號艦則掛著星條旗。

——是艾克塞特號和休斯頓號吧！

田中默默點了點頭。

這時候敵軍的艦隊序列，主力是德魯伊特號、艾克塞特號、休斯頓號、伯斯號、爪哇號，大致是向西前進。在它們的北方有三艘英國驅逐艦、南方有兩艘荷蘭驅逐艦和四艘美國驅逐艦一齊同行負責護衛的工作。

此時那智號的主砲射擊，是相當正統的「初彈觀測急齊射」。

在第一波砲彈落定前停止射擊，按照彈著點進行射擊諸元修正，接著按照規定速度展開齊射。

不久後砲彈落下。水柱是比較偏向敵人一方，還是偏向我方這邊？砲術長依此進行修正，並下令「動作快點」！這正是展現平日訓練戰技的時候。

押尾大尉的飛機也傳來彈著觀測的報告。

「首波砲彈命中一發！」（未確認，或許是命中了艾克塞特號）

艦內歡聲雷動。但接著傳來訊息：

「敵方轉向，右轉三十度！」

敵人朝這邊接近了。因為旗艦德魯伊特號的十五公分砲射距較短，所以打算打近身戰嗎？

「下六！」（縮短射距六百公尺）

砲術長把彈著點修正得更近一點，但敵方進行左轉，展開迴避運動，這下彈著點變成太近了。

「高六！」

砲術長拚了老命反覆修正，但始終無法形成夾叉。（十發砲彈的彈著點前後包夾住敵艦；若在這種狀態下持續射擊，就可以獲得命中，這是砲戰戰術的理論）

不只如此，敵方射擊的精準度也相當不錯。在田中眼裡，著色彈的水柱，紅色是休斯頓、白色是艾克塞特、青色是德魯伊特，其中紅色的精準度最好。排位第三的羽黑號被紅色和白色的水柱包圍，讓人心驚膽戰。（據說羽黑號因為和敵人巡洋艦的距離太遠，所以第一波砲彈是打向驅逐艦，但五戰隊的戰鬥詳細報告上並沒有記載）

眼見局勢危險，羽黑號一個轉舵，艦體大大傾斜。這次，水柱改在那智號附近掀了起來。清田艦長下令轉舵，這讓在頂層的砲術長井上中佐不由得大喊：「艦長，請不要轉舵！」畢竟如果艦體傾斜，是沒辦法瞄準的。

不得已，艦長只好把舵轉回去。船艦直線前進，砲術長也持續射擊，但彈著點再次逼近，於是艦長又下令轉舵，如此一而再、再而三重複。

——真是困難啊……

人在高射砲指揮所的田中咬緊了嘴唇。

砲術長要緊盯著十八公分的特大號雙筒望遠鏡，不斷觀測修正我方的彈著點。另一方面，艦長則必須觀測本艦周遭的敵方彈著點，進行迴避運動。在這種情況下，如果敵方砲彈射到「近」的位置，把船艦往彈著點方向靠反而是常道。畢竟敵方砲術長看到落點是「近」之後，一定會下令「高」，讓落點貼近「遠」的位置，所以我們這邊也往「遠」運動，就很有可能被水柱四面包夾。

就這樣，從下午五點四十七分到六點三十分，雙方互相射擊了超過三十分鐘，但誰都沒能獲得有效彈。距離大約兩萬兩千，敵人似乎也不打算更進一步展開肉搏。

無法再忍受下去的五戰隊司令官高木少將，在下午六點十五分時，下令進行魚雷戰。

總之不管怎樣，在婆羅洲與爪哇島間、爪哇海與巽他海交會的這片海域，響起了隆隆的砲聲。這是繼日本海海戰以來，時隔三十七年之久再度熾熱展開的砲擊戰，但是射擊的精度不管是哪方，都很難說得上比日本海海戰當時更精準。

另一方面，二水戰眼見敵方重巡太過接近，於是施放煙幕，向西方持續退避。雪風艦橋上的山崎不由得擔心，這會不會錯過作戰的時機？

話說回來，要遭到幾發二十公分砲彈命中，才會讓大型驅逐艦失去戰力呢？根據《海軍砲術史》記載，中十一發就會變成廢艦或沉沒，五點五發就會讓戰鬥力減半，但如果是艦橋或機關室（主機）等部分被命中，只要打中兩發，就有可能無法進行戰鬥航海。

就像這樣，會戰的序幕是比較單調、宛若遠距離放煙火般的相互射擊，但到了午後五點五十分，彷彿要打破這種單調般，猛將西村少將的四水戰驟然南下，接近到西進的二水戰五千公尺以內，從他們的鼻尖橫切過去，更進一步往敵陣突擊。

這時候，神通號和那珂號接近到了用肉眼就可以看清彼此臉龐的程度。原本作為護衛艦隊，西村的四水戰主要任務是擔任第一護衛隊，但這時卻採取了支援二水戰的態勢。

二水戰和四水戰接近後，在旗艦那珂號的艦橋上可以看見一位將官穿著簇新的白色第二種軍服（夏裝），舉起戴著白手套的手向神通號敬禮。那位就是以「勇往直前」著稱的四水戰司令官西村少將。這個敬禮的意思是，今天一定要跟對方拚個你死我活，所以用「白色衣裝」顯示自己的意志堅決。

「西村兄還真是幹勁十足哪！」

神通號艦橋上的田中少將穿著髒髒的苧麻衣服，也對高自己兩期的學長西村敬了個禮。雖然看不見神通號上的狀況，但那珂號艦橋的狀況，雪風倒是看得一清二楚。

「嗚拗——，即使是對親友也要表現禮儀嗎……？」

飛田艦長看到平常總是狡猾毒辣的水雷戰前輩們，難得擺出禮儀端正的互動態勢，忍不住感到如坐針氈。

西村少將常年在艦隊生活，以不到「紅磚屋」（海軍省、軍令部）報到而自豪。（西村少將在一九四四年十月二十五日於雷伊泰海戰中，以第二戰隊司令官的身分，戰死在蘇里高海峽）

這樣的西村指揮的四水戰，現在抓準了會戰的轉機，倏地變換方向，以壓制對方頭部的形式展開迴轉。下午六點三分，距離一千五百的那珂號打頭陣，對德魯伊特號、艾克塞特號、休斯頓號打開了砲門。

道爾曼的艦隊一陣手忙腳亂。

重巡繼續和五戰隊用二十公分砲互轟，輕巡與驅逐艦則和四水戰的那珂號與六艘驅逐艦展開較量。

白晝的戰場隨著四水戰的殺入，終於呈現出肉搏戰的姿態。

雪風等艦所屬的驅逐隊，也趁煙幕散去的時機，開始持續砲擊。

這時在雪風艦橋上焦灼不安的，是白戶水雷長。

「艦長，請下令射擊吧！」

八門魚雷發射管已經對準了敵軍方向。

世界之冠的九三式氧氣魚雷射程有三萬兩千（美國魚雷為八千、英國為九千五百），且可以用無氣泡的安靜方式疾馳。現在和敵人的距離為一萬五千且航向相同，絕對有射擊的條件。

敵人因為正拚了老命在進行砲戰，所以沒有大幅度轉向。雖然距離還很遠，但因為魚雷沒有氣泡，所以也不用太擔心被迴避掉。只要命中一發，五百公斤的火藥（英美是三百公斤），就可以狠狠地讓重巡行動力減半，九三式魚雷就是有這樣的威力。

但是艦長看著澀谷司令的臉，司令則是一直不說話，看著神通號的方向。神通號仍在持續砲擊，還沒有下達魚雷戰的命令。

更進一步說，二水戰因為比敵艦隊更往西前進，所以若要進行雷擊就必須往左轉，和四水戰一樣展開肉搏。但是，神通號艦橋上的田中並沒有採取這種戰術，而是擺出一副在重巡交手結束前暫避鋒芒的姿態。

然而，田中真的毫不在乎魚雷戰嗎？答案似乎也並非如此。

下午六點五分，神通號往左轉向，從八門發射管中，魚雷像噴發一樣，驟然射了出去。

「神通號發射魚雷！」

瞭望員這樣告知後，白戶不由得緊張起來。

但是，司令並沒有下達發射命令。

澀谷司令最擅長的魚雷戰法，是在敵人左前方三十度迴轉，以幾乎反向航行的形式，逼近到一萬以內肉搏，然後再往左回頭，朝右舷方向用四門發射管射擊，最後往目標的艦艉方向迴避，這是日俄戰爭以來的近身肉搏攻擊。但從一萬八千這個距離沒辦法進行射擊點占位運動，就算草草發射，也沒辦法準確擊中，這是澀谷司令的想法。

就這樣，二水戰在山崎等人的不滿中，繼續往西進。

不知是幸還是不幸，神通號的魚雷並沒有奏效。

當它們發射後不久，便發生了大爆炸，雪風艦官兵一下子緊張了起來，心想「該不會附近有水雷陣吧！」但其實，這只是魚雷自爆而已。

水雷科的調整員因為擔心射中敵艦卻不引爆，所以都會把魚雷調整成只要輕輕震動就會觸發引信的狀態，因此往往會因為海水壓力等因素，導致魚雷自爆。

這時候，敵方的彈著點再次變得精準。

但是勇猛的西村仍然在逼近，六點四分到六點十五分間，在距離一萬兩千五百到一萬五千公尺處，他對敵方重巡發射了二十七枚魚雷。

由德魯伊特打頭陣的聯軍主力艦隊，這時候正在那珂號東南東方一萬五千公尺處往西南西航行，接著又轉往南南西。這期間，因為四水戰籠罩在敵艦的砲擊當中，所以西村發射完魚雷後便展開煙幕，將靠南的驅逐隊航線轉回靠西。

五戰隊在這段期間，也一邊和敵旗艦德魯伊特保持兩萬五千距離，一邊西進持續砲擊。彈著點變得精準，屢屢可以看到對德魯伊特號和艾克塞特號形成夾叉。

六點二十二分，這次輪到五戰隊發射魚雷。雖然距離是兩萬五千，但預估當敵艦到達時，應該會進到兩萬兩千左右。

那智型重巡雖然裝備有十六門六十一公分發射管（四聯裝四座，左右兩舷各兩座），但這時只射出了八枚魚雷。魚雷戰命令雖是各艦八門發射，但那智號因為發射機故障，所以無法發射，這對五戰隊而言，可說極其遺憾。按照後述命中的狀況來看，如果那智號的八枚魚雷如能到達目標，一定能獲得更大的戰果。

我們再用那智號高射砲指揮官田中大尉的回憶，來回溯那智號無法發射魚雷的狀況。

「準備魚雷戰！」

「左魚雷戰，同方向航行！」

左舷八門發射管（兩座四聯裝）瞄準了敵人。

不久後，二號艦羽黑號傳來隊內無線電訊息：「發射準備完成！」可是旗艦那智號，還在手忙腳亂。

「水雷長，發射準備還沒好嗎？」

先任參謀長澤中佐焦躁地大喊。

「喂，閥門還沒好嗎？」

水雷長H大尉從艦橋透過傳聲管大喊。

「閥門打不開！」

水雷砲台這樣回答。

「你說什麼！閥門打不開，那不就不能發射了嗎？不管怎樣都給我打開！」

水雷長幾乎要跳起來，但果然還是不行。

按捺不住的高木司令官終於下令，「開始發射！」

泛著白光的魚雷宛若海豚般，從二號艦羽黑號的舷側躍入海中。這時魚雷在海面上跳了好幾下，讓田中不由得心驚。這根本就是真正的海豚跳吧！它們真的能夠按照設定諸元，順利奔馳過去嗎？

不管怎樣，請打中吧……

田中用雙筒望遠鏡看著南方遙遠兩萬五千海上，和我方同航向西進的敵艦桅杆，在心中這樣默默祈禱著。

另一方面，檢查發射管管側的H水雷長，確認有問題的閥門已經盡量打開，不可能開得更大了。那麼既然閥門已經打開，只要魚雷射擊盤的射手扣下扳機，魚雷應該就能射出去，但就是沒有發射。是已經死心放棄的H水雷長，忘了下令「開始發射」呢，還是射手的操作不當呢，總之那智號的魚雷戰，就在詭異的情況下沒有發生。

就在這時，羽黑號的八枚九三式氧氣魚雷，不久後便潛入海中、按照調整諸元疾駛，在下午六點四十五分抵達敵艦隊，擊沉了一艘驅逐艦。但在這之前，有八架B17編隊出現在五戰隊上空，高射砲指揮官田中驟然忙碌了起來：

「敵飛機，左一〇〇度，仰角六十度！」

下午六點三十三分，八架B17在上空現身。它們的飛行高度一萬，在淡藍色的天空中，拖出悠然的機尾雲。因為爪哇島的機場已經被大致摧毀，所以大概是從澳洲達爾文港飛來的吧！

「高射砲，開始射擊！」

清田艦長下達命令。

「開始射擊！」

號令一下，射手便扣下扳機，高射砲台員也迫不及待地填裝彈藥。

左舷兩座四門的高射砲台，充斥著勇猛的氛圍。但是不管怎麼計算，都不覺得砲彈能打到對方。八九式十二點七公分高射砲的最大射程雖然有一萬四千六百公尺，但抬高仰角射擊飛機的時候，最大射擊高度為九千四百四十公尺，有效射擊高度則勉勉強強只有六千公尺。

不久之後，上空驟然浮現四道茶色的煙霧。因為煙霧是在飛機前方出現，所以看起來彈著似乎十分接近。

「射擊有效，快點繼續開火！」

明知是徒勞無功，但田中還是這樣下令、鼓舞士氣。

可是就在同一時刻，在比較低空的地方，有一群B17出現在二水戰上空。據山崎的觀測，應該有四個編隊、三十架以上。

接著編隊中有好幾架轟炸機降到高度三千左右，展開轟炸。

「對空戰鬥！」

以神通號為首，八艘驅逐艦（十六驅逐隊潮、漣、山風、江風）的高射砲（神通號只有兩門八公分砲）、主砲、機槍總動員展開設擊，但幾乎都打不到。驅逐艦的主砲現在都對準敵艦方向（雖然射擊距離根本不夠），就算急忙要改成對空射擊，也沒辦法順利轉換。機槍也離三千稍嫌太遠。

不久後，B17的炸彈便落了下來。十幾顆炸彈落在附近的海面，刷地掀起水柱，形成一大片水幕，但當中有一顆落在距離雪風極近之處。這顆炸彈掀起了特別巨大，高達二十公尺的水柱。帶著黃褐色的海水直接落到雪風的艦橋上，自司令、艦長以下，包括山崎都被泥水濺得蓋頭蓋臉。火藥的臭氣倏地直衝鼻腔深處。

另一方面，羽黑號射出的八枚九三式無氣泡魚雷，在下午六點四十分左右，就如同設定好般地抵達了敵艦隊。水雷長的瞄準極其準確，但在這之前的六點三十分，五戰隊打出的二十公分砲彈命中了聯軍艦隊的二號艦艾克塞特號（重巡），其中一發砲彈直接命中水線下的機關室、引發火災，艾克塞特號立刻冒出濃濃黑煙，速度也降低到十五節。這艘軍艦因此脫隊，在澳洲巡洋艦伯斯號施放煙幕，以及英國驅逐艦朱比特號（？）的掩護下，往泗水

波音 B17 空中堡壘轟炸機。在超過三十架的編隊襲擊下，雪風吃了一顆極其接近的炸彈，海水把大家濺得蓋頭蓋臉。

方向前進。看到它受創的樣子，那智號、羽黑號的艦橋整個沸騰了起來。

「敵二號艦火災！」

「本艦的主砲命中二號艦，產生大火！」透過艦內廣播得知此事後，看不到海面的機關科與主計科士兵也雀躍不已。和砲術與水雷分隊的隊員不同，他們屬於總是在背後默默出力的一群。

那智號、羽黑號都主張命中彈是自己艦上打出來的，好提振自身艦上的士氣。（戰後對照美軍資料的結果，這發命中彈應該是羽黑號

打中的）

之後不久，田中大尉便因為有事離開了艦橋。正好這時候，高木司令官和長澤參謀正在商談。

緊接著高木司令官霍然起立，用斬釘截鐵的態度下達號令：

「全軍突擊！」

日軍終於停止了遠距離砲戰，改採得意的近身肉搏攻擊，接著就要把戰役帶入必殺的夜戰。二水戰、四水戰也對此十分熟稔。

這時敵我的位置關係如下，五戰隊旗艦那智號在德魯伊特號西南方兩萬五千公尺，二水戰在稍前一點，從五戰隊前方橫切往西方穿越，四水戰更進一步從南方搶先西進，這三支隊伍一齊南下，意圖切斷道爾曼艦隊的前路，並展開包圍攻擊。

這天經過下午五點四十五分以來的砲戰，高木認為已經對敵人造成某種程度的損傷。（事實上，初期對德魯伊特號只打中了未爆彈而已）不只如此，因為艾克塞特號已經被命中、引發火災，所以這時正是一口氣轉移到總攻擊，一決雌雄的時機。

「行動吧！」田中看到高木面向艦長與參謀的方向，咚咚地岔開腿猛跺地面，然後緊貼兩脇，雙掌向前伸出，擺出一個從腋下往上推的相撲動作。看樣子，司令官終於拿出幹勁了。

時間是下午六點四十分，這天的日落是七點五十二分，所以太陽還沒有貼近海平線。由此之後的戰鬥，便進入了所謂的第二次的日間戰鬥。

也在同一時間，以德魯伊特號帶頭的聯軍艦隊向左一齊回頭，改變航路往南。道爾曼司令官眼見艾克塞特號中彈降速與日軍南下，心知繼續西進，只會落入南下日本艦隊的包圍之中，所以不如暫時往南迴避，伺機逃進泗水，再圖重整旗鼓。率領弱小又不熟練荷蘭艦隊的他，很依賴艾克塞特號與休斯頓號的二十公分主砲，因此艾克塞特號的中彈，讓他不由得心膽發寒。但就結果而言，道爾曼艦隊其實很幸運。首先是和主隊同行、正在變換航路的荷蘭驅逐艦寇騰納爾號（HNLMS *Kortenaer*）被魚雷擊中沉沒。

田中大尉目睹了這一連串的光景。當他看著大小好幾艘軍艦交錯沓雜的景象時，忽然有一艘小型軍艦被白色水柱包圍。當水柱像是被海面吸進去般消逝的時候，剩下來的就只有像鰹魚頭般的物體，靜靜消失在海水之中。簡直就像是被海神抓住腳拖下去般，那一幕有種莊嚴肅穆的感覺。

——軍艦的末日是如此地崇高，畢竟這可是好幾百人的性命消逝了啊……

田中大尉這樣想著，用單手做了個祈福的姿勢。今天是別人，明天搞不好就是自己……沒人知道下一刻的命運究竟會怎麼樣總是難以預料。

田中大尉對著祈福的這艘驅逐艦就是寇騰納爾號，但他並沒有意識到，這時敵艦隊仍然相當幸運。

本來道爾曼艦隊在這時候，應該已經失去了兩三艘軍艦，但事實並非如此。這是為什麼呢？

首先最主要的原因，是那智號的發射事故，讓五戰隊應該射出的十六枚魚雷只射出八枚。

接著是艾克塞特號中彈，讓道爾曼在我方下達「全軍突擊」之前，就下令往左九十度轉舵南進。因此，當八枚魚雷到達的時候，德魯伊特號、休斯頓號等主力軍艦，都是艦艉面向魚雷的狀態。結果魚雷就從巡洋艦之間穿了過去，只有一枚擊中寇騰納爾號。

更進一步說，如果這時候有那智號的八枚魚雷加入戰局的話，就有可能捕捉到西邊的德魯伊特號、休斯頓號並加以命中。若是如此，就會打中兩艘巡洋艦、一艘驅逐艦。這正是戰場的真理——命運轉瞬即變，誰也無從預測下一秒會發生什麼事。

不屈的海上男兒

——擊沉旗艦德魯伊特號

在下午六點五十分的階段，以輕巡那珂號打頭陣的四水戰（第二驅逐隊村雨、五月雨、春雨、夕立，第九驅逐隊第一小隊朝雲、峯雲），位在德魯伊特號西方兩萬兩千公尺處，二水戰位在四水戰稍微偏左後方八千公尺處，五戰隊則位在更左後方五千公尺處，各自南下。另一方面在同一時刻，自德魯伊特號以下的敵方主力艦隊一齊掉頭，將各艦的艦艏指向南方。

在這當中，德魯伊特號稍微繞遠路走西側航道，並且施放煙幕。艾克塞特號的受創，讓道爾曼心中籠罩上一層陰影。艾克塞特號一邊冒著黑煙，一邊以頗為遲緩的動作往南轉向，企圖脫離戰場。

在東邊的休斯頓號、伯斯號、爪哇號則群聚在一起朝南前進，爪哇號像是不想跨過在眼前被擊沉的寇騰納爾號的船體般，做了好幾次轉向。

主力部隊的北方是兩艘英國驅逐艦，東南是剩下的一艘荷蘭驅逐艦懷特衛斯號（HNLMS *Witte de With*）與四艘美國驅逐艦，它們轉舵全力向南，保持艦隊陣型運動。

緊接著，泗水海域的激戰在日本艦隊突擊下，終於邁入第二個日間作戰。

雖然距離日落還有一段時間，但海面的浪頭已經開始微微染上金黃的色彩。雪風艦上的山崎也清楚注意到這幅景象。

在到此為止的第一次日間作戰中，日本艦隊發射的砲彈數為：二十公分砲（羽黑、那智）一千兩百七十一發、十四公分砲（神通、那珂）一百七十一發，另外有三十九枚九三式魚雷（羽黑、四水戰、神通）。

簡單說，發射了一千四百四十二發砲彈、還有三十九枚魚雷，擊傷一艘重巡、擊沉一艘驅逐艦。這樣的戰果實在算不了什麼，但和聯軍艦隊相比還是好多了，畢竟日本艦隊連一艘都沒有受損。

接著，第二次日間作戰以敵軍逃走、日本艦隊追擊的形式展開。

道爾曼司令官揚起「跟在我後面，成單縱隊」的信號，一路南下。

在美軍巡洋艦上，有手拿荷蘭旗語信號手冊、能通英語的荷蘭軍官，好讓艦長得知荷蘭的旗語意義，或是將無線電傳達的命令意義翻譯給艦長聽。一邊要進行這種繁雜的溝通模式，一邊還要取得勝利，實在是難上加難。

敵軍終於整頓好隊形，按照德魯伊特號、伯斯號、休斯頓號、爪哇號的順序往南南西奔馳。下午七點十分，他們轉換航向往東，這時最接近他們的是四水戰。

但四水戰看上的，是在德魯伊特號北方一邊冒著黑煙一邊南下的艾克塞特號，以及負責掩護它的驅逐艦群。

不知為何，明明只是護衛一艘重巡，卻從右前方（西側）開始，共有懷特衛斯號（荷）、朱比特號（英）、遭遇號（英）、伊萊翠號（英）四艘驅逐艦擺出單縱隊。

七點二十分，那珂號在距離一萬八千公尺處，用十四公分砲開始對艾克塞特號展開砲擊，接著發射了四枚魚雷。同時底下的第二驅逐隊（四艘）、第九驅逐隊（兩艘），更進一步以高速衝向敵陣。雖然黃昏要雷擊還嫌太早，但他們已經開始近距離攻擊了。

這時候，二水戰位在四水戰東北七千公尺處，七點二十四分時，跟以艾克塞特號為中心的敵艦隊距離約一萬三千左右。

首先是神通號在七點二十四分帶頭發射魚雷，緊接著十六驅與二十四驅一小隊（山風、江風）也從九千公尺逼近到八千五百公尺，開始近距離發射魚雷。

對此刻的雪風而言，這是第一次在實戰中進行雷擊。人在艦橋的山崎，親眼目睹司令、艦長和水雷長，正緊張地不斷彼此溝通。

神通號是對準了冒著黑煙逃跑的艾克塞特號展開雷擊，而以雪風為首的八艘驅逐艦，則是卯足了勁往前衝，目標是正往東北東變換航向、由德魯伊特號打頭陣的主力艦隊。

一開始的距離超過一萬，但當衝進近距離五千之後，敵方巡洋艦上的輪廓，就算用肉眼也能清晰可見。

用望遠鏡一看，德魯伊特號的後甲板還有一架飛機。那架飛機已經破損傾斜，水兵們正死命拖著它。他們大概是擔心在五戰隊的持續砲擊下，會點燃飛機的汽油吧！

德魯伊特號上似乎沒有高射砲，但三號艦休斯頓號配置有八門十二點七公分砲。他們把高射砲調整為平射，射擊接近的十六驅逐隊，彈著精度相當準確。這一天近距離落彈最集中、讓那智號、羽黑號大傷腦筋的，就是休斯頓號上的那二十公分砲。

十二點七公分砲彈也如雨點般，在雪風周邊落下。
「艦長，請射擊吧！」砲術長如此央求著。
「還沒、還沒……」飛田艦長並沒有答應。
驅逐艦要把砲戰放在魚雷戰之後，這是一般公認的常識。
距離又更接近了，可以看見敵艦上的士兵正亂成一團。
水雷長不禁大喊：「艦長，請射擊吧！」
「還沒……」
艦長的語調相當冷靜。
距離四千……艦艇速度三十二節。
雪風在對著德魯伊特號前方的五百公尺處將艦艏轉向對方，感覺已經率先取得了絕佳的射擊點。
「嗚拗——！司令，已經夠近了吧！」
還要再繼續忍耐下去嗎？艦長用呻吟般的聲音這樣問著。白戶水雷長也定睛看著澀谷司令的側臉。

「還沒還沒……」這次變成司令表情凝重，替大家踩了剎車。

不久後，敵我距離拉近到三千公尺。

「好！」

聽到司令終於下達許可，白戶勢如猛虎地大喊：

「開始發射！」

咻！咻！的低沉聲音響起，八枚魚雷朝敵方旗艦德魯伊特號的方向射去。時間是二月二十七日下午七點二十六分。

（按照《公刊戰史》，雪風對上為收容損傷艦艾克塞特號回頭的敵方主力艦隊，並在下午七點二十六分發射魚雷。按照會戰圖，當時距離德魯伊特號九千。但恐怕正如山崎所言，雙方是位在更加近的距離上。在《官方戰史》本文的記述中，當十六驅發射的時候，和敵人的距離從九千拉近到八千五百左右。）

神通號發射魚雷後，便向右掉頭迴轉。這時，持續北進的德魯伊特號等主力部隊，位在掩護艾克塞特號的驅逐隊東方四公里，但接著又往左迴旋，當雪風發射的時候，正航向西北方。接著在七驅潮號發射的七點二十八分，他們又航向西，接著繼續左旋，劃出一個完整的圓弧。這段期間，他們不停砲擊接近的二水戰、四水戰，在七點四十分，終於成功讓艾克塞特號平安脫離戰場。

這段期間道爾曼的掩護動作，堪稱是勇敢至極。

就在稍早之前，從七點十八分到二十四分，五戰隊（這次那智號也有加入），對道爾曼艦隊發射了十六枚魚雷，但因為接下來敵方往左畫了一個大圓，所以一發都沒有命中。

雪風等二水戰也一樣，因為道爾曼的圓弧左旋動作而沒能命中。在這一點上，道爾曼掩護艾克塞特號的作戰，在迴避魚雷方面也堪稱有效。

從最南邊往東進的四水戰在下午七點二十分，由那珂號率先對敵方主力艦隊發射魚雷，接著驅逐艦展開突擊。首先是由村雨號打頭陣的第二驅逐隊，在面向結束圓周運動、持續南進的德魯伊特號等艦，距離九千處發射魚雷，九驅的朝雲、峯雲則占住東南東位置，在距離六千處發射魚雷。

關於這時第二驅逐隊勇敢善戰的英姿，以下我想引用鹿山譽先生（村雨號砲術長，六十五期）在《驅逐艦村雨的末日》（村雨會刊）中的說明。

邁入第二次日間作戰後，從五戰隊旗艦上發出「全軍突擊」的號令，於是四水戰自下午七點左右起陸續由南往東轉向，搶到敵軍前方。

從右邊開始按照四水戰、二水戰、五戰隊的順序，向前方敵人展開突擊。這時，敵艦隊的前列中央掀起了大水柱（荷蘭驅逐艦寇騰納爾號被擊沉）。二水戰發動突擊、各隊並進，四水戰則從最右邊的那珂號、前方稍遠的九驅、接著是二驅齊頭並進。

這時候，敵方因為和五戰隊的砲戰，籠罩在硝煙與水柱當中。不只如此，驅逐隊也在施放煙幕，因此戰鬥隊列混亂，驅逐艦更是東奔西跑。

敵艦仍從硝煙與煙幕中持續不斷地展開砲擊。另一方面，我方的水雷戰隊則以夕陽為背景，在海平線上清晰地浮現出來。雖說是白晝戰，但很快就到日落前三十分鐘。鹿山砲術長因為無法觀測所以暫停砲擊，從艦橋上的射擊指揮所跑到艦橋的頂棚上，一邊眺望前方，一邊心焦不已。

這時，四艘敵巡洋艦中的二號艦（伯斯號）在視線中驟然變大，正在往右前進。

「左六十度，巡洋艦！」

鹿山大尉像是如釋重負般下達號令。

「開始射擊！」

當時是下午七點二十五分，表尺初算一萬三千兩百公尺。

但是因為硝煙等的緣故，沒辦法觀測第一發彈著點。

鹿山又下令「繼續射擊」，從第二彈掀起的兩個水柱，終於確認到是近距離命中彈。

「高五，動作快點！」

雖然轉移到正式射擊，但還是處於遠近不明狀態。接下來的砲彈也只能從水柱頂端來判斷，沒辦法分辨遠近。

目標的軍艦被籠罩在硝煙當中，全然看不到艦影，只有開砲的火焰散發著閃閃發亮的光芒。

接下來，在三號位置的美國重巡休斯頓號，龐大的艦體側面開始出現在眼前，於是村雨號將目標轉向，對之展開齊射。但是敵艦在落彈的時候，不只是現有的煙幕，還在上面又施放了一層白色煙幕，讓彈著點更無法觀測。

村雨號等二驅艦艇在發射完魚雷後，立刻右轉進行避讓，但九驅一小隊的朝雲、峯雲，仍然鎖定了在附近出現的兩艘敵方驅逐艦展開突擊。

這樣的舉動雖然勇敢，但也很危險。畢竟在掩護艾克塞特號的這支驅逐隊後方，還有德魯伊特號等的主力艦隊，正把右舷朝向這邊展開砲戰。

朝雲、峯雲的對手，是英國驅逐艦遭遇號和伊萊翠號。其中的二號艦伊萊翠號，是在馬來亞海戰中擔任威爾斯親王號和卻敵號負責護衛跟日本中型攻擊機（中攻）隊作戰，身經百戰的驅逐艦。

二對二的驅逐艦砲戰於是展開。

朝潮型的朝雲、峯雲有六門十二點七公分砲，遭遇號等所屬的E級則有十二公分砲四門、十公分高射砲一門，十二門對十門的戰鬥對日方有利，但像是不想讓日方如願般，帶頭的遭遇號開始轉頭往北方逃竄。

然而，伊萊翠號的艦長梅伊中校卻勇敢地面對兩艘日本驅逐艦。梅伊中校曾參與一九四〇年五月擊沉俾斯麥號的作戰，並救起了被擊沉的胡德號上三名倖存者，是位戰功彪炳的老練艦長。

另一方面，九驅打頭陣的朝雲號上，則搭乘著第九驅逐隊司令佐藤康夫大佐（四十四期）。佐藤大佐鬥志滿滿地說：

「還滿勇敢的傢伙嘛，要來就來吧！」

接著便打開砲門，對準了僅僅一艘航向東北東、逐漸接近的伊萊翠號。兩艦和一艦的決鬥，或者說宛若戰國時代鎧甲武士戰鬥般的相互射擊不斷持續下去。直到距離三千，兩軍仍一邊同向航行，一邊互相攻擊。

首先，在艦體側邊寫著H27字樣的艦艇（伊萊翠號）遭到朝雲、峯雲集中射擊，輪機室發生火災，速度降低，開始往東北方逃遁。看樣子，梅伊中校的砲戰技術還是比不上兩艘日本驅逐艦。

在日本方面，朝雲號雖然也中彈導致主機與無線電故障，但仍持續砲擊，剩下的峯雲號則轉向東北，追擊起火的伊萊翠號，最後在七點四十五分，終於把它送進了海底。

指揮這場砲戰的佐藤大佐，之後以第八驅逐隊司令身分率領朝潮、滿潮等艦，在一九四三年三月三日往新幾內亞萊城方向的輸送作戰（俾斯麥海海戰，雪風也有參加，詳後述）中，和朝潮號運命與共，過世後追晉兩級，成為中將。

就像這樣，雖然朝雲號立下了戰果，但二水戰、四水戰、五戰隊的雷擊，都因為煙硝與煙幕之故，無法確認戰果。（之所以一發也沒命中，或許是因為敵方讓人眼花繚亂的迴轉運動，又或者如山崎的意見般，是因為魚雷的深度設定成戰艦用，調得太深了？）不只如此，海域一帶終於進入黃昏後，視線因為煙硝與煙幕之故，或者籠罩在茶褐色、或者籠罩在灰色的陰影中。還不只這樣，靠南方行動的二水戰與四水戰，因為接近到爪哇島的阿瓦阿瓦角（Tanjung Awar-Awar，在泗水西方一百公里處）只有二十公尺，所以有一頭撞進水雷區的危險。（這時候有疑似水雷的物體爆炸，但那其實是之前也發生過的九三式魚雷自爆）

各水雷戰隊結束雷擊後，大致都在往西方退避中。高木司令官判斷日間作戰到此為止，於是在下午八點五分對二水戰田中少將、四水戰西村少將下令：

「各隊盡速集結，準備夜戰。」

五戰隊對高木司令部今後的作戰，是在東邊的盟軍艦隊與西邊的日軍運輸船團之間進行哨戒索敵，以期再度捕捉敵人展開夜戰，並加以擊滅之。

這天，從五點四十五分開始的砲雷戰，雖然消耗了許多砲彈和魚雷，但戰果只有艾克塞特號中等受傷、寇騰納爾號、伊萊翠號擊沉，敵人主力仍然健在，驅逐艦也還剩七艘。

終於要進入第一次夜戰了。

高木司令官下達「準備夜戰」十一分鐘後的午後八點十六分，神通號的水偵報告，「敵航向三一〇度」。

海面已經整個黯淡下來，當天的月齡為十二，上弦月高懸在東方，也就是盟軍艦隊的上方。

持續往東南方行進的敵軍再度掉頭朝西北航行，對我軍和船團虎視眈眈。

不斷北進的五戰隊在八點五十二分，於一五〇度方向、一萬五千處發現疑似敵軍的艦影。八點五十五分，敵方發射照明彈，開始射擊。敵方主力部隊依照德魯伊特號、伯斯號、休斯頓號、爪哇號的順序北進，左前方是英國驅逐艦朱比特號、右後方一點則是四艘美國驅逐艦伴隨。

五戰隊因為照明彈在頭上炸開、整個被清楚照映出來，所以沒有應戰，而是施放煙幕往西北西方退避。一如慣例，他們打算把距離拉到兩萬公尺以上，進行射距外作戰。

位在西南西方五公里處的二水戰眾人看到這幅景象，不禁開口罵說：

「為什麼五戰隊不在一萬五千和對方交火啊？兩次白晝戰不是已經得知對方沒有戰艦，也沒有超過二十公分的火砲了嗎？」

雪風艦上的山崎也有同樣想法。

這個時候航海士算是滿閒的。戰鬥航行中，航海士的任務是在海圖上置入船艦的位置，但因為有航路自畫器這種便利的東西，可以全自動讓針在海圖上畫出航路，所以航海士幾乎是一路在觀戰而已。

田中少將橫切過羽黑號後方北上，和德魯伊特號同向航行。九點七分，神通號在一萬九千公尺處射出魚雷。

雪風艦上的澀谷司令靠著月光辨識到此舉，喃喃自語說：

「就算有幾枚九三式氧氣魚雷，在將近兩萬處也打不中吧？」

理想的近距離攻擊是在敵前三千向左迴轉，發射右舷魚雷然後退避這種典型的夜襲，因此澀谷實在不知道為什麼田中要在遠距離發射。

雖然等到了旗艦的「全軍突擊」命令，但神通號發射魚雷後便往西北轉舵，德魯伊特號以下的敵艦則往東北迴轉，兩軍愈拉愈遠，讓人不由得心想：「今天的夜戰就到此為止了嗎？」（英國驅逐艦朱比特號在下午十點五十五分左右，撞上荷軍的水雷遭到擊沉）

時間來到二月二十八日。午夜零點，五戰隊航向一八〇度，開始南下追索敵人。

零時三十三分，那智號在左前方（一五二度）十五公里處，發現四艘正在北上的艦影（重巡和輕巡）。

「再度發現對方！」

那智號艦橋上，水雷長堀江大尉露出一抹微笑。昨天的第一次白晝戰發射失敗，第二次白晝戰雖然展開雷擊，卻連一枚都沒打中，實在讓人如坐針氈。

——一枚都沒打中是不行的，我水雷長的面子要往哪擺……

他凝視著在淡淡月光下浮現，朝這邊靠近、有著一根粗大煙囪的德魯伊特號，以及有兩根煙囪、彼此拉開距離的伯斯號與休斯頓號艦影。

——敵人朝這邊過來了。這樣下去會和我們反向擦肩而過吧……

登上水雷指揮所的他，對著艦長專用的傳聲管大聲說：

「請允許我發射魚雷！」

高木司令官在零時四十分下令「準備魚雷戰」，接著對五戰隊下令往左一八〇度掉頭，航向維持在零度，也就是和對方同向航行。敵我距離一萬兩千，敵方開始拚命發射照明彈，五戰隊上空被照得有如白晝一般明亮。我方也反射回去，周遭掀起了層層水柱，但我們這邊同樣沒有打中。

「準備發射魚雷！」

「射擊！」

那智號八枚、羽黑號四枚的魚雷，被吸進夜晚的爪哇海中。時間是零時五十三分。接下去是吉還是兇？這次就算只打中一枚也好吧……堀江大尉對著月光下泛著淡淡牛奶色光芒的東方天空，不停地祈禱。

敵方以航向略為靠東的態勢北上，但再過十三分、一點六分的時候，火焰驟然直衝天際——那是敵艦隊帶頭艦德魯伊特號所在的位置。

「打中啦！」

堀江大尉在水雷指揮所裡興奮地跳了起來。

這時候二水戰正在五戰隊西南六公里處，一邊索敵一邊往西南方前進，四水戰則在船團附近。

在雪風的艦橋上，和澀谷司令、飛田艦長在一起的山崎，辨識出艦尾的方向有巨大火焰閃現。

被魚雷擊沉的荷蘭巡洋艦德魯伊特號。雪風號的高階幹部眼見五戰隊成就大名，不由得露出失落的表情。

「哎呀，那邊冒出火柱了呢！」

二水戰急忙往右迴轉，航路向北擺出追擊敵人的態勢。緊接著在四分鐘後，另一道巨大火焰直衝天際。前面是旗艦德魯伊特號被擊沉（道爾曼司令官、拉康普雷艦長與艦共存亡），接著是爪哇號爆發了大火災（不久後沉沒）。

得知這項大戰果是五戰隊的雷擊所致，雪風號的艦橋上一陣騷動。

「嗚呦——！五戰隊又打沉兩艘了哪！昨天打沉一艘驅逐艦，今天是兩艘巡洋艦嗎？」

飛田艦長出聲說：

「實在是太那個了；驅逐隊都沒出

手，光靠重巡的魚雷就打成這樣哪！」

澀谷司令也是一臉失落的表情，似乎是對自己居然沒有出到力，感到相當可惜。

雖然是因為這晚月亮高掛在東方天空，敵方艦影浮現出來的關係。但不管怎麼說，這還是拜在一萬兩千公尺處，也能輕鬆疾馳的九三式氧氣魚雷威力所致。

凌晨一點二十五分，雲層遮蔽了月亮，敵方急忙隱遁艦身，第二次夜戰也畫上了句點。

雖然持續激鬥的泗水海戰業已邁入終局，但我想在這裡稍微解說一下日本海軍的秘密武器——九三式氧氣魚雷。

日本海軍掌握氧氣魚雷開發的突破口，是一九二七年到一九二八年時候的事。當時前往英國接收保式魚雷[1]（懷特黑德公司開發的產品）的大八木靜雄造兵大尉（造兵監督官，後來升任少將），在韋茅斯軍港（Weymouth）的懷特黑德公司魚雷工廠（Whitehead Torpedo Works）試射場附近某間建築物，發現了一些塗著紅漆的鐵管。

1 編註：懷特黑德式魚形水雷的簡稱。

這究竟是什麼意思呢？

謎題不久就解開了。大八木住宿處的房東正好就是該建築物的負責人，房子裡面是製氧機，紅色鐵管是把氧氣送到試射場的容器。伊藤正德《聯合艦隊的最後》（光人社刊）中記載，房東喋喋不休地說，氧氣魚雷是當時英國海軍的頭號機密，他什麼都不知道。雖然感覺起來未免也太輕忽大意了，但應該是真有此事吧！時間邁入一九二八年後，大八木偵知英國海軍已經完成氧氣魚雷，並裝備在當時的新式戰艦納爾遜號（HMS *Nelson*）、羅德尼號（HMS *Rodney*）上，於是透過本國的監督長，向海軍次官（大角岑生中將）報告。

於是艦政本部第一部第二課長（負責魚雷）南里俊秀大佐下令，進行氧氣魚雷開發的實驗。

吳工廠的魚雷實驗部在業已歸來的大八木少佐（晉級）等人致力研究下，經過許多人的努力，在一九三二年底結束設計，製造了兩枚試製魚雷並進行實驗。一九三三年（皇紀二五九三年），它被暫時命名為九三式魚雷，一九三五年作為正式武器被海軍採用，取代之前使用的九〇式。

之後歷經不斷改良，一九四〇年時，它的性能如次表所示，活躍於太平洋戰爭各地：

	直徑（公分）	速度（節）	射程（公尺）	裝藥（公斤）
九〇式	六十一	四十六	七千	四百
		四十二	一萬	四百
		三十五	一萬五千	四百
九三式	六十一	五十	二萬	五百
		四十	三萬	五百
		三十六	四萬	五百
美國	五十三	三十二	八千	三百
英國	五十三	三十	九千五百	三百
		四十六	三千	三百

二月二十六日，由高橋伊望中將率領、從望加錫出擊的蘭印部隊主力部隊——旗艦重巡足柄、妙高（自內地重返戰線）、驅逐艦雷、曙，在二十七日晚上已經南下到接近五戰隊等作戰的戰場附近，但只能看著燃起大火的敵艦，沒能趕上二十八日午夜零時的第二次夜戰。

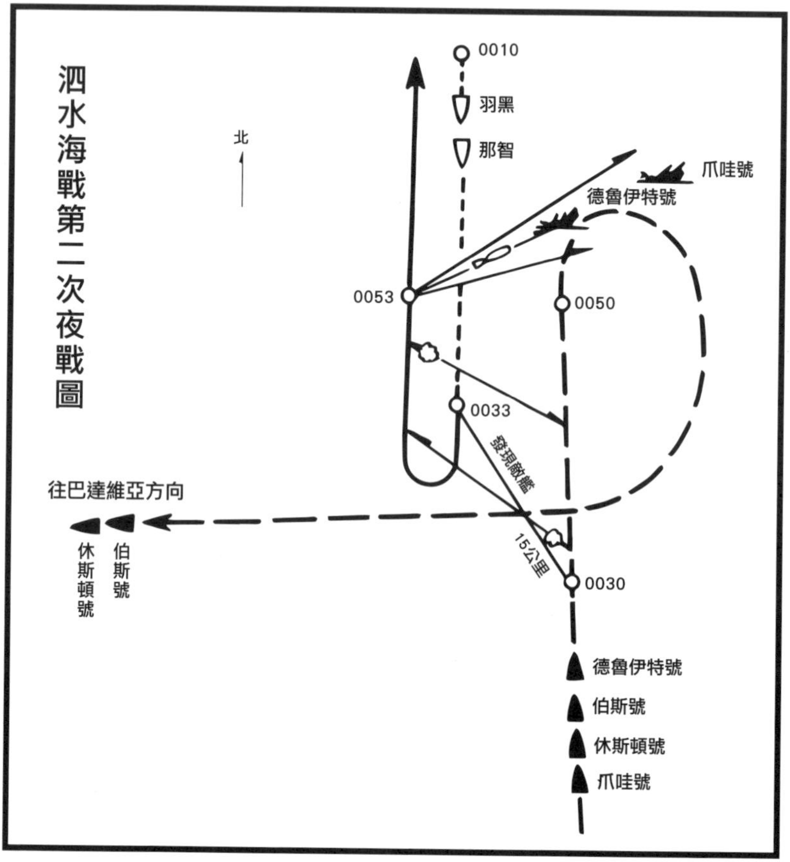
泗水海戰第二次夜戰圖
北
0010
羽黑
那智
爪哇號
德魯伊特號
0053
0050
0033
發現敵艦
往巴達維亞方向
15公里
0030
休斯頓號
伯斯號
德魯伊特號
伯斯號
休斯頓號
爪哇號

製圖／蔡懿亭

二十八日早上七點三十分，五戰隊、二水戰和高橋中將的主力部隊會合。四水戰護衛的運輸船團比預定時間稍晚，在三月一日午夜兩點三十五分進入了目標的克拉干泊地，並在凌晨四點開始登陸，踏出了攻略爪哇島的第一步。

這天上午十一點左右，在克拉干泊地東北海域巡邏中的五戰隊部隊（由驅逐艦山風、江風伴隨），發現一艘重巡（艾克塞特號）、兩艘驅逐艦（遭遇號與波普號〔USS *Pope*, DD-225〕二十八日從泗水出航），於是在足柄號等主力部隊協助下，以南（五戰隊部隊）、北（主力部隊）夾擊殲滅的形式，擊沉了艾克塞特號與遭遇號，只有波普號逃走。

這段期間，二水戰因為負責追蹤逃走的四艘美國驅逐艦，在東方海域巡邏，所以沒能參加三月一日的海戰。

取而代之的是，雪風在二十八日早上，有了一項不尋常的發現。那是盟軍沉沒船隻的漂流者。德魯伊特號、爪哇號、伊萊翠號、寇騰納爾號等艦的官兵，渾身沾滿重油在海上載浮載沉，最後被雪風救起了好幾十人。

英國水兵、荷蘭水兵、印尼水兵，每個人的眼睛都糊滿重油，在朝陽下睜不開眼。在艦長命令下，山崎展開對俘虜的訊問。

四十餘名俘虜中階級最高的，是一位叫做湯瑪斯．史賓賽的上尉，據說是伊萊翠號的砲術長。

史賓賽上尉身材高大，穿上山崎借給他的白布夏裝，顯得小了一號。山崎把史賓賽叫到自己房間，將主計科配給的營養口糧遞給他後，史賓賽用明確的發音對山崎說：「Give me water.（給我水）」

山崎在海軍兵學校的時候曾跟英國教師學過英語，但和外國人用實用英語對話，這還是頭一遭。

史賓賽因為在海上漂流了將近十五小時，所以喉嚨似乎相當乾渴。

「What, is, your, name?」山崎用初階英語會話的水準展開訊問，史賓賽立刻回答了自己的姓名與階級，這讓山崎相當開心。於是他遞出自己的香菸，還把戰鬥時充當食糧的飯糰也給了對方。

史賓賽不愧是約翰牛，充滿英國海軍魂且守口如瓶。正當山崎這樣想的時候，史賓賽忽然說出讓他意外的話：

「我們俘虜按照《日內瓦公約》，沒有必要回答軍事方面的質問，且應當有獲得相當自己身分階級待遇的權利。」

山崎不禁懷疑自己的耳朵，畢竟他從沒有聽過什麼《日內瓦公約》。

雖然海軍並沒有公布東條的《戰陣訓》，但因為擁有大和魂的帝國軍人在受俘虜之辱前就會自決，所以日本軍人是不會被俘虜的。山崎在海軍兵學校中雖然沒有特別受過「在被俘虜前就要自決」的教育，但這個禁忌作為被俘虜之前的問題，可以說是一個不成文的規則。

但是英美人因為有所謂《日內瓦公約》，所以能夠彼此保證待遇，也被允許寄信回家鄉，或是接受家人寄贈的物品。

按照史賓賽的話，英德雖然早在一年半以前就已經開戰，但俘虜可以和家人聯繫，就算戰爭中也可以透過換俘回到故國。

對於總是背負家鄉父老名譽在作戰的日本軍人，這是想都沒想過的事。

史賓賽雖然絕口不答軍事方面的事情，但倒是會提及故鄉蘇格蘭的事物。同時，他也是出身西英格蘭達特茅斯海軍軍官學校（Britannia Royal Naval College Dartmouth）的軍人。

出身海軍軍官學校成為俘虜，還理直氣壯要求相當自身階級的待遇，這種國情的差異，讓山崎大為驚異。

這時候，他還不知道同期酒卷和男少尉的遭遇。酒卷和廣尾彰少尉一起在開戰當天參加了「甲標的」特殊潛艇的特別攻擊隊，但昏迷遭到俘虜。

史賓賽又對山崎說了這樣一段讓他驚訝的話：

「假使我透過換俘回到英國，應該會獲得勳章吧！畢竟我在擊沉俾斯麥號的時候，以及威爾斯親王號沉沒的時候，都以砲術長身分奮戰立下功績。這次我也和日軍作戰，造成好幾艘船隻損傷——我想打沉了一兩艘巡洋艦吧！」

聽他這樣說，山崎驚訝且覺得一頭霧水地說：

「你的艦隊被打沉了兩艘巡洋艦，重創一艘，然後還有兩艘驅逐艦沉沒，你會被俘虜到這裡，就是最好的證明。但是，日本艦隊連一艘都沒有沉沒，甚至連中彈破損的艦艇都沒有。」

聽到山崎這樣說，史賓賽驚訝得整個人站不起來。

看樣子在英美澳聯軍艦隊間，似乎是為了鼓舞士氣，把「擊沉一艘日本軍艦、重創一艘」的情報，煞有介事地四處流傳開來了。

不過事實上，日軍也報告了超乎實際獲得的戰果。

山崎把史賓賽帶回到靠近輪機室的一個房間後，回到艦橋向艦長報告。
「他說了什麼嗎？看樣子是個很頑強的傢伙哪！」
「英國人果然相當嘴硬，荷蘭士官可全都招了哪！」
艦長和司令你一言我一語的說著。
不管史賓賽怎樣閉口不語，既然旗艦德魯伊特號的士官全都招了，那他怎麼閉口都毫無意義。
雪風艦為了繼續搜尋俘虜，在成為新戰場的海域上降低速度來回奔走。
高射砲的藥包一半浸了水，半面朝天在海上載浮載沉。有十二點七公分砲（休斯頓號）、十公分砲（艾克塞特號、伊萊翠號、遭遇號）、七公分砲（伯斯號），按地區不同，口徑也林林總總各自相異。
彈丸保持凹底向上的姿勢，悠悠哉哉地四處漂流，但在其間可以看到面孔朝下的屍體也在漂流。
「嗚呦——！我們這下子可殺了不少人啊！」
看到這幅景象的飛田艦長擺出單手膜拜的姿勢，默念起佛號：

飛田健二郎中佐。身為雪風第三任艦長，深受部下愛戴。

「南無阿彌陀佛……」

旁邊的澀谷司令也半閉著眼睛，像在祈禱似地念著：

「願為水中浮屍……」[2]

山崎看到這幅景象，不禁感嘆「他們兩位真不愧是老將啊！」

話說，澀谷司令曾經說了這樣一段話。

二十七日白晝戰結束、轉移到夜戰的時候，機關長K少佐（兼任驅逐隊機關長）來到艦橋上，用憂心的表情這樣說：

「司令，在我們不注意的時候，燃料只剩下一半左右了。」

司令聽到這話，只回答說：

「什麼嘛，不是還有一半嗎？」K少佐聽了不再多說，就逕自退下去了。

三月三日，雪風在泗水西北三十浬處的海域，偵測到潛艦的蹤跡。透過聲納得知潛艦所在後，艦長咧嘴一笑說：「很好，就用騎馬式戰術吧！」

所謂騎馬式戰術，是在探知的同時與潛艦同向航行，來到潛艦正上方，然後劈哩啪啦投下深水炸彈。

敵潛艦承受不住這樣的攻擊，排出了大量重油到海面上，不只如此，還有很多艦內結構物（桌子的破片、地墊的一部分等）浮上來。即使是警戒過度誇大戰果的艦長，也認為這艘潛艦是被擊沉了，於是在這天的戰鬥詳報上，大大寫上了「確實觀測到擊沉敵方一艘潛艦」。

戰後調查，這天被擊沉的敵方潛艦是美軍潛艦「鱸魚號」（USS *Perch*, SS-176）[3]。

和泗水海戰相關的一連串戰鬥結束後，雪風艦進入婆羅洲南岸的馬辰港（Banjarmasin）接受油料補給。因為沒有重油，所以只好裝載未經精煉過的原油。

「艦長，用原油能跑嗎？」山崎擔心地這樣問道。

「嗚呦——，當然能跑啦！原油裡面就有汽油和揮發油的成分，怎麼不能跑？」

---

2 譯註：水漬く屍じゃ，日本軍歌《海行兮》的歌詞。

3 編註：最新資料證實，一九四四年三月三日被潮號驅逐艦所擊沉，全員逃出被日軍俘虜。

嗚拗艦長一派悠然的態度。

事實上，雪風用這些原油確實能夠跑得很順。

在馬辰，雪風把俘虜轉交到了醫院船手上。作為餞別禮，山崎送了一箱菸草給驕傲的史賓賽先生。

「Thank you，戰爭結束後，歡迎你來蘇格蘭玩！」史賓賽微笑著說。

山崎語帶威脅地說：「我們會一路砲擊到倫敦喔！」

史賓賽只說了句「Never Happen!（不可能）」就走下了階梯。

儘管如此仍不辱武名
——令人憾恨的中途島

結束泗水海域一連串作戰的雪風艦，在三月十二日駛入西里伯斯島望加錫基地進行補給與休養。

雖說是休養，但就算上岸也沒有日本料理店可去，所以官兵們頂多就是到印尼人開設的小酒館裡，吃著沙嗲羊肉配椰子酒，然後跳進設營隊（工程部隊）燒開滾水、用汽油桶做成的澡桶裡，洗掉兩週以來的征塵，一邊眺望著下弦月，一邊心有所感地懷念故鄉奈良與京都的月亮。（雪風的艦籍是隸屬吳鎮守府的驅逐艦，搭乘這艘船艦的士官兵，幾乎都是由中部、近畿、中國地方出身的人員充任）

休養結束後就是訓練、出港，然後又回港口。就在這樣度過的兩週期間，爪哇和蘇門答臘都已平定（荷軍在三月八日投降）。英美東方艦隊也被一掃而空，殘餘的艦隻紛紛撤退到錫蘭島（今斯里蘭卡）的可倫坡、亭可馬里兩座軍港。（在泗水海域勇猛奮戰的美國重巡休斯頓號與澳洲輕巡伯斯號，在三月一日的巴達維亞海戰中，被日本巡洋艦部隊與驅逐隊擊沉）

「接下來要去哪裡，東邊還是南邊？」

過膩了平穩日常的雪風官兵們，早就迫不及待想大幹一場了。這可以說是戰士的本能吧！

「這次很有可能是要去印度作戰喔！陸軍似乎說要從緬甸直取印度，進軍巴基斯坦、阿富汗，然後在波斯高原和德國會師喔！」

在望加錫鎮上和陸軍軍官有互動的某軍官這樣說。

「不，不是要往東去嗎？我有聽說大本營作戰的第二階段方針是要打通斐濟、薩摩亞、新幾內亞，將美澳分割開來，首先逼降澳洲，然後配合德國登陸英國本土，讓美國屈服哪！」

另一個從司令部參謀那裡打聽到一些消息的軍官則這樣說。

三月二十九日，第十六驅逐隊往新幾內亞西部的曼諾夸里（Manokwari）前進。

目的是展開「新幾內亞西部方面攻略作戰」，簡稱「Ru作戰」。

這時，人在雪風艦橋上的山崎航海士，遇到了一個有趣的經驗：

這方面的敵人是荷蘭、澳洲的殘敵，雖然對方幾乎沒有做出什麼像樣的抵抗，但眼見曼諾夸里就在跟前，運輸船團卻漸漸被漂往東方，始終無法靠近陸地，還是讓他大感驚訝。

「這一帶位在赤道正下方（曼諾夸里是南緯一度），因為黑潮往西北流去，所以沒辦法輕易靠近陸地哪！」

鶴田航海長露出為難的表情說道。不管怎樣，這潮流的速度實在很快。

這時候在曼諾夸里的荷澳軍數量並不多，在對水上機母艦千歲號的水偵開槍亂打一陣後，就一齊逃到山裡去了。

就這樣，雖然原本是陸軍要登陸，但因為運輸船被潮流沖走，所以由十六驅逐隊的四艘船艦各編出一個小隊的陸戰隊去占領曼諾夸里。

「如果不是野戰遭遇而是要打城鎮戰的話，士兵就不能布成橫隊，而是要布成縱隊是嗎……」

山崎中尉（三月十五日晉升）一邊這樣碎碎念，一邊在房間裡穿上黃褐色的第三種軍裝，將手槍掛在肩上，再把砲術長的軍刀繫在腰間，來到艦橋上。航海長看了他的樣子，帶點嘲諷地說：

「航海士，沒問題吧？就照在兵學校學的去幹就行啦！登陸以後要留心不長眼的子彈喔！」

「在市街地區，即使攻略完成之後也得注意警戒……」山崎就這樣一邊複習念兵學校時在原村[1]演習學到的東西，一邊搭著卡特帆船前往碼頭。

曼諾夸里是個設有荷蘭鎮公所的城鎮，鎮上林立著歐洲風的石造建築，讓先入為主認為「新幾內亞就是椰子樹和叢林」的山崎大為改觀。

當走在街道上的時候，山崎將一個小隊分成兩隊，分別走在馬路的兩側。走在右側的士兵警戒從左側樓房二樓展開狙擊的敵軍，左側則負責警戒右側。

看到這幅景象，曾經參與上海戰役的砲術科伊藤兵曹忍不住稱讚說：

「航海士，你滿懂陸戰的要訣嘛！」

這樣被稱讚雖然很好，但在沿馬路正中央前進的過程中，還是出現了小隊長前進太快，彎過街角後，就只剩下自己一人的狀況。

山崎還是一號生（四年級）的時候，被配屬在三分隊[2]，分隊監事橋本卯六少佐在上海事變時是陸戰隊大隊長，所以山崎從他那裡聽來了很多陸戰故事。

聽完他這樣說之後，伊藤兵曹用有點奇怪的方式繼續讚美說：

「如果是橋本少佐，確實是會知道這些吧！果然兵學校的教育相當有用啊！」

平安占領了城鎮中心地區後，山崎走進重新開門的餐廳，同期的大坪弘中尉正在裡面，他是千歲號的航海士。

「哎呀，你怎麼打扮成這副德行啊！」

早早就換上防暑服的大坪笑著對山崎說道。

「沒什麼，只是今天當了一回陸戰隊罷了。拜你們的飛機所賜，我們才能不流血占領這裡啊！」

「自從戰艦伊勢號以來久沒聚首了，今天就當開個同學會吧？」

1　譯註：廣島地區的一座演習場。

2　譯註：舊日本海軍兵學校的配屬方式是，各年級的學生共同組成「分隊」，年紀最長者為一號生，以下分別為二號生、三號生等。

兩人在當少尉候補生時曾一起在伊勢號上，和筆者一起接受初等軍官訓練。

雖說是同學會，但感覺應該是不會有啤酒也不會有清酒，不過皮膚黝黑的美拉尼西亞人侍者，拿來了荷蘭人留下的啤酒。那是不太清涼、溫溫的啤酒。

午後，山崎再次帶著陸戰隊展開市內警戒。

這時，一名美拉尼西亞少年出現，只見他一邊喊著：「Japan、Japan」，一邊比著大肚子的形狀。

走進這家的閣樓一看，有一名日本年輕女性躺在床上。

在曼諾夸里，有一家名為「南洋興發」的日本公司，也有好幾名日籍社員派駐在鎮上，但因為戰爭爆發的緣故，大家都逃進山裡了。然而，唯獨這位名叫荒井民子的女性因為懷孕且快要足月，所以丈夫把她託付給僕人家，然後自己躲進了叢林。

山崎走進閣樓後，只見民子臉上露出害怕的表情。

「不用擔心，我是日本海軍的陸戰隊。我們已經占領了曼諾夸里，已經可以安心了。」

山崎這樣說完後，民子緊張的神情放緩了下來，然後開始大聲哭泣。

「日本的軍人先生？日本海軍真的來到這種地方了嗎？」

她露出一臉難以置信的表情說著。

山崎對這些踏足海外的商社人員，打從心底深深感佩。南洋興發在這塊土地上伐木，栽種椰子和可可亞。山崎在這裡頭一次看到可可樹。宛若特大南瓜般的果實，從低矮的樹枝上沉甸甸地低垂下來。

荒井民子在千歲號軍醫官的協助下，平安無事產下了孩子，充滿了牧歌悠哉氣息的Ru作戰，也平安畫下了句點。十六驅逐隊在四月中旬轉移到安汶，二十三日從安汶出港航向內地，在四月三十日回到了母港吳港。

自去年十一月十八日從吳港出發以來，雪風總共歷經了五個多月的作戰行動，因為艦艇的塗料都已剝落、艦底也附滿牡蠣，導致航速降低，所以必須進入船塢維護。

四月底，砲術長換成石隈辰彥大尉（六十五期，佐賀縣出身）來擔任。

石隈大尉是山崎在兵學校當四號生（一年級生）時候的一號生，飛田艦長則是石隈大尉在兵學校當學生時的水雷科教官，因此雪風的軍官室呈現出一片和樂融融的氣象。

石隈大尉是位一板一眼的人，把當時的日記幾乎都好好保存了下來。接下來我們就一邊參考他的記載，一邊追溯雪風在中途島海戰中的動向。

首先是五月二十二日出港這天，他在日記上這樣寫道。

昭和十七年（一九四二）五月二十二日（吳）

〇五〇〇起床，〇六〇〇離開古林旅館，〇六三〇搭乘定期船歸艦。

出港準備業已完備，〇八二〇出港。天氣晴朗無波。

通過水流湍急的瀨戶內海後，本艦穿越諸島水道，戰鬥速度加到最大，開始實施各種戰鬥訓練。

砲戰指揮也按部就班進行，讓人感覺頗有實感。

一一〇〇實施磁差測定。

一三三〇起，我們終於被派去擔任日榮丸和曙丸的護衛。通過豐後水道西水路後，我們往塞班島前進。傍晚，風浪逐漸增強。一五三〇，艦內下令進行哨戒第五配備。尚未有關於潛艦的情報。

航向一四七度，速度十四點五節，從本土出擊。

在這裡，我們看一下參與ＭＩ（中途島）作戰部隊的概要：

▽主力部隊：以第一戰隊（大和、陸奧、長門）為中心

▽攻略部隊：以第二艦隊為中心，擁有眾多運輸船

▽機動部隊：以第一航空艦隊（含空母四艘）為中心

▽先遣部隊：北方部隊、基地航空隊等

在這當中，雪風所屬的第十六驅逐隊一如往常，歸屬在田中少將的二水戰麾下，被編入第二艦隊司令長官近藤信竹中將（三十五期）指揮的攻略部隊。

攻略部隊的主要編制如下：

▽本隊：四戰隊一小隊、五戰隊、三戰隊金剛、比叡，四水戰

▽護衛隊：二水戰神通、十五驅親潮、黑潮、十六驅雪風、時津風、天津風、初風、十八驅不知火、霞、陽炎、霰、十六掃海隊、運輸船十四艘

▽占領隊：二連特中心

▽支援隊：七戰隊（熊野、鈴谷、三隈、最上）為中心

▽航空隊：十一航戰千歲為中心

石隈辰彥大尉，出擊中途島的雪風砲術長。

▽補給隊

其中，由護衛隊掩護的運輸船上，搭載有陸軍一木清直大佐指揮的一個聯隊（一木支隊）。（一木支隊在八月中旬，於瓜達康納爾島玉碎）

五月二十二日，十六驅從吳港出航，越過瀨戶內海出擊後，朝中途島前進。

這裡我們再次抄錄石隈砲術長的日記。

五月二十三日

風浪略大，陸續有人暈船，特別是新來的三等水兵，相當脆弱。一路南下。因為長浪的緣故，艦艇傾斜達到三十度。

一三〇〇起，實施和曙丸的艦艇連接訓練。最短連接距離三十五公尺。順利進行。

隨著南下，氣溫上升到二十四度。

一九〇五　日落。

五月二十四日

風浪增大，艦艇傾斜達到四十度。

〇五〇五　日出同時進行晝夜戰轉換。

〇九四〇　實施戰鬥配置，一〇〇〇起展開第一次訓練射擊，獲得出彈率[3]百分之九十的成績。

午後，和飛田艦長就驅逐艦生活進行交流。

小笠原、塞班、台灣海峽方面頻頻傳來敵方潛艦出現的報告。傍晚開始下雨。

五月二十五日

早上開始風浪漸息，艦艇搖晃度也降低。

氣溫二十七度，變得愈來愈熱。今天早上開始穿著防暑服。

3 譯註：出彈率指的是進行齊射的時候，同時開火的準確比率（百分之九十，就是十門有一門火砲沒有準確加入齊射）。

海洋的顏色、雲朵的形狀都讓人感受到南洋的氛圍。

〇六二〇　時津風號、日榮丸和驅逐隊分離，為了七戰隊的補給前往關島。

午前、午後、夜間　部署訓練。

一六〇〇起進行應急（防火防水）訓練。

夜間值班時，和艦長談論兵學校時代的往事。校長有仁、主任有智、學生隊監事則有勇（雪風的原速度為十三節、急速十五節、半速十節、微速七節）。

五月二十六日

〇九三〇　塞班島在雲間出現。

一〇〇〇左右開始蛇行運動。

塞班島的外港有商船隊十二艘、大部分的二水戰、十一航戰（千歲）等正在集結中。

一二〇〇　在預定錨地投錨。

一六〇〇　出港，和新棧橋側舷對接，補給重油與生鮮食品。驅逐艦在這方面，必須投入使用相當的人力。

五月二十七日

〇七〇〇　離開新棧橋，回到原本的錨地。

〇八〇五　舉行海軍紀念日的紀念儀式。艦長的訓示充滿了人情味，接著是航海長就這次MI作戰進行宣講。

夜間進行部署訓練，結束後和艦長為首的人員一起進行愉快的宴會。就算是明天開始終於要往戰場出擊之身，但平靜的心依然不變。若是心中不存膽怯，就能經常保持平常心。唯一令人不快的是有些人因為我的動作生疏，就把我和其他人相比，對我輕視不已。儘管我比其他人更容易情緒激動，但為了全艦的和諧，還是盡力忍耐。我並不感到悲苦，只是反省自己的生疏與不夠努力。

若獲詔令，自當在戰間悠遊閒暇之際，不忘磨礪刀劍。

五月二十八日日出〇四四六日落一七四三

〇七二〇送走竹田一水後，立刻為了進行哨戒部署出港。

午前，部署、基礎訓練陸續接近完成，大家都摩拳擦掌等待今天傍晚出擊，士氣愈來愈高。哨區的警戒沒有異常，一三三〇左右返回錨地。

關於部署，還需要下很多工夫進行研究。

我們得在這次戰鬥中累積實際經驗，並努力加以改善。

午後，補給生鮮食品、重油後，一七〇〇終於進行MI作戰出擊。在空中巡邏的飛機等嚴密警戒下，我們在緊張的情緒中，隨著準備出港的號角聲一起啟航。因為初風號機械故障的緣故，我們拖延了將近一小時。

航向二七〇度、接著轉往二三〇度、一九〇〇轉往一八〇度，繞過塞班島西邊出南側，從這裡航向一轉，開始朝MI進擊。（從陣形圖來看是以神通號為中心，左邊是十六驅、右邊是十八驅、後方是十五驅、再後面是運輸船團）

五月二十九日　日出〇四四一　日落一七三一

〇三三〇　起床，護衛船團航向三十度，保持昨天傍晚的隊形繼續航行。〇四四一日出同時實施蛇行運動A法，將距離維持在十一航戰後方一萬七千處。午前進行各種訓練，一〇三〇起航向五十五度；午後進行部署訓練，一七〇〇起進行隊統一戰鬥訓練。本日起，砲術科從基礎訓練邁入初步應用訓練。瞄準發射成績急速提升，但在方位盤（旋轉）上多少還有點不熟練的感覺。關於敵情尚未有任何情報，船團也沒有發現敵潛艦，持續平安地航行。

白天進行之字運動A法。本艦的陀螺儀似乎有些誤差，所以要保持艦艇位置有點困難。

一八〇〇時的艦艇位置是十五度五十三分北、一四八度五十七分東。(距離塞班島八十七度,兩百四十浬)

五月三十日　日出〇四二三　日落一七二四　氣溫二十七點五度

〇三三〇起床,立刻展開哨戒。幾近無風,天氣甚好。〇四二四日出方位六十四度,〇四三〇全員起床。〇四二〇,之字運動E法開始。〇八〇〇起準備拖曳補給,〇九〇〇起,進行曙丸的護衛部署。神通號開始補給(由曙丸以拖曳方式供油),一〇一三開始供油。五十二噸的補給大約需要三十分鐘,一〇四五結束。直到一一五〇為止擔任護衛。看著初風號、天津風號補給結束後,一三三〇開始本艦開高速擔任第一隊的嚮導,到一六二〇和親潮號換班,進行護衛部署。

一六四五隊統一訓練,一八〇〇起航向六十度。北上之後氣溫下降,夜間站哨都會覺得寒冷。

傍晚起,看到七戰隊(熊野、鈴谷、最上、三隈)在正橫向一萬兩千五百浬處,跟我們同向航行。

五月三十一日　日出〇四〇四　日落一七一三

日出時實施之字運動。〇八〇〇　航向四十度。上午進行戰鬥訓練。〇八三〇起，因十八驅進行拖曳供油之故，占據第二警戒航行序列。午後停止戰鬥訓練，練習別科（軍事外作業）體操、軍歌。

一五三〇　航向七十度，一六四〇左右起，不時掀起強陣風。本日從早上開始就長浪不斷，船身晃盪比昨天更大。本日也沒有出現敵蹤，是相當平凡的航行。

六月一日　日出〇三四四　日落一七〇一　晴　二十七度

情況不變，維持平穩的航行。

上午進行部署、戰鬥訓練。午後進行分隊訓育、整備作業。一六四〇　隊統一戰鬥訓練。

午後，二水戰司令官傳來信號命令：

「威克島方面出現三艘敵潛艦，接著又發現一架敵機，今晚對敵潛艦必須嚴加警戒。」

接獲這項情報後，本艦變更航路，預計採取和北上主力並行的航向。〇三〇〇　日出之際進行之字運動E法，午後轉換成C法。北美太平洋沿岸乃至夏威夷方面，似乎有相當數量的敵人在行動，但目前尚未發現該部隊。

正午位置　二十二度十三分北、一五八度三十九分東。距離塞班島六十度，八百八十浬。

越過漫長海路，迎來朝日升起，

今日的戰鬥也會是我軍取勝。

六月二日　日出〇三二五　日落一六四九

航向五十五度。之字運動E法。

〇五三〇　起床，值更。航行相當平穩。風平浪靜，不見敵蹤。一〇三〇左右，早潮號傳來「發現疑似漂流水雷的事物」信號，同時在二〇〇度方向，也傳來探知潛艦的信號。我們立刻下令掃蕩，並丟下兩顆深水炸彈，但最後只是淺灘（一百二十五公尺）導致的誤判。

一〇〇〇起航向五十度，一〇三〇起占據第二警戒航行序列，半速。本艦自一一〇〇起，進行第二次拖曳補給。一二一〇　開始補給油料。補給八十二噸油料，塞滿油槽（五百九十一噸）。接管時重油噴出。整體過程約四十分鐘結束。

一六三〇起進行隊統一戰鬥訓練。夜間值更時，略微能夠感受到寒氣。

距離MI還有八百五十浬。

六月三日　日出〇三〇九　日落一六三一

本日依舊相當平穩。航向八十五度，一路往中途島前行。在十八驅補給的時候，占據第二警戒航行序列。實施之字運動E法、C法。按照大海（大本營海軍部）的密電，在北方部隊進行作戰時，敵方反應一如預期，似乎沒有察覺到MI作戰。

一六〇〇起進行綜合訓練。我痛切感受到，必須考慮砲組瞄準的對空戰鬥法。砲組的瞄準鏡必須抬高到仰角十五度，至少要盡可能維持和火砲同樣的角度才行。

六月四日　日出〇二三三　日落一六一九

一早稍微睡了一下，〇五五〇　值更。〇六一三　艦艏右十五度方向，出現了一架敵軍的PBY卡特琳娜水上飛機。之後兩小時多，雙方展開了接觸。奇襲（機動）部隊的攻擊會在明天展開，船團已經進入距離MI六百浬的範圍內。必須考慮奇襲的時機。〇六〇〇左右，陀螺儀故障，出現相當的誤差。一二〇〇，進行艦內哨戒第三配備。

一三二二　「進行部署」

一三二五　一七〇度處，出現九架波音B17。　一三三二　「對空戰鬥」，運輸船團一齊散開。　一三三三　航向四十五度。

一三三五　緊急右四十五度，一齊掉頭。

一三三七　「開始砲擊」，航向一一八度，第二戰鬥速度。

一三三七・五　開火。

一三三九　「待命射擊」（發射彈數二十一發）

一三三九・五　緊急左四十五度，一齊掉頭。

一三四一　航向一七四度。

一三四七　迴轉之後就定位。

一四〇〇　「停止射擊」

敵機在一七〇度方向，消失在海平線盡頭。一四三六　航速二十六節，下令待命一小時。

最初的空襲就此漸漸平靜下來。

這天傳來消息，我軍對荷蘭港展開空襲（北方作戰按預定進行）。

另一方面，對雪梨的奇襲（五月三十一日）全軍覆沒。

登陸預定日（六月七日）就在三天後。

六月五日（中途島海戰當天）

日出〇二一五日落一六〇八

本日從早上開始就預計會有空襲，卻一直沒有發生。

我們一心等待奇襲部隊的戰果，〇六〇〇左右，收到奇襲部隊來電，表示在MI東北方兩百四十浬處發現敵方航艦等部隊，「現在要展開攻擊」，這讓我們更是一同翹首，期盼戰果到來。但突然之間（〇七五〇左右），傳來令人驚訝的電報：赤城發生大火，旗艦轉移到長良號。根據後續的電報，這時敵方有好幾百架飛機來襲，我方雖然打下了五十幾架飛機，但赤城、加賀、蒼龍都發生大火，陷入無法戰鬥的狀態，奉命往西北方撤退。之後，飛龍似乎也沒能撤退，遭到敵方的空襲。在這種局面下，田中二水戰司令官接獲命令，將運輸船團託付給十五驅，率領十六驅、十八驅火速與主力部隊會合，於是我們以第三戰鬥速度，向東北方疾馳。

二三〇〇左右，前方出現了燈火。登上射擊指揮所一望，是還可以看到艦影的赤城。大火雖然終於平息下去，但殘火仍未止息，在後甲板上還不停冒出火焰，宛若鬼火一般，讓人心痛不已。

周圍有四艘驅逐艦守護，實在是讓人悲憤莫名的景象。

彙整後續報告後，我們得知損傷更加嚴重，赤城、加賀、飛龍、蒼龍都已經處於不可能返航的狀態。

遙想去年十二月八日奇襲夏威夷、立下蓋世功勳的這四艘軍艦，在這次再度衝擊夏威夷之際，卻發生如此意想不到的事態，實在令人感慨萬千。

雖然護衛驅逐艦收容了各艦的乘員，但因為每艦的數量高達五百多人，所以一時還不能馬上回去。

攻略部隊面對這批敵人，在掌握到白天戰鬥的大致情況後，決定下令進行夜戰，但因為和敵人的距離已經有三百浬，再加上敵情依舊不明，最後只好放棄攻擊，掉頭離開。

七戰隊奉令砲擊ＭＩ。

考察敗北的原因：

一、對敵方兵力的誤算。

二、在敵基地航空勢力範圍下行動，即使有強力的空母部隊，也還是伴隨著危險。

三、ＭＩ真有攻略價值嗎？其戰略效果如何？

四、下令七戰隊砲擊ＭＩ是否正確？

六月六日　日出〇一三〇　日落一五三四

早晨映入視野的，是沒有了空母的奇襲部隊身影。

以八戰隊（利根、筑摩）為核心，舉目望去只有三戰隊（榛名、霧島）、長良和一隊驅逐隊而已。

這天早上，傳來七戰隊和敵機接觸的消息，我竭盡全力祈求他們平安無事。

但是，最上號最大速度只剩十四節，該怎麼辦才好？（最上號在前夜十一點三十五分，因為誤讀旗艦熊野號的信號，艦艏猛烈撞上了三隈號的左舷）

這段期間，我方遭到八架波音B17攻擊，不過似乎沒有損傷。

一〇〇〇左右，驅逐艦三艘收容完一航戰、二航戰的乘員後，急速西行會合。

傍晚，我們和GF（聯合艦隊）主力部隊會合，進行護衛。因為燃料很少、無法隨意行動，實在遺憾。七戰隊二小隊（三隈、最上），目前似乎還平安無事。

美軍企業級航艦（約克鎮號），在漂流中被一六八潛艦擊沉。

六月七日

〇三〇〇左右，傳來七戰隊二小隊和敵艦載機接觸的消息，澀谷司令相當擔心他們的安危。

〇五〇〇　敵方轟炸七戰隊，先是二十架左右的魚雷轟炸機，接著又是三十架規模的空襲，最上、三隈以及護衛中的驅逐隊，似乎都蒙受了相當損傷，但仍然表示「我們正在勇敢奮戰中」。

到了午後，我們進一步收到三隈號被好幾顆炸彈命中、引發大火，停止動作的消息。

GF長官下令攻略部隊全軍展開救援，四水戰、四戰隊、五戰隊、八戰隊、二水戰的大部分與瑞鳳號以航向一八〇度、速度十九節南下，主力也進行策應，但是為時已晚，三隈號也喪失了。

一八〇〇　採取第二配備，以防與敵軍出其不意相遇。預定和七戰隊一小隊會合。

傳來占領基斯卡島的消息。

六月八日

早上，和慘不忍睹的最上、荒潮、早潮會合。十八驅奉命護衛他們。

這天從〇二三〇起，進行水上飛機索敵。

我們的企圖是，如果有敵人就用水上機隊和瑞鳳號的飛機予以擊滅，但直到〇七〇〇為止都沒有發現敵人，於是我們轉往航向二六〇度，一路朝補給點前進。

石隈砲術長的日記反映了他的人格特質，細膩且簡潔，特別是六月四日以後的記述，給人身歷其境的感覺。這篇親歷中途島海戰的青年軍官手記，相當珍貴。

接下來，我們再從山崎航海士的回憶，以及公刊戰史的記述等，來追溯中途島與雪風的動向。

出擊之前，攻略部隊的將士全都意氣昂揚，想著要占領中途島、接下來進行夏威夷作戰，威脅美國西海岸，逼使對方投降。

這雖然是件好事，但大家沉浸於連勝，早早就造成了保守機密的亂局。

據說出擊前去餐廳（料亭）時，女僕（女侍）就曾對大家說：「這次要打中途島了吧！」山崎在雪風進入船塢時，也確實聽到了這類對話。修理的工人你一言我一語地說：

「軍官桑，這次終於要去打中途島，接下來就是夏威夷了吧！」

「請好好努力。把中途島改個名字，變成日文的『水無月島』吧！」

——這樣洩漏情報，有辦法獲勝嗎？

山崎不禁抱持疑問。

帶著船團的護衛隊，在二水戰司令官的命令下，於五月二十六日進入塞班島的港口。

說到二水戰，十八驅在十九日、神通號和十五驅的兩艘在二十一日從吳港出航，運輸船則更早一點，從吳港、橫須賀和馬紹爾等地出發。十六驅除了時津風號（晚一天）以外的三艘，按預定在二十六日進入塞班島，其他船隻除了日榮丸、曙丸（晚一天）外，也在同一天進駐塞班島。

在塞班島大舉集結的護衛隊艦艇，五月二十八日在田中少將指揮下從港口出擊，為了在N日（六月七日）登陸中途島朝東前進。

航行順序依序為十六掃海隊、船團與護衛隊、後方是攻略部隊本隊（愛宕、金剛等），稍偏南的後方則是支援隊（七戰隊），以此態勢在南雲中將率領的機動部隊南方兩百七十浬處東進。

接著在六月四日（登陸前三天）上午十點左右，在中途島六百浬處，船團部隊發現了美軍的PBY水上巡邏飛機，午後兩點受到九架B17轟炸。

「對空戰鬥！」

雪風等十艘驅逐艦和旗艦神通號一起，用高射砲、機槍展開射擊。

敵方的攻擊在夜晚也持續不輟，在掃射與轟炸下，曙丸遭到損傷（被一枚炸彈命中），但對航行不構成問題，船團依舊描繪著登陸水無月島的美夢，繼續往東前進。

然而就在這天，從中途島起飛的敵方ＰＢＹ巡邏機，已經發現了北方的南雲艦隊，位在中途島東北方的三艘美軍航艦，開始急速奔赴南雲艦隊的位置。

然後是命運安排的六月五日上午七點二十五分，首先是蒼龍號被炸中，短短五分鐘之間，包括赤城、加賀，三艘空母中彈燃起大火，下午兩點三分，唯一可以仰賴的飛龍號也中彈，終於演變成喪失四艘空母、令人痛恨的一戰。

就像石隈砲術長的日記所示，三艘空母挨炸的報告，比較早傳達到全艦隊中。（眾人在八點四十分左右，收到七點五十分八戰隊司令官阿部弘毅少將發出、遭轟炸的電報）

攻略部隊指揮官近藤中將（第二艦隊司令長官）接獲這份報告後，立刻下定決心率領攻略部隊去支援機動部隊（只剩下飛龍號一艘空母）。上午九點，他將這個意圖傳達給所有作戰部隊，然後趕緊率領著本隊（愛宕、高雄、金剛、比叡）朝飛龍號的位置前進。

接著在上午十點左右，近藤長官下定決心要讓七戰隊去砲擊中途島，於是在十點四十分，下達了以下的命令：

二水戰司令官率領旗艦與兩隊驅逐隊（十六驅、十八驅）和本隊會合。

接著在十點五十分，他又下了以下命令：

支援隊（七戰隊）今晚對中途島地面設施，展開砲擊破壞。

上午十一點十五分，田中少將率領十六驅、十八驅，往東北東方前進（十五驅為了護衛船團留下）。這時，他們位在本隊南南西方九十浬。

下午九點十五分，決定中止夜戰的山本長官，在九點二十分下令七戰隊停止砲擊ＭＩ。

另一方面，包含雪風在內的十六驅，正如《石隈日記》中所述，在下午十一點左右，發現了在黑夜中燃燒的赤城號。山崎也目擊了宛若鬼火般不時噴出、在空中拖曳的紅色尾焰。

因為赤城號附近有第四驅逐隊的野分、嵐、萩風、舞風等在救助生存者，所以十六驅掉頭，為了和近藤中將的本隊與山本長官的本隊（以大和、陸奥、長門為主力）會合往西前進。

山本長官已經在下午十一點五十五分發布電報，下令ＭＩ作戰中止。

雪風號雖然和攻略部隊主力一起擔任本隊的護衛，但九日回歸分離船團的護衛，六月十三日作為二水戰的一員，進駐吐魯克島。

吐魯克環礁的白色珊瑚礁與海灣中的蔚藍海水，讓人想起塞班島，島上密布著椰子與木瓜樹，但和出擊時迥異的心境，實在讓人愉悅不起來。這是開戰以來首次嘗到的敗戰，熊熊燃燒的空母與受傷的僚艦身影，讓雪風的年輕官兵不禁有種心靈受創的感覺。

不久後和船團一起從吐魯克出發的雪風，因為燃料不足將艦艏朝西，在海面上接受油輪的補給。飛田艦長一邊指揮拖曳輸油，一邊滿臉痛苦地對澀谷司令說：

「嗚拗～～，朝西接受拖曳輸油，真是很可悲哪！」

澀谷司令默默點了點頭。

如果中途島之戰獲勝，那接下去的作戰應該是進攻夏威夷，然後威脅美國本土西海岸才對。石隈和山崎也抱持著同樣的心情，眺望著西方，卻對東方浮想連翩。

六月二十一日，雪風回到橫須賀，進行補給修養之後，二十三日回到懷念的柱島泊地。

在這裡，身經百戰的飛田艦長離開雪風，取而代之的是原本擔任十七驅逐隊磯風號艦長的菅間良吉中佐（五十期）。

活力充沛、個性幽默的薩摩猛士飛田艦長，深受雪風的年輕水兵的愛戴。聚餐的時候，他會和三等水兵肩並肩，一起喝酒。

山崎也有一件關於飛田艦長、難以忘懷的回憶。

前述在泗水海域的時候，二十八日早上，雪風救起了很多俘虜，但發現第一個俘虜的時候，天色還相當昏暗。

「哈囉——！」

「喂——！」

海面上可以聽到此起彼落的叫聲。透過淡淡的月光一看，英國水兵和荷蘭水兵正在海裡載浮載沉。

「艦長，是洋鬼子哪！雖然很想把他們救起來，但現在停船的話，長時間在海上靜止，會有被敵方潛艦突擊的危險吧！」

值班軍官這樣說，但飛田艦長斬釘截鐵地下令：

「主機停止。把他們救起來！」

結果，雪風救起了好幾十名俘虜，挽救了他們的性命。

——雖然看起來一副粗野豪放的樣子，但實際上是位心地溫柔的人呢……

山崎一邊這樣想著，一邊送走了艦長。

雪風的第一任艦長是田口正一中佐、第二任是脇田喜一郎中佐、第三任是飛田中佐、菅間中佐是第四任。

出身宮城縣佐沼中學的菅間中佐和飛田中佐正好相反，是位沉著冷靜，給人一種女性化氣質感覺的人。

但是菅間艦長遠比外表看起來更堅毅，之後直到一九四三年十二月，把舵輪交給豪傑艦長寺內正道少佐為止，包括南太平洋海戰（聖克魯斯群島戰役）的血鬥、目睹比叡號末日的第三次索羅門海戰、瓜島撤退作戰、體會到毀滅的俾斯麥海海戰、科隆班加拉島海戰等難關，都是由他一肩扛起。

繼艦長之後，鶴田航海長也離任，由森田隆司中尉（六十七期）取而代之。（山崎也在一九四二年三月晉級為中尉）

接著山崎中尉也在同年六月，轉任六戰隊重巡衣笠號分隊長（主砲發令所長），並在索羅門的激鬥中，和雪風再次碰頭。

軍艦進行曲響起
——年輕少尉的初體驗

繼山崎之後搭上雪風、擔任通信士兼航海士的，是比山崎晚一期、六十九期恩賜畢業的齊藤一好少尉[1]。六十九期生是在一九四一年三月二十五日畢業，在同年十一月一日就任少尉。

這段期間，齊藤少尉候補生被配屬到ＧＦ司令部，搭乘戰艦陸奥，在山本長官身邊協助司令部的工作，轉移到長門號就任少尉後不久，在柱島聽聞開戰的消息。之後半年，當他開始覺得瀨戶內海的生活令人厭煩之際，被轉派到雪風，於是勇敢踏上征途。

1 譯註：成績優秀、獲得天皇頒予短劍的畢業生。

七月十四日，聯合艦隊解散了迄今為止作為機動部隊主力活躍的第一航空艦隊，編組了新的綜合空母機動部隊——第三艦隊，編制如下：

▽第一航空戰隊：翔鶴、瑞鶴、瑞鳳

▽第二航空戰隊：龍驤、隼鷹、飛鷹

▽第十一戰隊：比叡、霧島

▽第七戰隊：熊野、鈴谷、最上

▽第八戰隊：利根、筑摩

▽第十戰隊：輕巡長良、第四、十、十六、十七驅逐隊

▽附屬：鳳翔、赤城、飛龍、夕風

（最上號正在船塢修理中，後來改造成航空巡洋艦。赤城、飛龍雖然在中途島喪失，但為了隱匿此事，所以以虛幻空母的方式加入編制當中）

雪風依然以澀谷司令（八月一日由莊司喜一郎大佐（四十五期）繼任）下轄的十六驅逐隊一員身分，納入十戰隊司令官木村進少將（四十期）的麾下。

通信士齊藤少尉上船之後不久，七月十四日從橫須賀出航的雪風，和時津風號一起護衛南海丸前往台灣，搭載被徵用的高砂族作業員前往拉包爾。

齊藤不太清楚的是，這些高砂族是作為苦力，被使用在建造機場、宿舍等設施上。這些人相當可憐，因為大多居住在山區，所以不習慣搭船，紛紛飽受暈船之苦。明明應該很習慣酷暑，卻又因為登革熱出現下痢的症狀。進入拉包爾港後，他們全都露出一副如釋重負的表情。

雪風進入拉包爾是在七月二十六日，當時海面上還林立著在日軍轟炸下沉沒的盟軍艦艇桅杆，這讓齊藤不禁萌生「終於來到戰地」的感覺。

接下來，雪風負責護衛重巡鳥海號前往卡維恩（Kavieng，新愛爾蘭島北端）。

接下來她又駛向吐魯克，要將在中途島海戰之際與三隈號撞船、艦艏受創的最上號送回吳港。但在前往吐魯克途中，得知美軍在瓜島登陸、八月八日第一次索羅門海戰大勝（擊沉四艘重巡、重創一艘）的消息。這場戰鬥的旗艦就是先前雪風護送的鳥海號，除此之外，六戰隊的青葉、加古、衣笠、古鷹以及天龍、夕張、夕凪也參與了戰事，對美澳聯合艦隊迎頭痛擊。這時候的美軍還沒能有效使用雷達，所以在日軍苦心鍛鍊的夜戰能力前不得不低頭。

六月時離開雪風的山崎中尉，這時作為衣笠號的發令所長，在調整射擊諸元方面相當活躍。

八艦隊的鳥海號和六戰隊上，也有好幾名和齊藤同期的少尉。

——那些傢伙還真是大幹了一場哪！早晚也會輪到我吧！

他這樣想著。

當雪風從吐魯克把最上號護衛回吳港後，過了八月中旬，她又跟隨著飛鷹號，在瀨戶內海進行空母起降訓練的輔助任務。（飛鷹號所屬的二航戰司令官，是齊藤在海兵時候的訓導主任角田覺治少將，讓他倍感懷念）他們從事的是俗稱「釣蜻蜓」的工作，也就是跟在空母後方兩百公尺左右處，一旦飛機起降失敗，就立刻把人撈起來。

另一方面，當飛機降落的時候，飛行員會在釣蜻蜓船艦的上空轉入四邊，若是和空母艦艉的軸線相合，就能夠順利降落，我也承蒙這些軍艦很大的照顧。我在稍早之前，在宮崎縣的富高基地進行瑞鶴號的降落訓練。瑞鶴號所屬的一航戰（留下瑞鳳號），在八月十六日做為機動部隊主力，往索羅門前進。

雪風仍然陪伴著飛鷹號從事降落訓練，以及從空母對驅逐艦補給重油等訓練。

然後彷彿是必然般，八月二十四的第二次索羅門海戰報告，傳遍了整個瀨戶內海。

這時的機動部隊分成主隊（一航戰、十一戰隊、七戰隊、筑摩、長良、驅逐艦初風等）與分隊（龍驤、利根、時津風、天津風），和往索羅門方面行動中的美軍航艦特遣艦隊交戰。主隊在翔鶴號艦爆隊長關衛少佐率領下發動攻擊，美艦企業號被命中三顆炸彈，遭受重創，但龍驤號對上了薩拉托加號的攻擊隊，遭到擊沉。

日軍的報告稱：「我軍重創美軍兩艘航艦，獲得勝利」。聽到這個戰果的艦艇部隊和陸上航空隊莫不歡聲雷動，但雪風艦上的齊藤少尉卻高興不起來。

明明同屬十六驅逐隊的時津風、天津風、初風都已經在索羅門最前線和敵方精銳航艦特遣艦隊作戰了，雪風又沒有什麼問題，為什麼得一直待在這裡釣蜻蜓呢？

「艦長，為什麼本艦不出擊呢？」

齊藤向菅間艦長這樣問道。

「哎呀，你不要這麼急嘛！索羅門戰役會愈來愈激烈的。美軍這次是認真要進行反擊了。到時候，你可是會被多到不想看到的砲彈洗地喔！」

艦長帶著微笑，用冷靜的語氣說道。

齊藤一好少尉，以通信士兼航海士身分在雪風值勤。

但是，齊藤還是沒辦法保持平常心。

首先是鳥海號和六戰隊在第一次索羅門海戰中獲得大戰果。在這次的第二次索羅門海戰中，不管是翔鶴、瑞鶴的一航戰，還是時津風等驅逐艦上，應該都有不少同期同學。既然如此，為什麼只有雪風非得在瀨戶內海跟在飛鷹號屁股後面，看著新手飛行員搖搖晃晃降落呢？

不過，齊藤的焦躁並沒有持續太久。九月上旬，雪風護衛新造空母雲鷹號（由商船八幡丸改造而來）前往吐魯克島，然後再次作為十六驅逐隊的司令驅逐艦，和機動部隊本隊會合。

接著在十月二十六日，終於爆發了南太平洋海戰，但在這之前的十月中旬，雪風率領著天津風號，以奇襲隊之姿向聖克魯斯群島（Santa Cruz Islands，瓜島東南方八百公里）的恩德港（Ndeni）疾馳。任務是奇襲在當地的美軍水上飛機母艦，但花了兩天航行到當地後，或許是因為對方已經聽到風聲，並沒有發現類似的艦艇。

這次長距離作戰的目的，是為了預備即將到來、在索羅門方面的機動部隊決戰，設法削弱敵方的索敵能力。

當時在索羅門方面，對瓜島的補給戰早早就已經打得熱火朝天。十月十一日，六戰隊為了砲擊瓜島而接近該島，結果在薩沃島海戰（又稱埃斯佩蘭斯海角海戰〔Battle of Cape Esperance〕）中喪失了古鷹號，旗艦青葉號艦橋遭到一發未爆炸的砲彈直擊，包括司令官五藤存知少將等幹部都不幸喪生。

十月四日，GF司令部為了應對索羅門方面的戰鬥，編成了以近藤信竹中將（第二艦隊司令長官）為指揮官的支援部隊。

十月二十三日時的支援部隊，編制如下：

▽前進部隊：第二艦隊骨幹。四戰隊：愛宕、高雄，三戰隊：金剛、榛名，五戰隊：只有妙高一艘。

二航戰：只有隼鷹一艘。

二水戰：五十鈴、十五驅逐隊（缺陽炎）、二十四驅、三十一驅

▽機動部隊：第三艦隊基幹。

一、本隊　一航戰：翔鶴、瑞鶴、瑞鳳，四驅：嵐、舞風，十六驅：雪風、時津風、天津風、初風、濱風、照月，熊野。

二、前衛　十一戰隊：比叡、霧島，七戰隊：只有鈴谷，八戰隊：利根、筑摩，十戰隊：只有長良，十驅：秋雲、風雲、卷雲、夕雲，十七驅：浦風、磯風、谷風（作者註：運輸船省略）

本隊的指揮官由機動部隊指揮官南雲中將兼任，前衛指揮官由十一戰隊司令官阿部弘毅少將（三十九期）擔任，阿部少將是齊藤在海兵學校時的訓導主任兼監事長（角田大佐〔當時〕的繼任者）。八戰隊司令官為原忠一少將（三十九期）。三戰隊為栗田健男中將（三十八期）、五戰隊為高木武雄中將（三十九期），至於二水戰則依然由田中賴三少將擔任指揮官。

為了策應陸軍的總攻擊（原本預定在十月二十日，後來不斷拖延，一路延到二十四日），十月十一日和前進部隊一起從吐魯克島出擊的機動部隊，從二十一日早上開始沿索羅門群島東方海域南下，接著又北上。

這時候雪風作為旗艦翔鶴號的護衛，牢牢守住旗艦的右前方。在雪風的後方是時津風，翔鶴的左方是天津風與初風，後方數浬處有瑞鶴，左方數浬處有瑞鳳，擺出警戒航行的陣勢。

二十一日，Y日（陸軍的總攻擊預定日）延期到二十三日。GF司令部原本以Y日為目標，為了協助陸軍，要求我方機動部隊壓制敵方機動部隊。

但二十一日，因為Y日延至二十三日，所以機動部隊停止南下，午後轉而北上，準備二十三日再行決戰。因為陸軍進行總攻擊的時候，以拉包爾為基地的第十一航空艦隊會派出陸攻隊攻擊瓜島機場，所以預計敵方航艦部隊（航艦兩到三艘）會北上，對拉包爾方面的攻擊進行側擊。

GF司令部的意圖是把握這個時機摧毀敵方航艦，還可以順便賣陸軍一個面子，陸軍那邊想必也會樂見其成吧！

但是翔鶴號上的南雲司令部，則有另外的盤算。

經過中途島的慘痛失敗，南雲和參謀長草鹿都深知，在沒有確實索敵的情況下貿然前進，很有可能會招致難以彌補的損失。

故此，他們採取在午後到夜間南下，降低遭遇敵人的可能性，然後在早晨到上午北上，

南雲忠一中將，在南太平洋海戰中，他親自操縱艦艇、展開指揮。

避開敵方的奇襲。

二十二日午後，支援部隊再度開始南下。前進部隊的近藤中將向吐魯克島的ＧＦ司令部報告：「二十四日，我們進到瓜島機場兩百浬處，確認壓制機場後，預計將投入瓜島以及聖克里斯多福島（Saint Christopher）方面，對敵機動部隊進行索敵攻擊。」

機動部隊司令部也向ＧＦ發去電報表示：「二十四日〇二三〇，本隊在瓜島東方兩百七十浬、前衛在南方一百浬處，預定展開索敵攻擊。」同時也將筑摩、照月派往東方進行警戒。

ＧＦ司令部在二十二日晚上九點三十二分，為了管制各部隊，發出以下這通電報：

「——二十四日黎明時分，配備標準如下所示：

一、一旦壓制瓜島成功，機動部隊應移動至南緯九度十分、東經一六四度三十分附近（瓜島東方兩百五十浬），前進部隊應移動到南緯八度十分、東經一六二度五十分附近（瓜島東北東方一百六十浬），外南洋部隊則在拉塞爾群島（Russell Islands，瓜島西北二十浬）——」

又，二十二日根據大本營海軍部傳來的情報，美國海軍當局在廣播中表示：「最近在南太平洋將會爆發大規模的海空戰事，眼下雙方都在積極備戰中。」

第二天（二十三日）午後，Y日再度延遲到二十四日。之所以如此，主要是因為敵人空襲、加上叢林地帶寸步難行，導致丸山政男中將的第二師團沒能在預定位置展開。因此，前進部隊在下午四點十五分、機動部隊在晚上七點四十分，全部掉頭北上。

這天下午六點三十分左右，行駛在翔鶴號左後方的雪風僚艦初風號，觀測到一架疑似敵機的飛機。

在雪風艦上，士兵們摩拳擦掌、躍躍欲試地說：

「這樣每天在索羅門群島東邊來來回回的，根本不會有什麼戰果嘛！再進一步南下和敵航艦斷然決一死戰怎樣啊！」

就在這時候，因為電信室接獲緊急情報，有兩架敵方水上飛機疑似發現（？）了本隊，所以翔鶴號的南雲司令部又掉頭往北。

「哎呀呀，又來了！」

雪風艦上的齊藤航海士，百無聊賴地碎念著。

二十四日，南雲司令部以一、敵情不明、二、瓜島機場尚未被壓制為由，發出電報表示：自己將在Y加二日（二十六日），抵達二十二日下午九點三十二分由GF發出、大致相符的地點，之前會一直在北方待命。

這是基於二十三日筑摩號（二十三日傍晚回歸前衛）受到敵潛艦雷擊，同一天本隊又和敵方水上飛機接觸等事件，而採取的警戒措施。

南雲司令部認為這封變更預定計畫的電報只從翔鶴號發出會有危險，因此又把嵐號派到東方，在晚上十一點四十五分發報。

得知此事的GF司令部，對這種拖延戰機的做法大感憤怒。

GF參謀長宇垣纏少將，在他的日記《戰藻錄》中，寫下了下面這段意味深長的話：

「機動部隊因為陸戰進行與接觸到敵方水上飛機，所以決定變更預定計畫，在明天二十五日明顯北偏，並在二十六日南下。不只如此，他們還透過其他軍艦（嵐）發報，當我們在一八五〇收到電報時，不禁大感意外。

我們火速下令，要他們徹底遵照前面一封電報命令（三五一電）南下。機動部隊的做法，可說是極為不當的獨斷處置。全部責任都應由該司令部扛起，切莫遲疑！

相較機動部隊堪稱違反命令的北偏，能扼制住東南方的，好歹還有前進部隊與二航戰的隼鷹號一艘空母，戰略上應該還不用擔心會一敗塗地。」

位在吐魯克島的GF司令部，考慮的是和陸軍攜手並進，但位在前線的南雲司令部，則是為了不受奇襲而力持慎重。這可以說是中央和第一線對現狀把握的落差吧！

二十四日傍晚，GF對機動部隊發出命令：「全力按照GF電三五一號展開行動」，也就是要他們南下決戰。

接獲這通命令後，南雲中將也下定決心，要在二十五日以後南下。

但是，關鍵的陸軍總攻擊則是按照預定計畫，在二十四日晚上就已展開。晚上十點三十分，陸軍發出了一通無線電報說：「我們占領了瓜島機場」。

但是，到了二十五日凌晨兩點三十分，他們又發出電報說，前一封電報是誤報，是誤把亨德森機場北邊的草原錯認為機場。

二十五日早上五點，聽到「機場尚未占領」的報告，南下中的南雲部隊再度調頭北上。畢竟冒冒失失南下，很有可能會遭到瓜島機場與行蹤不明的敵方航艦兩面夾擊。

那麼，美軍航艦究竟在哪裡呢？

當時在瓜島東方五百浬的海域有兩艘航艦。

一、第十六特遣艦隊：航艦企業號、戰艦南達科他號、兩艘巡洋艦、八艘驅逐艦

二、第十七特遣艦隊：航艦大黃蜂號、四艘巡洋艦、六艘驅逐艦

三、第六十三特遣艦隊：戰艦華盛頓號、三艘巡洋艦、七艘驅逐艦

二十五日下午一點三十七分，瓜島的陸軍發出電報說：「本日（二十五日）將重啟攻擊，預定在一九〇〇衝入機場。」於是支援部隊司令官近藤中將在下午兩點四十八分下定決心迴轉，以航向一八〇度開始南下，機動部隊也在下午三點四十分開始南下。

就在翔鶴號艦橋的時針剛過十二點、時序邁入二十六日之後不久，午夜零點四十五分，他們接收到了和敵人接觸的無線電訊。當時的月齡為十四點八，接近滿月。

月亮從蒼穹中央往西傾斜，在雲層縫隙間灑下月光，照耀著南下的三艘空母。

突然間，一架ＰＢＹ巡邏機用低角度俯衝，從高度一千公尺處瞄準瑞鶴號進行轟炸。瑞鶴號右舷正橫向三百公尺處，揚起了四根沖天水柱，看樣子是六十公斤炸彈。

「敵人似乎已經把我方的位置發報出去了哪！」

「嗯，那四顆炸彈大概是停止接觸撤退時，留給我們的過路禮物吧！」

在雪風艦橋上，齊藤通信士與森田砲術長這樣你一言我一語說著，但翔鶴號艦橋上則是充滿了殺氣。南雲長官親自下令：「信號紅紅！（一齊行動、往左一齊調頭！）」機動部隊再次以二十四節速度開始北上。南雲抱持警戒，認為既然日軍已經被美軍飛機發現，那若是繼續南下，就會在黎明時分遭到奇襲，但事實上美軍航艦部隊早在二十五日上午十點就已經接獲電報，表示在該隊西北三百六十浬處，發現兩艘正持續南下的日本空母。

機動部隊雖然北上遠離敵人、躲避奇襲，但還是按照預定攻擊計畫，在黎明展開兩階段索敵。

首先是凌晨兩點十五分，前衛的利根、筑摩彈射七架水偵，接著在兩點四十五分，十三架艦攻在黎明前的黑暗中，伴隨著南海微溫的氣息，從本隊的三艘空母上起飛。這天日出是三點四十五分，隨著索敵機南下，東方的天空漸漸泛白，讓人不禁感到決戰時刻正在逼近。

接著在日出不久的四點五十分，翔鶴號的索敵機不負所望，發現了敵方大部隊。

「發現敵方大部隊，地點在瓜島東方六百浬，薩拉托加級航艦一艘，其他艦艇十五艘！」

南雲中將立刻下令攻擊隊起飛，翔鶴號的飛行甲板一下子變得生氣勃勃。

「飛行員整隊！」

翔鶴號艦攻隊長村田重治少佐指揮的二十架艦攻、四架零戰立刻開始準備啟動。

「終於要出擊了哪！」

「嗯，翔鶴號艦攻隊長村田少佐可是有著『Boots』的綽號[2]、平常跟佛祖一樣善良，但一旦進入實戰，就會像鬼一樣強悍的雷擊之神哪！」

齊藤與白戶在雪風的艦橋上，一邊眺望著翔鶴號的飛行甲板，一邊這樣交談著。瑞鶴號飛行隊長今宿滋一郎大尉是白戶水雷長的同期，齊藤的同學當中，也有好幾人在翔鶴、瑞鶴、瑞鳳號上，現在應該也正精力充沛、帶著旺盛的士氣在工作吧！

齊藤忽然羨慕起在空母上服勤的夥伴們。畢竟不管怎麼說，空母都是近代戰爭的頭號主角。

上午五點二十五分，村田少佐指揮的第一波攻擊隊六十二架飛機（翔鶴號二十四架、瑞鶴二十九架、瑞鳳號九架）躍出各艦的甲板，往南方前進。

——該怎麼說呢？這次雖然是我方掌握主動，但敵方的攻擊還沒過來。要是能不像中途島那樣，遭到嚴重損傷就好了……

齊藤憂心忡忡地望著前方。只見司令莊司喜一郎大佐與菅間艦長，一派悠然地看著翔鶴號。

不久在早上七點左右，攻擊隊傳來了戰鬥報告。

根據這份報告，早上六點五十五分，村田Boots少佐的攻擊隊發現了圍繞著一艘航艦（大黃蜂號）的圓形編隊，於是採取魚雷攻擊和轟炸同時進行的方式展開攻擊。村田隊在報告中說：「在這次攻擊中，敵航艦被命中超過六顆兩百五十公斤炸彈（實際上是命中五顆、極近落彈兩顆）、魚雷超過兩枚（實際上是兩枚）。又，有一架艦攻機正面撞上敵艦的艦艏，這艘航艦現在正往右傾斜二十八度，熊熊燃燒中。」

2 譯註：關於這個綽號有幾種說法，一種是說村田常常穿著飛行員的長靴、一種是說這是影射他具有大鵬、還有一種是說是「佛」的音轉。

「幹得好！」

翔鶴號艦橋上的南雲中將終於愁眉稍展，但還是憂心地大喊說：

「另一艘航艦怎樣了？第二波攻擊隊還沒抵達嗎？」

一航戰的第二波攻擊隊，已經在上午六點十分起飛。這波機隊包含了翔鶴號五架零戰、十九架艦爆、瑞鶴號四架零戰、十六架艦攻，由翔鶴號艦攻隊長關衛少佐擔任總指揮，瑞鶴號的艦爆隊長則是今宿大尉。

這批第二波攻擊隊在上午八點二十分以後，攻擊了另一個第二個航艦艦隊。這個艦隊是由一艘航艦（企業號）、一艘戰艦、兩艘重巡、八艘驅逐艦擺出圓形編隊，編組而成的第十六特遣艦隊。

在進擊的途中，關少佐發現了大黃蜂號，但因為它已經重創燃起大火，所以又繼續前進，結果發現了企業號。

在這次攻擊中，日軍有三顆炸彈命中企業號的飛行甲板，極近距離落彈一顆，巡洋艦波特蘭號則被命中三枚魚雷。（美軍方面發表）

企業號發生火災，前方升降機無法運作，但航艦和飛機起降都不成問題。

另一方面，在一航戰左前方五十浬航行中、二航戰的隼鷹號，也在上午七點十四分於距離敵人兩百八十浬處，起飛了包含十二架零戰、十七架艦爆，合計二十九架的第一波攻擊隊。

這波攻擊的對象是企業號艦隊，戰果是企業號遭到一顆極近距離落彈、南達科他號、防空巡洋艦聖胡安號各被命中一顆兩百五十公斤炸彈，受創的聖胡安號一時陷入無法自由操作的狀況。

另一方面，和日軍陣營幾乎同時，美軍兩艘航艦也陸續起飛了攻擊隊，結果造成了齊藤等人擔憂的損傷。

在這之前的清晨四點五十分，兩架美國索敵機（SBD俯衝轟炸機）轟炸了瑞鳳號，其中一顆炸彈命中了她的飛行甲板，讓瑞風號陷入無法起降飛機的狀況。於是，瑞鳳號便朝著吐魯克北上。

接下來在早上六點四十分，令人恐懼的敵方攻擊隊在海平線上現身了。那是從大黃蜂號上起飛的十五架道格拉斯SBD無畏式轟炸機、六架格魯曼TBF復仇者式魚雷轟擊機、八架格魯曼F4F野貓式戰鬥機，合計二十九架飛機。

上午六點四十分，翔鶴號的雷達在一三五度、一百四十五公里處捕捉到了敵機群。

道格拉斯 SBD 無畏式轟炸機。面對十四架的編隊襲擊，雪風雖然用主砲應戰，但效果不彰。

「戰鬥部署！」

「對空戰鬥！」

雪風艦上驟然湧起一陣騷動，畢竟已經有好一陣子沒有經歷實戰了。步入射擊指揮所的森田砲術長幹勁十足，用相當可靠的表情，俯瞰著正骨碌碌轉動的六門十二點七公分砲與各機砲。

緊接著在上午七點二十五分，隱身在積雨雲中好一陣子的敵機陸續現身。豆粒大小的飛機，看起來就像牛虻一樣。不久，十四架無畏式俯衝轟炸機就逼近到高度五千公尺處。我方的零戰雖然將它們一架架拚命打下，但敵人還是排成一列橫隊，以大雁隊形之勢整齊前進。

「開始射擊！」

森田砲術長命令一下，雪風的十二點七公分主砲立刻吐出火舌，但實在搆不太到五千公尺的高度。翔鶴號自不用說，其他驅逐艦時津風、初風，還有負責翔鶴直屬護衛兼通報任務的嵐、舞風也開始射擊。只見有一兩架敵機拖著白煙，放棄攻擊折返回去。

若是日軍飛機，必定會抱持著「就算起火也要撞上去」的覺悟直衝而下，但美軍似乎不會這樣硬幹。

就這樣，十一架飛機終於抵達翔鶴號上空。它們伸展著閃閃發光的機翼，速度飛快地衝了下去。

「射擊！給我狠狠地打！」

森田砲術長從射擊指揮所爬上艦橋頂篷，大聲怒吼。相當不可思議的是，並沒有魚雷轟炸機同步衝過來。翔鶴號看見敵人投下的炸彈逼近，來了個大大的左轉舵。

這時候在翔鶴號艦橋上，聲嘶力竭下達舵令的，就是南雲忠一長官本人。

二十五公厘機砲曳光彈拖著紅色與藍色的流光，將美國軍機吸入其中。但是，敵機還是冒著這宛若成束冰棒般的流光，陸續從高角度俯衝而下，直到高度兩百處近距離投彈，然後留下彷如金屬撕裂般的刺耳聲音，往南方的天空飛去。

最初的三枚炸彈因為長官拚命的指揮得以迴避，但第四枚命中了中部起降甲板，接著三枚又命中了高射砲台、飛行甲板、機庫，讓翔鶴號冒出了火焰與白煙。

「混帳，幹得真狠哪！」

岔開雙腿站在雪風艦橋頂篷的森田砲術長，一臉沮喪地咒罵著。

四枚炸彈徹底破壞了起降甲板後部、機庫中部、後部高射砲台與機砲座，修理需要好幾個月。奇蹟的是，炸彈全都在輪機室咫尺之處被裝甲板擋了下來，因此機關長向艦橋報告，航速可以達到三十一節。

這時候翔鶴號雖然航向一路靠南，但因為擔心嚴重損傷會導致沉沒，所以南雲司令部在嵐號的陪伴下轉向西北，退出戰場。

在此同時，瑞鶴號在攻擊隊起飛後，因為在暴雨中鑽進鑽出，所以儘管敵方第二波（企業號十九架）、第三波（大黃蜂號合計二十五架）攻擊接踵而來，但狀況跟珊瑚海海戰頗為相似。

故此，瑞鶴號始終都沒遭到攻擊，毫髮無傷。

隨著海空戰愈演愈烈，上午八點十八分，近藤中將為了強化攻擊隊，將二航戰的隼鷹號編入機動部隊。

但機動部隊的旗艦翔鶴號，這時候已經冒煙突火往西北退避了。

上午九點四十分，南雲司令部發文給二航戰司令官，下令：「視戰機盡可能擊毀敵方兩艘航艦」。

一路南下的隼鷹號艦上，角田少將的圓臉露出了笑容。

參與一航戰第一波、第二波攻擊的飛機雖然返回，但因為翔鶴號重創後退、瑞鶴號躲進雲下，所以大多降落在隼鷹號上。

和持續北上的一航戰相反、前進哨戒、視情況作為誘餌承受敵襲的角田覺治少將隼鷹號，因為一直前進，所以包括受傷的飛機等，有很多都降落在隼鷹號上稍事喘息。

上午十一點六分，角田少將讓以入來院良秋大尉為隊長的十五架二航戰第二波攻擊隊起飛。這波攻擊隊在下午一點十分，發現了正由重巡北安普頓號拖曳航行的大黃蜂號，於是斷然展開雷擊，命中一枚魚雷。大黃蜂號的傾斜達到十四度。

尾隨翔鶴號北進中的瑞鶴號，在上午十點三十分和翔鶴號分離轉往南方，在野元為輝艦長指揮下，於十一點十五分發動第三波十三架攻擊隊（田中一郎中尉指揮）。這波機隊在下午一點四十分，對大黃蜂號展開了轟炸。在艦攻的水平轟炸下，一枚八百公斤炸彈命中了飛行甲板後部。

已經停止戰鬥行動的大黃蜂號遭受這一擊後整個靜止，全員被迫撤離。

到此為止，一航戰、二航戰已經實施了合計五次攻擊，但角田少將還打算用集中殘存飛機的二航戰展開第三次攻擊。

下午一點三十三分，這次是志賀淑雄大尉率領的六架零戰、四架艦爆離開了隼鷹號的甲板向南飛去。這是從早上數來的第六波攻擊隊。

南太平洋的太陽終於開始西斜。這次的艦爆指揮官是加藤舜孝中尉（筆者的同期）。這支艦爆隊用一枚兩百五十公斤炸彈命中漂流中的大黃蜂號機庫，但當時大黃蜂號上已經不見人影。大黃蜂號雖然仍在漂流，但在晚上十點遭到驅逐艦卷雲、秋雲的雷擊沉沒。

另一方面，因為翔鶴號北上，改當瑞鶴號護衛的雪風，則是一下子變得手忙腳亂起來。結束攻擊歸來的翔鶴號飛機，陸陸續續在瑞鶴號上降落。儘管情況頗為順利，但引擎冒著火舌、機翼破破爛爛、無法降落的飛機，還是只能迫降在海面上，這時雪風就得扮演撿起落水人員的釣蜻蜓角色。雪風就這樣，從頭一路忙到尾。

在這場海戰中，兩軍的損害如下：

◇日本：翔鶴號中度受創、瑞鳳號、筑摩號輕微受創

◇美國：大黃蜂號、驅逐艦波塔號沉沒

企業號、聖胡安號　中度受創

南達科他號、驅逐艦史密斯號、驅逐艦休斯號輕微受創

大本營發布的戰果是航艦四艘擊沉、戰艦一艘擊沉，戰艦一艘、巡洋艦三艘、驅逐艦一艘中度受創。久違的《軍艦進行曲》轟然響起，翔鶴號艦橋上的草鹿參謀長更是緊緊握住南雲長官的手，紅著眼眶說：「終於報了中途島的一箭之仇！」

這天是美國海軍紀念日，美國的電台廣播中說，「這是最為不幸的海軍紀念日」。

就這樣，南太平洋海戰畫下了句點。十月三十一日，雪風回到吐魯克島。碇泊在環礁內的翔鶴號飛行甲板，那皮開肉綻的巨大傷口，讓人看了就忍不住感到疼痛，但將士們全都沉浸在戰勝的激昂情緒中。雪風號在這天的對空戰鬥中擊落一架敵機，並因為至此為止的戰

功，獲得ＧＦ長官第二次頒布表揚狀。

第二部

幸運站在我們一邊

鐵底灣的火祭
——戰艦比叡號沉沒

八月七日，自美軍登陸瓜島以來，已經發生了大小將近十次的海戰，但瓜島的美軍依然占據優勢。

大本營得知十月二十四日以後的總攻擊失敗，決定更進一步在十一月上旬到中旬，把佐野中將的第三十八師團運上瓜島，並要求海軍協助。

面對大本營的請求，GF（聯合艦隊）司令部決定在十一月十二日晚上，派第十一戰隊（比叡、霧島）對瓜島機場展開砲擊。

在先前的十月十三日晚上，栗田中將的第三戰隊（金剛、榛名）就已經用三十六公分主砲發射了約一千發砲彈摧毀機場，且獲得相當的成果，因此決定再做一次。但同樣的好事真會發生兩次嗎？

ＧＦ在支援這次砲擊上，使用了前進部隊。

十一月四日，ＧＦ將原本擔任機動部隊前衛的十一戰隊、八戰隊（只有利根）、長良、十六驅一小隊（雪風、時津風），六十一驅（只有照月，缺秋月），編入近藤中將直屬的前進部隊。於是雪風這次就要以前進部隊一員的身分，扛起直接護衛比叡、霧島砲擊的任務。

十一月八日，近藤中將編制了以第十一戰隊為主力的「挺身攻擊隊」，陣容如下：

指揮官：第十一戰隊司令官阿部弘毅中將（十一月一日晉升）

▽十一戰隊：比叡、霧島

▽十戰隊（司令官木村進少將，缺少部分艦艇）：長良、十六驅（只有雪風和天津風）

▽六驅：曉、雷、電

▽六十一驅：只有照月置西行之間

（以上兩隊在第三次索羅門海戰中編入十戰隊）

▽四水戰（司令官高間完少將，搭乘朝雲號）：朝雲、二驅（村雨、五月雨、夕立、春雨），二十七驅（時雨、白露、夕暮）

又，八日發布的前進部隊編制如下：

▽本隊：主力部隊　四戰隊（愛宕、高雄）、東方哨戒隊　八戰隊（只有利根）、三水戰（川內、綾波）

▽航空部隊：二航戰隼鷹、飛鷹，十九驅（浦波、敷波）

▽挺身攻擊隊：如前所述

▽母艦支援隊：三戰隊（金剛、榛名）、十一驅（初雪、白雪）

▽整備艦艇：五戰隊（妙高、羽黑）

十一戰隊的砲擊決定從十一月十二日晚上十一點十分開始，前進部隊則從九日下午三點四十三分，從吐魯克環礁出擊。

這次雪風的位置是比叡號的左前方護衛，沒有想到也是扮演為她送別的角色。

十二日早上，從瓜島傳來以下情報：

「〇三〇〇，敵戰艦三艘、巡洋艦三艘、運輸船五艘、驅逐艦十一艘、正持續進入隆加角（Lunga）。」

按照預定計畫，十二日凌晨三點三十分，挺身攻擊隊和前進部隊本隊分離，沿索羅門群島東側南下。上午八點三十分左右，他們和一架 B17 接觸，但二航戰的三架零戰將對方驅趕。

位在肖特蘭基地（Shortland Islands）的四水戰在下午一點三十分，和挺身攻擊隊會合。在十一戰隊前方八公里處，右側是夕立、春雨，左側則是按朝雲、村雨、五月雨的順序並行，占住前衛的位置。

長良號在十一戰隊前面擔任哨戒，左側是雪風、天津風、照月，右側是曉、雷、電，占住直接護衛的位置。

下午三點左右開始有暴雨來襲，視線糟糕到從雪風艦上，只能勉勉強強看到比叡號的身影。

「這可怎麼辦呢？敵方雷達的精密度似乎變得更好了，以現在這種很難看見薩沃島對面的狀況，夕立、朝雲那邊會不會出其不意遭到對方襲擊啊？」

「嗯，視線不佳的話，殺入敵陣也未嘗不是個好想法，問題是敵方有雷達。我們這邊陣形一旦亂掉，雷達射擊就會變得很有效哪！」

「夕立號艦長吉川是我的同窗，以勇猛著稱，所以真有可能這樣幹呢！」

菅間艦長和莊司司令，在艦橋這樣你一言我一語地說著。

就在暴雨時好時壞之間，挺身攻擊隊在下午四點左右，進入聖伊莎貝爾島（Santa Isabel）與馬萊塔島（Malaita）之間的因迪斯彭薩布林海峽（Indispensable Strait），繞過薩沃島南面，進入俗稱的「鐵底灣」。（英語稱為Iron Bottom Sound，因為有許多日美軍艦在此沉沒，所以得名）比叡號上的十一戰隊司令部向各隊以信號通知，對瓜島機場的砲擊預定時刻是晚上十一點十分到十一點四十分，以及晚上十一點五十分到凌晨零點三十分。

晚上八點左右，猛烈的豪雨伴隨著雷鳴襲來。

這時，雪風水雷科的大西喬兵曹，正從第一聯裝發射管室往外眺望。在傾瀉而下的豪雨中，只能偶爾辨識出比叡號與在她前面的長良號身影，這讓大西不禁心想，「這簡直就像是在桶狹間突擊嘛！」（以下關於大西兵曹的記述，是來自大西先生撰寫的《我的戰鬥航海暢行無阻——驅逐艦雪風依然健在》〈今日之話題社刊，收錄於太平洋戰爭實錄第四卷〉）

從這時候開始，阿部部隊（挺身攻擊隊）就因為豪雨的影響，在行動上無法共進退。

向前開路的四水戰司令官高間少將，在晚上九點二十七分抵達預定的轉向點（薩沃島西北二十浬），航向轉向一八〇度，沿薩沃島西側南下。

後續的主力部隊十一戰隊司令部，因為下雨無法確認薩沃島，判斷不可能進入射擊海域，於是在晚上九點五十分決定臨時掉頭（十點五分），並向各隊用無線電下達這項命令。四水戰因為通信不良，在比預定更早的晚上九點五十分就開始掉頭，位置在主力部隊（十一戰隊）更靠西處。

阿部中將的主力部隊雖然暫時沿航向四十五度駛向東北，但視野慢慢變得良好，在右邊四十五度可以確認到薩沃島，所以決定再度掉頭，對瓜島展開砲擊。

阿部司令官在晚上十點四十六分對四水戰下令：「我們現在要深入戰場，由貴隊打頭陣」，接著繞過薩沃島南方，往隆加海域前進。這時候的態勢是，四水戰的朝雲、村雨、五月雨落在後面，夕立、春雨則在主力部隊前方五公里處打頭陣。至於雪風和天津風，則依然緊挨在比叡的左側。

因為歷經兩次掉頭，所以射擊開始的時間比預定的十一點十分更晚，要到十一點四十五分左右才能展開。

十一戰隊司令部急著要用三式彈（掃蕩機場用的觸發式散彈）展開砲擊，完全忘了敵人的存在。或者說他們太過樂觀，認為「都已經到這裡了敵方還沒出來，再加上又是豪雨，敵方應該不會注意到吧？」

這時候，盟軍以史考特少將（Norman Scott，搭乘輕巡亞特蘭大號）的艦隊（一艘輕巡、四艘驅逐）與卡拉漢少將（Daniel J. Callaghan，搭乘重巡舊金山號）的艦隊（兩艘重巡、兩艘輕巡、四艘驅逐）為中心，在隆加南方待命。

這兩支艦隊在同一天晚上擔任護衛運輸船團的任務，但因為透過索敵飛機，得知日軍以包含兩艘重巡（其實是戰艦）的艦隊南下，於是便在當晚船團進港停泊後，立刻西進迎擊。兩支艦隊在晚上八點抵達隆加海域東方七公里，接著按照下列順序，沿海岸往西前進：

驅逐艦庫欣號（*Cushing*, DD-376）、拉菲號（*Laffey*, DD-459）、史特瑞特號（*Sterett*, DD-407）、歐巴農號（*O'Bannon*, DD-450），輕巡亞特蘭大號、重巡舊金山號、波特蘭號，輕巡海倫娜號、朱諾號，驅逐艦阿倫·華特號（*Aaron Ward*, DD-483）、巴登號（*Barton*, DD-599）、蒙森號（*Monssen*, DD-436）、佛萊契號（*Fletcher*, DD-445）。

這時，新月（上弦月）已經掩沒在西方瓜島的山麓背後。雨終於停了，星星開始閃爍光輝。

另一方面，晚上十一點，阿部中將下令「砲戰目標，瓜島機場」，然後又繼續從薩沃島南方往東南前進。

辨識出正前方盟軍艦隊的，是打頭陣的夕立號。

「發現疑似敵方艦艇，前方八千，二三四二！」

這讓雪風的艦橋也驟然緊張起來，瞭望員睜大了眼睛凝視前方。

接著比叡號的瞭望員也報告說：

「發現疑似敵軍艦影四艘，位在我方一三六度處！」

這時，雪風也辨識到了敵影。

「右砲戰！」

「魚雷戰準備，敵人在右前方二十度！」

射擊指揮所的森田中尉與艦橋上的水雷長白戶大尉，一下子變得忙碌不已。

第一聯裝發射管室大西兵曹的望遠鏡中，也朦朦朧朧映入了敵方的艦影。兩艘、三艘，四艘……前方的四艘比較小，但第五艘便開始龐大起來，可以得知是巡洋艦。

在美軍方面，晚上十一點二十四分，裝備了新式雷達的海倫娜號其實已經早早捕捉到了日本艦隊，但總指揮官卡拉漢少將搭乘的舊金山號裝備的雷達是舊型號，比較晚才捕捉到敵艦，所以在和海倫娜號打照會的期間延誤了砲戰展開，也喪失了先發制人的機會。

確認到美軍艦隊的阿部中將，下令十一戰隊「航向八十度開始砲擊」。但因為比叡號的艦橋與射擊指揮所間反覆在進行問答溝通，所以也耽誤了開始射擊的時機。比叡、霧島的三十六公分主砲，裝備的是為轟炸機場而使用的三式彈。這種砲彈落到地面後，當中的鐵片會飛散開來殺傷飛機，但不像穿甲彈那樣，貫穿上甲板在輪機室爆炸的效果。砲術長主張更換成通常彈（穿甲彈），艦長則認為就這樣連射也無所謂，反覆問答的結果，就成了現在這副模樣。

晚上十一點五十一分，隨著照射指揮官一聲「開始照射！」，各艦一齊點亮探照燈，將海域照得一片明亮。

雪風艦橋的齊藤通信士和水雷砲台的大西兵曹也緊張起來，心想「終於要開始了」！

「開始射擊！」

比叡號在距離六千處，用三式彈砲擊了敵方輕巡（亞特蘭大號）。

比叡號的第一波射擊就命中了亞特蘭大號，將它的上層結構如割草般橫掃了一遍。如果是穿甲彈的話，亞特蘭大號早就沉沒了。

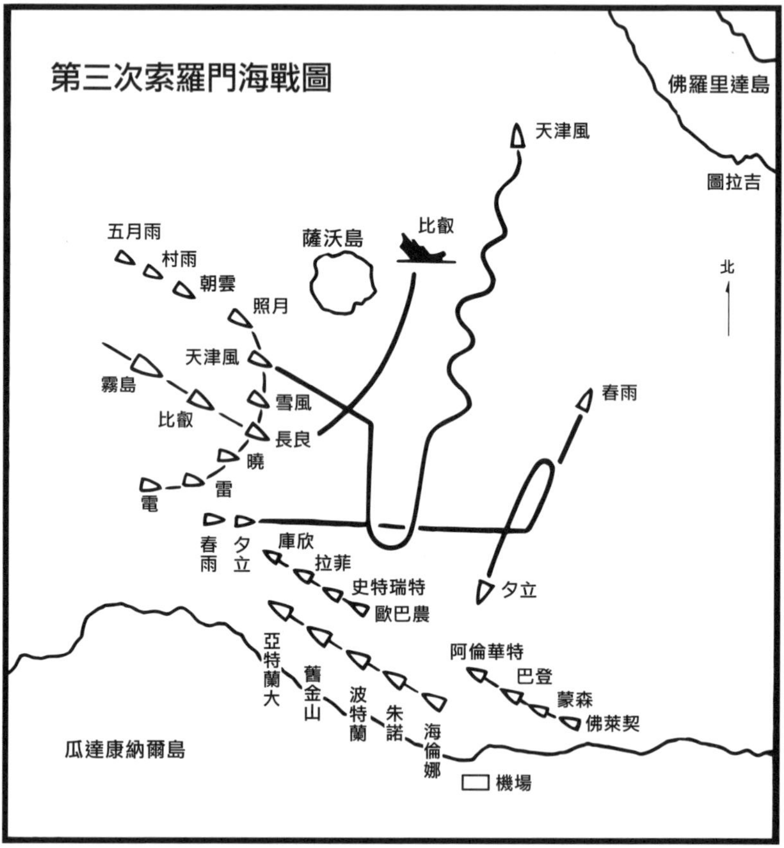
第三次索羅門海戰圖
佛羅里達島
天津風
圖拉吉
比叡
五月雨
薩沃島
村雨
朝雲
北
照月
天津風
霧島
雪風
春雨
比叡
長良
曉
雷
電
春雨
夕立
庫欣
拉菲
史特瑞特
夕立
歐巴農
亞特蘭大
舊金山
波特蘭
朱諾
海倫娜
阿倫華特
巴登
蒙森
佛萊契
瓜達康納爾島
機場

製圖／蔡懿亭

（日本方面的戰鬥詳細報告是說在距離六千公尺處，但美方則是說日軍是在照射開始後不久展開射擊，按旗艦舊金山號的戰鬥日誌，是在距離一千六百碼（一千四百六十三公尺）處。我的同窗柴田博中尉當時在比叡號艦橋上，他說雙方是隨著探照燈，開始相互水平射擊。）

在比叡號更前方的夕立、春雨，在距離六千處確認到七艘敵影。晚上十一點四十八分，他們為了展開雷擊往左迴轉，試著從右舷鎖定敵人，但北進中的美軍前衛也左轉接近他們，於是夕立號艦長吉川中佐斷然決定挑戰對方。十一點五十五分，夕立號在距離一千五百處發射了八枚魚雷。他們報告說，「二三五九，擊沉兩艘敵巡洋艦」。（美軍方面的報告是，亞特蘭大號被命中兩枚）

美軍方面在晚上十一點四十一分，打頭陣的庫欣號發現前方三百碼處，有兩艘日本驅逐艦（夕立、春雨）由左往右橫切過來，立刻向旗艦報告，同時為了發射魚雷驟然左轉。後續的驅逐艦也急急忙忙跟著左轉，亞特蘭大號也以左滿舵的方式進行轉向。

舊金山號上的總指揮官卡拉漢少將眼見前方的混亂，用隊內無線電話呼叫亞特蘭大號：

「你們在做什麼，為什麼突然變換航向？」

面對卡拉漢的訊問，史考特少將回答說：「是為了避免和我方驅逐艦相互衝撞。」就在焦灼的卡拉漢下令準備射擊的時候，十一點五十一分，比叡號開始照射，並發射第一波砲彈，接著美軍也開始射擊。

史考特少將為了讓驅逐艦開始雷擊而徵求卡拉漢的許可，但就在講電話的時候，比叡號的第一波砲彈命中了亞特蘭大號的艦橋，少將和幕僚全都在橫掃而過的彈片下當場陣亡。接下來，史考特艦隊（前方的四艘驅逐艦）完全無法獲得旗艦的指示，只能在混亂中採取各自為戰的方式持續戰鬥。

比叡號發射第一波砲彈後，雪風上的森田砲術長也像是等待已久般，迫不及待地下令：「目標，右前方敵方一號艦（庫欣號），開始射擊！」

六發十二點七公分砲彈宛若流星墜落般，劃破晴朗夜晚的空氣驟然飛出。庫欣號在夕立、春雨和雪風的集中砲火洗禮下燃起大火，宛若巨大火炬般燃燒通明，將周圍的美軍軍艦照映得一清二楚。（之後，庫欣號停止了所有動力，在彈藥庫爆炸後，彷彿深夜燃放的特大號煙火湧現沖天火柱，迅速沉入隆加海域的海底）

一擊得手的雪風，接著把目標轉向二號艦拉菲號。

這時，白戶水雷長也下令「開始發射」！

雪風以拉菲號、史特瑞特號、歐巴農號三艦為對手，宛若中古會戰般開始近距離互毆，夕立、春雨、照月也前來助陣，隆加外海砲彈四處紛飛，拖著火焰的尾巴四處炸裂、燃起火柱，呈現出一副地獄般的景象。

（拉菲號被兩發三十六公分三式彈〔應該是由霧島號射出〕命中，接著又被雪風的兩枚魚雷命中，折成兩半消失在海中）

接下來是三號艦史特瑞特號。

這時候已經是完全零距離射擊（一千公尺以內），齊藤中尉（十一月一日晉級）的證言也說，「只要水平射擊，一定可以命中」。

史特瑞特號也在和雪風交戰三分鐘後，舵機遭到破壞、雷達停止運作。

於是雪風又將目標變更成四號艦歐巴農號，繼續向對方造成損傷。

這時候，讓我們來看看打頭陣的夕立號動向。

用魚雷對亞特蘭大號造成損傷的夕立號，一邊進行一千公尺以下的零距離射擊，一邊衝進敵陣，讓一艘重巡燃起大火、並造成若干損傷，但在一邊和敵人重巡、驅逐艦交戰、一邊北上的過程中，射擊指揮所、輪機室等都遭到砲彈命中，最後在十三日凌晨零點二十六分，於薩沃島一六五度（南南西方）九浬處，陷入無法航行的狀況。

比叡號的情況又是如何？

比叡號雖然進行了兩波齊射，但照射的同時，敵方砲彈也集中在比叡號上。巡洋艦、驅逐艦從中小口徑砲到機砲，全都鎖定了比叡號，前部桅杆發生火災，上甲板被橫掃了一遍，高射砲也遭到破壞，更因為電路不通，一時之間主砲、副砲都陷入無法發射。

襲擊艦橋的一發砲彈，造成十一戰隊先任參謀鈴木正金中佐戰死，其他死傷者眾多，司令官阿部中將也負傷。

比叡號因為艦內通訊斷絕，所以改成直接操舵（指揮者在舵機室內操舵），但舵機室上方被一發二十公分砲的啞彈（未爆彈）打出一個洞，從那裡開始浸水，舵機室、舵柄室都充滿了水，舵機停止，人力操舵也無法進行。

霧島號因為是在無照射下進行射擊，所以並沒有遭受像比叡號那樣的損傷。十戰隊旗艦長良號，在雪風、電的協助下展開砲擊、雷擊，電號報告說，命中了敵方重巡（七號艦波特蘭號？）三枚魚雷。

雪風也和長良號一起，對敵巡洋艦、驅逐艦各一艘展開照射砲擊，導致對方嚴重傾斜、燃起大火，在記錄上都寫著「確實擊沉」。

照月號也報告說，自己和敵方一艘巡洋艦、六艘驅逐艦交戰，擊沉一艘驅逐艦、重創一艘，其他全部都有命中彈（無照射射擊）。

天津風號在用一枚魚雷命中敵巡洋艦後，脫離我方孤軍奮鬥，雖然給予敵巡洋艦重大損傷，自己也輕微受創，於是北上退避。

夕立號之後沉沒。擔任比叡號直屬護衛、前進到右前方的曉號，在混戰中滿身創傷，沉沒。

混亂之中，旗艦舊金山號一時將亞特蘭大號誤認為日軍的比叡號進行砲擊，卡拉漢少將於是大聲喊叫，要該艦的砲術長「立刻停止射擊」！

結果卡拉漢又不小心誤把這個命令用隊內無線電傳播到全艦隊，於是有很多艦艇都停止射擊，美軍艦隊陷入極度混亂之中。

之後，舊金山號在沒有損傷的霧島號與驅逐艦的砲擊下，包括在艦橋上的卡拉漢少將在內，艦長、參謀等許多人都戰死。美軍艦隊失去兩位指揮官，只能各自尋找附近的日本軍艦展開單挑作戰。

七號艦波特蘭號艦艉被魚雷擊中，陷入無法操舵的困境，八號艦海倫娜只有上層建築遭到損傷，九號艦朱諾號則是前部鍋爐室遭到雷擊，脫離戰場。

後方的四艘驅逐艦和四水戰的朝雲、村雨交戰，蒙受許多損傷。阿倫·華特號無法航行，被拖曳到圖拉吉。巴登號被兩枚魚雷命中，轟然擊沉。蒙森號被包括三發三十六公分砲彈在內的三十七發砲彈命中，變成浮在海上的廢墟，在十三日凌晨一點爆炸沉沒。

另一方面，在這場混戰中，佛萊契號則成為唯一一艘沒有受到任何損傷的艦艇。

艦橋上載著史考特少將遺體的亞特蘭大號，遭到五十發以上的中大口徑砲彈與兩枚魚雷命中，在拖曳往圖拉吉的途中，於十三日中午自沉於隆加海域[1]。

舊金山號雖然上層結構被犁了一遍，宛若坑坑疤疤的運動場，但因為沒有被魚雷擊中，所以自力航行到圖拉吉後，返回新赫布里底灣（New Hebrides）的基地。

波特蘭號在十三日晚上十一點，被拖進圖拉吉。

受輕傷的輕巡海倫娜號，在十三日午夜零點十六分停止射擊。在兩名少將陣亡後擔任總指揮的海倫娜號艦長，下令往南方退避，但回應他命令的，只有兩艘驅逐艦而已。

脫離戰場的美軍艦隊，只剩下海倫娜號、舊金山號、朱諾號、佛萊契號、史特瑞特號、歐巴農號六艘。除了先行的歐巴農號外，其他都在海倫娜號的導引下，駛向新赫布里底群島。輕巡朱諾號在航行途中，於十三日上午九點一分，在瓜島東南外海遭日軍潛艦伊二十六號雷擊沉沒。因此，靠自己力量撤退到新赫布里底群島的，就只有重巡舊金山號、輕巡海倫娜號與三艘驅逐艦而已。

這樣看來，美軍失去了兩名司令官、輕巡亞特蘭大號、朱諾號和四艘驅逐艦，還有兩艘重巡洋艦、三艘驅逐艦重創，損失相當之大，看起來似乎是日軍獲勝，但接下來就發生了讓日軍咬牙切齒的事，那就是戰艦比叡號的喪失。

在講述比叡號的末日之前，我們先透過齊藤通信士兼航海士的回想，來重現雪風的奮戰。

1 譯註：美國為紀念史考特將軍，特以命名紀德級一艘飛彈驅逐艦為史考特號，該艦轉手中華民國海軍，現稱基隆艦。

在暴雨中做了一次掉頭，當暴雨停歇後又掉頭一次往隆加海域駛去，這讓隊形變得紊亂不堪。

突然，探照燈（比叡號）照亮了天空，同時敵方的齊射也蜂湧而至，這讓雪風艦上的我（齊藤）有種錯覺，似乎是敵方掌握了攻擊的先機。

激烈的砲戰開始爆發。

有如花火般的東西在頭頂上交錯縱橫，偶爾疑似命中的閃光，將周遭照得一片通明。

第一次上陣就遇到這樣的激戰，讓我驚訝萬分。抬頭仰望天空，飛越頭上的東西明明很恐怖，卻又如此美麗，讓我的腦袋不禁一片空白。

因為敵方砲彈都集中在附近的長良號上，所以打到我們這邊的並沒有多少。一發似乎是流彈的機槍子彈飛進了艦橋，造成測距手墨兵長戰死，他是雪風最一開始的犧牲者。

當我們更往前進時，後退過來的夕立號正熊熊燃燒著，簡直就像是一個大金爐一樣。看樣子，她或許會沉下去吧！雪風一邊持續砲擊，一邊探尋敵人前進。

我忽然想起中學時的騎馬打仗遊戲。敵我雙方互搶帽子，剩下的三、四組人馬，一邊探尋敵人一邊前進。慎重，卻又大膽。這場第三次索羅門海戰，就跟騎馬打仗非常類似。

燃燒中的夕立號上，應該是我的一號生學長中村悌次中尉（後來的海上自衛隊幕僚長）在擔任航海長[2]。不管怎樣都沒辦法幫幫他們嗎？我看著艦長和司令，但兩人都沉默不語。不久後發現了新的敵人，又開始較勁似地彼此對射，就連二十五公厘機砲也開始答答地射出子彈，畢竟現在已經到了連機砲都相當有效的近距離。

我們最在意的是，不要打到我方的艦艇、也不要撞上其他艦艇。

就這樣，在十一月十三日的零點三十分左右，這場讓人想起戰國時代捉對廝殺的近距離格鬥戰，終於暫且畫下句點。

該沉的都沉了，該傷的也都傷了，失去戰鬥力的艦艇陸續踏上歸途。在黑暗海面的波濤間，只留下宛若孩童打架般微不足道的些許殘跡。

零點三十分，霧島號發出電報說，「我等將停止砲擊機場」。

因為比叡號無法進行通信指揮，所以改由搭乘長良號的木村少將指揮挺身攻擊隊。木村少將下令大部分驅逐艦撤回，同時展開對舵機故障的比叡號救援。

2 譯註：海兵六十七期首席。中村中尉在這場戰役中受傷，之後轉任到戰艦長門號。

因為破曉後會有受到敵方空襲的危險，所以木村在凌晨三點九分，下令第二十七驅逐隊（時雨、白露、夕暮）以及照月去救援比叡，然後暫時往西北方退避。正護衛霧島退避中的二十七驅於是折返，擔任比叡的護衛。

日軍雖然在中途島喪失四艘空母，但還不曾失去過戰艦，因此無論如何都要幫助比叡號，將它帶回拉包爾。不管是木村、驅逐艦的官兵還是吐魯克GF司令部的宇垣參謀長，腦袋裡都只有這個念頭。

東京時間凌晨三點，大約是當地時間的清晨五點，敵機已經在機場待命，引擎聲隆隆作響，甚至有一部分已經起飛。

四水戰的高間司令官也命令撤退較慢的五月雨、春雨兩艦，靠近救援比叡號，但因為已經下令二十七驅負責，所以春雨號便去擔任霧島號的護衛，五月雨號則在救助夕立號（凌晨兩點五十分沉沒）的生存者後，往肖特蘭前進。

比叡號因為船舵故障的緣故，雖然看到了東北方的薩沃島，卻在該島一千公尺左右的地方持續往左轉。

一部分參謀和青年軍官建議，與其這樣坐待敵方空襲，倒不如衝上瓜島當不沉砲台，對機場進行砲擊，但艦長西田正雄大佐說：「這艘船艦作為我軍僅有的四艘高速戰艦之一，是極為有效且珍貴的艦艇，因此不該輕易讓她擱淺。」斥退了參謀的建議。

一時之間在比叡號附近，只有還在燃燒的長良號一艘船艦，但到了凌晨四點二十分，雪風率先趕到；接著在早上六點左右，奉命救助比叡號的二十七驅與照月號也跟著抵達。

夜晚早已大放光明，熱帶的太陽照耀著椰子樹的樹梢。

六點十五分，第十一戰隊司令官阿部中將因為比叡號沒有通信能力，決定把司令部轉移到雪風上。

（凌晨五點十五分，阿部下令給霧島號，要她「在日落後再次回到現場，將比叡號拖回肖特蘭」。）

在二十七驅三艘驅逐艦與照月號趕到現場不久後的六點十五分，司令部開始向雪風轉移，於是雪風停機，和比叡號進行接舷。

這時人在艦橋的齊藤中尉，望著在附近繞圈子的照月號，心裡想著：

為什麼司令部要轉移到雪風上呢？明明附近就有照月號啊……

阿部中將是齊藤在兵學校當二號、一號生時的訓導主任，是位身材瘦削、留著斑白小鬍

1939 年 12 月 5 日，在宿毛灣外進行全力海試運轉中的比叡號。大改造結束後成為高速戰艦，在太平洋戰爭中被寄予厚望，結果成為第一艘沉沒的日本戰艦。

子的嚴格長官。雖然阿部中將過來並不會讓他感到不適，但整個司令部都搬過來，艦橋就顯得太窄了。

雪風是兩千噸，照月號則是兩千七百零一噸，後者明顯大了許多。不只如此，照月號是一九四二年剛竣工的新銳艦，裝備有新型的長砲身十公分高射砲十門，原本就是為了擔任防空護衛艦而設計，所以當預期會有美軍飛機空襲之際，司令官在這艘艦上指揮應該是最好的。

但是和區區一名中尉的考量無關，司令部熙熙攘攘地搬到了雪風上。儘管司令部因為鈴木先任參謀戰死，所以除了阿部中將之外只剩下四位參謀和司令部的附屬軍官，但他們還是將原本一直站在艦橋上的莊司司令和菅間艦長擠到一邊，占領了艦橋。

原本飄揚在硝煙遍布的比叡號桅杆上的中將旗降了下來，改掛在雪風的桅杆上。看到這幅景象，齊藤有種危險的預感：美軍飛機看到這面中將旗，會不會集中攻擊雪風呢？

說實話，他並不是一個膽怯之人，但歷經從昨夜以來的首次上陣，他的直覺就像小動物一樣，驅策著敏銳的防衛本能。

日出後，美軍飛機的空襲可說熾烈至極。空襲從清晨五點五分開始，直到十一點三十分為止，比叡號和在她旁邊的雪風等艦，遭到了超過七十架以上敵機的轟炸與掃射，比叡號被命中了三顆炸彈。

阿部司令官認識齊藤中尉，畢竟齊藤是曾任二分隊伍長，好幾次對學生隊發號施令，還獲得恩賜畢業的學生。

「哎呀，齊藤，你在這艘船上啊？」

他像是很懷念似地，在嚴峻的臉上露出了笑容。雖然穿著深藍色的長大衣，但肩膀被彈片削破了，第三種軍裝也浸染了血。

仰望著升上去的中將旗，齊藤心想：這玩意真的有點不妙啊……

畢竟它在三萬兩千三百五十噸的比叡號上並沒有那麼顯眼，但到了兩千噸的雪風上，就變得極端引人側目。

結果真如他所擔憂的，從下次空襲開始，美軍飛機都看準了這面將旗，將炸彈集中到雪風頭上。

急速奔馳的雪風，身邊不斷掀起水柱。幸好沒有太大的損傷，但極近距離的落彈，讓雪風的鍋爐產生了裂痕。

見識到戰場嚴峻景象的齊藤，一直抬頭凝視著桅杆頂端的中將旗。忽然阿部中將走到信號甲板上，看著中將旗下令說：

「這玩意、這玩意真是太糟糕了哪！喂，艦長，趕快把這面將旗降下來！」

在艦長命令下，齊藤把將旗降了下來。

——司令官果然也會怕空襲的嘛……！齊藤驟然湧現想笑的心情，但隨著再次下達「對空戰鬥！」的命令，他又緊張地把臉貼上了望遠鏡。

比叡號因為船舵故障只能左轉，所以用兩舷的俥葉交替運作，繞過薩沃島南端駛往北側，但仍然操作不順，畢竟不管怎麼說，鐵底灣都很窄。

上午八點二十分，阿部中將下令比叡號衝上瓜島擱淺，但西田艦長並沒有很斷然地執行命令。畢竟主機還能以四軸驅動，要放棄還嫌太早。忠誠無比的他，實在不想放棄曾好幾次成為天皇座艦（御召艦）的比叡號。

但是空襲變得益發激烈，這樣下去比叡號撐不到日落，而周圍保護的五艘驅逐艦損害也不斷增加。

上午十點三十五分，阿部中將下達了這道命令：

「看準空襲的空檔停止運轉，收容人員並將戰艦予以處置」

但西田艦長回應說：

「我等正在阻斷舵機室的進水，可望成功排水」，仍然在試圖恢復舵機運作。

不久後他報告說：

「本艦船舵故障，在能夠全力發揮的情況下，現在正以全速十六節，取道中央航路，往肖特蘭方向前進。」但空襲益發激烈，比叡號忙著迴避，前進異常困難。

下午十二點二十五分，這次有約十架魚雷轟炸機來襲，慢吞吞移動的比叡號，右舷一號砲塔下方和右舷後部，各被命中一枚魚雷。

轉乘到雪風號上的最後一位比叡號艦長西田大佐。

雖然浸水狀況慢慢惡化，但比叡號還是用主砲的三式彈打下了兩架敵機，顯示士氣相當旺盛。

中午時分，阿部中將考慮用驅逐艦拖曳比叡號。因為這項命令據說是由GF司令部直接下達（但事實並非如此），引起了雪風官兵一陣恐慌。

——將近四萬噸的比叡號，就算用差不多兩千噸的兩艘驅逐艦來拖曳，真能順利拖到肖特蘭嗎？萬一為了繫拖曳纜繩而停船的時候敵機來襲，不會連驅逐艦也一起被幹掉嗎……？

官兵們不由得惴惴不安。

但是，比叡號的舵機室排水，並不如西田艦長期待的順利進展。下午一點三十分，阿部司令官決定處置比叡號，於是對各驅逐艦陸續下達命令：

「所有船隻降下小艇，收容比叡號官兵。」

「為了處置比叡號，各艦準備兩枚魚雷。」

阿部中將的心中想必在淌血吧！阿部中將以前曾擔任過戰艦扶桑號艦長，要他處置掉戰艦，實在是極不得已的事。

儘管滿身創傷，但是深愛比叡號的西田艦長，還是難以放棄這艘軍艦。

但就在這時，輪機室傳來「主機無法使用」的報告（其實是誤報）。

這個時候，西田艦長因為艦橋遭到破壞，在後方三號砲塔上進行指揮。正因如此，他和機關科之間的電話聯繫困難，才會有這種誤報產生。收到這項誤報後，一直堅忍不拔的西田艦長終於決定放棄。在下午三點左右，下達了「全體準備棄艦」的命令。

太陽已經開始西斜，再一下下就會日落、空襲也會平息，因此有些機槍員抗拒這項棄艦命令。

面對集結在後甲板上、將近千名的官兵，西田艦長下令：

「大家做得夠好了，現在開始撤退吧！」接著官兵便開始搭上雪風、照月等派來的小艇，陸續撤退。

這時候比叡號約往右傾斜十度，儘管在撤退途中又遭空襲，右舷的船腹中雷，有三枚魚雷打在了船腹上，卻仍沒有沉沒，由此可見防水性能的優秀。

在雪風艦上擔任水雷科員的大西兵曹，在收容比叡號官兵的時候負責划小艇。因為砲術科、航海科、機關科無法空出手來，所以大部分的小艇都交給水雷科員來划。

就像是等著這個時機般，空襲又開始了，小艇周邊掀起水柱，黃褐色的泥水劈頭蓋臉地飛濺而下。

在這種炸射中，小艇不停拍打著槳接近比叡號。

即使收容完比叡號官兵，西田艦長仍不肯離艦。他把身體綁在三號砲塔的鐵柱上，不管軍、士官如何勸說，都頑固地不肯接受。

大家沒辦法，只好留下幾名軍、士官守在艦長周圍，各小艇則駛離比叡號。

儘管西田艦長已經下令打開金氏閥（艦底的注水閥），但不知道有沒有實施，總之比叡號直到這天傍晚，仍然浮在海面上。

下午四點，比叡號官兵的收容告一段落。

南緯十度瓜島的十一月，相當於日本的初夏，下午四點在當地雖是晚上六點，但天色還是一片明亮。

雪風艦上的阿部司令官竭盡心力，無論如何都想救助西田艦長。

當大部分比叡號官兵收容告一段落後，阿部司令官交給比叡號高射長小倉益敏大尉一封命令，要他以傳令身分送上去比叡號。

搭乘最後一艘內火艇抵達比叡號的小倉大尉，將這封文件交給了西田艦長：

「艦長，有緊急事項，火速前往雪風進行狀況報告，司令官」

即使如此，西田艦長仍不肯點頭撤退，想跟軍艦共存亡，最後是待在艦長身邊的航海長志和中佐用力抱起西田艦長，把他搬到內火艇裡，送上了雪風。

「讓我回比叡號上！這是武士該有的態度！讓我和比叡號一起死掉吧！」

伴隨著西田艦長悲痛的吶喊聲，內火艇越過黃昏的海面，朝著雪風急馳。

（當時負責搬運西田艦長的人員，主要是航海長志和中佐、運用長大西中佐、發令所長柚木大尉等。相良俊輔著、描述西田艦長的《怒海》（光人社刊）也有同樣說法）

歷經從昨晚開始的激戰、形容憔悴的西田艦長，拖著負傷的左腳登上雪風艦橋，和阿部司令官以及參謀會面。

「司令官，真的很抱歉！」

西田脫下戰鬥帽，低著頭這樣說。

「不，你辛苦了。你做得很好！」

阿部司令官跨步向前抱住西田艦長的肩膀，眼中淚光閃爍。在旁邊看到這幅景象的齊藤，胸口也不禁為之一熱。海上男兒那無從宣洩的憤怒與悲傷，深深打動了他的心。

西田艦長與比叡號的官兵（為數約一千六百人）被收容到各驅逐艦上後，美軍的空襲又來了。

在薄暮的天空中，出現了無畏式轟炸機的編隊陸續襲擊而來。方才停船的雪風，一下子速度拉不上來。一枚、兩枚，舷側不斷掀起炸彈落下的水柱。

彈片也飛濺進艦橋，白戶水雷長頭部受了重傷，被扛進底下的軍官室（戰時治療室）中。軍官室裡擠滿了比叡號和雪風的傷者。大西兵曹也把好幾名比叡號的傷者，搬進了這間治療室。軍醫長八木中尉的白袍沾滿了鮮血，一邊指揮醫護兵一邊忙著治療。

好不容易終於閃過一群無畏式，結果又來了以魚雷轟炸機為主，將近七十架的大編隊。

——這次真的要完蛋了嗎……？

從早上就開始指揮機槍射擊的水田政雄兵曹也快要撐不住了。官兵都已經筋疲力盡，鍋爐受損的雪風也跑不出全速，再加上剩下的彈藥也不多了，接下去只要挨上一枚魚雷，一切就都完了。

「有效使用子彈！等到距離足夠接近，再開始射擊！」

在指揮所裡聲嘶力竭的森田中尉，也露出拚命的神情。不管怎麼說，在雪風艦橋上，還有阿部中將的司令部與比叡號的西田艦長等幹部。如果這些人和雪風一起沉入海底，那十一戰隊就幾乎等於全滅了。如此一來，又該由誰去報告比叡號的奮戰過程與最後的結局呢？

「主砲，開始射擊！」表情扭曲的森田這樣下令。

正當雪風的主砲開始吐出火舌之際，前方有暴雨逼近而來。

像是要大喊「天助我也」般，菅間艦長帶著雪風一頭鑽進這陣暴雨中，躲避敵人的空襲。

雪風確實徹徹底底是一艘擁有強大武運的軍艦。

吐魯克的GF司令部打算活用比叡號，將它當成誘餌吸收十三日晚上對船團的攻擊，所以延擱了對比叡號的處置。接著在晚上九點四十五分，他們發布了以下的命令：

「第十一戰隊司令官應將比叡號擱置不理，收容完官兵後，便視時機脫離。先遣部隊指揮官應於明天早上之後，派一艘潛艦去當地進行監視。」

阿部弘毅中將，作為失去軍艦的司令官，遭到嚴厲批判。

接獲這項命令的阿部中將，率領雪風等五艘艦艇暫時往西方迴避。之所以如此，是因為當天晚上，鈴谷、摩耶將要砲擊瓜島，避免混亂發生。

齊藤中尉看到比叡號，是在淡淡的暴雨中宛若淡墨輕描，朦朦朧朧，無依無靠的淒楚身影。這對雪風的官兵而言，是對比叡號的最後一眼。

晚上十一點，雪風繞回現場，在薩沃島周邊已經看不到那艘威風凜凜、宛若海上城堡般的戰艦比叡號的身影。

儘管是不得不做的事情，喪失軍艦的西田艦長也深感悲痛，但海軍對他的處置既冷酷又嚴厲。

原本被視為海兵四十四期生中最有望出人頭地的西田大佐，在這年（一九四二年）的十二月二十日被派到橫鎮（橫須賀）任職，接著在一九四三年三月二十日編入預備役，同一天被放逐到廈門，擔任駐當地武官的閒職，之後歷任二五六空司令等職，到終戰仍然是大佐。

西田的同期、同樣在一九三七年十二月一日晉升為大佐的島本久五郎、小島秀雄等人，在一九四三年五月一日一齊晉升為少將。相較於此，西田的待遇實在是天差地遠。

關於西田的處置，據說山本五十六長官曾經親自寫一封信給當時的海軍省人事局長中澤佑少將，要求不要把西田編入預備役，但因為他放棄了還能浮在水上的軍艦，所以不得不維持處分——這是中澤先生生前告訴我的。

對瓜島的砲擊在第二天也繼續進行，這天以霧島號和四戰隊（愛宕、高雄）為中心，雪風則在布因泊地（Buin）負責將十一戰隊司令部與傷者後送的任務，因此沒有參加。

這天晚上，敵方出動了由威利斯．李海軍少將（Willis Augustus Lee）率領的戰艦部隊（第六十三特遣艦隊），霧島號雖然重創了南達科他號，但在華盛頓號有雷達引導的四十公分主砲射擊下屈居下風，意外地早早在晚上十點四十九分，岩淵三次艦長（四十三期）便下令「全員撤離」，並在凌晨一點二十五分沉沒。

岩淵艦長在沉沒後被漩渦捲入，但設法游泳逃出。因為他沒有放棄戰艦，所以儘管是和西田大佐同時晉級為大佐，但在一九四三年五月一日晉升為少將。之後，他成為第三十一特別根據地司令官，一九四五年二月二十六日，在馬尼拉率領陸戰隊戰死，死後被追贈一級，晉升中將。

相較於岩淵中將，海軍省不給西田大佐用武之地，甚至也不給他尋死的場所，這樣的處置方式實在太不公平了。

升任、行賞、懲處，都應該依據當時的實況，充分調查才對啊！

徒勞無功地奮戰，最後失去麾下兩艘軍艦的阿部中將，對他的處置也絕對稱不上溫和。這位在戰爭中首次失去戰艦，而且還是一次喪失兩艘戰艦的司令官，遭到的批判相當嚴厲。

阿部中將在一九四二年十二月二十日轉任到軍令部，一九四三年三月十五日待命，二十日編入預備役。

阿部中將的弟弟阿部俊雄大佐，在一九四四年十一月二十九日擔任和大和號同型的巨大空母信濃號艦長，在熊野海域和軍艦運命與共。他們可以說是一對悲情兄弟吧！

隱忍的苦澀之海
——惡魔的瓜島快車

在第三次索羅門海戰中鍋爐破裂的雪風經布因，在十一月十八日駛進了吐魯克。她在吐魯克進行應急修理後，在十二月五日從吐魯克出發，九日回到吳港，進入船塢，實施正式的修理整備。之後，雪風在吳港迎接了新一年（一九四三年）的元旦。既然是久違的新年，應該悠悠哉哉度過才對，但時局不允許這樣。

瓜島的戰況日益惡化，雖然投入了三萬陸軍，但實際已經損耗將近兩萬，而且敵人還在不斷加強機場與陣地。最後在一月四日，大本營終於下達「瓜島撤退命令」，並為此發動了陸海軍聯合的「ケ（Ke）號作戰」。

一月十九日，雪風從吳軍港出擊，往吐魯克島前進。途中除了新造的戰艦武藏號外，也擔任瑞鶴、瑞鳳、大淀等艦的護衛，最後在二十三日進駐吐魯克。一月三十一日，她加入集結在肖特蘭基地、由小柳富次少將指揮（一月二十一日發令）的第十戰隊，執行Ke號作戰。

按照Ke號作戰，瓜島陸軍的撤退作戰，分成二月一日（一開始預訂是一月三十一日）、四日、七日三次進行，雪風從一日的第一次作戰開始參與其中。

撤退作戰的中心是由橋本信太郎少將（三水戰司令官）指揮的「增援部隊」，第一次作戰的編制如下：

一、埃斯佩蘭斯隊：

任務：在瓜島東北端的埃斯佩蘭斯角海岸進行撤退

（一）警戒隊：三水戰司令官（搭乘卷波號）指揮

第一隊　舞風、江風、黑潮

第二隊　白雪、文月

（二）輸送隊：十戰隊司令官（小柳少將）指揮

十驅　風雲、卷雲、夕雲、秋雲

十七驅　谷風、浦風、濱風、磯風

二、卡明波隊

任務：在埃斯佩蘭斯角西南方五公里的卡明波（Kamimbo）海岸進行撤退

十六驅司令指揮

十六驅　雪風、時津風

八驅　大潮、荒潮

第三隊　皐月、長月

就這樣在一月三十一日上午十點，增援部隊按照預定計畫，從肖特蘭南口南下出擊。途中他們接獲電報，要將Ke號作戰延遲一天，所以各隊又折返肖特蘭。但在第二天（二月一日）早上，B17、P38等前來襲擊。我軍也從布因起飛艦爆隊，對隆加泊地的美軍艦隊展開攻擊。

二月一日上午九點三十分，增援部隊再度從肖特蘭出擊。

下午四點八分，敵方戰鬥轟炸機三十六架展開空襲，旗艦卷波號中彈無法航行。小柳司令官發出電報說：「我即刻接手指揮」，命令文月號救援卷波號，然後按照預定航向前進。

下午五點五十五，他們在瓜島咫尺處衝入泊地，並在晚間八點十分以降擊退了來襲的魚雷艇隊，開始在卡明波、埃斯佩蘭斯兩處泊地進行撤退。

這之間的消息在大西喬兵曹的日記中有詳細記述，在此就引用他的記載。

▽出擊

二月一日　晴　於肖特蘭泊地

〇六三〇左右，九架B17前來偵察。敵機雖然投彈，但沒有造成損傷。伴隨著各艦猛烈的對空射擊，地面也有許多戰鬥機起飛投入空戰。零戰擊落了四架B17（《公刊戰史》記述）。

按照預定計畫，〇九三〇前往瓜島。二十艘驅逐艦陣容浩蕩出擊，以等間距的縱隊直奔目標。

後續艦因為乘風破浪的艦艏波與猛烈激起的艦艉波，只能看見艦橋上部。後桅杆上的軍艦旗，看起來也像要被撕成碎片一般。

拖在艦艉的陸軍大發[1]，踏著像山一樣隆起的艦艉航跡，艇首高高揚起，艇尾則掩沒在航跡的波谷間，無法輕易看見。陸軍的艇員自艇長以下全都站在後甲板上，用擔心的眼神注視著它。

突然，對空戰鬥的警報聲響起，是敵機的大編隊。

「開始射擊！」

十二點七公分主砲開始對空射擊。

敵轟炸機（SBD無畏式）的轟炸很猛烈，我方艦艇前後左右都掀起了林立的大水柱。

一架敵機變成了火球，筆直撞進海中。

身為水雷科員的我們，在對空戰鬥中派不上用場。雖然年輕士兵可以幫忙運送彈藥，但大半都只是在旁觀戰。

接著又是一架飛機猛然噴出黑煙，一下子脫離了隊列，逐漸降到低空，最後沉入海裡。

「擊墜，擊墜！」我們一起鼓掌稱慶。

各艦都成功閃避了轟炸，最後終於擊退敵人。在這場對空戰中，增援部隊靠著掩護的零

1 譯註：大發動艇，一種裝有馬達的大型登陸用舟艇。

戰隊協助，擊落四架敵機。我方則是卷波號遭到損傷。

太陽早早沉入海平線，南國的天空急速被夜幕所籠罩。

我們按照預定計畫，駛進了卡明波泊地（這天的雲量為三，月齡為二十五點六）。船艦降低航速，在寂靜的海面上宛若滑行一般前進。艦艇周圍有夜光蟲散發著青白色的光芒，讓人實在感覺有點不舒服。

▽救出成功

我們站在左舷，在一片漆黑中用肉眼辨識到卡明波的陸地。星星非常美麗，可是太過明亮會很容易被發現，這點讓人擔心不已。

船艦完全進入停機暫泊的狀態。我們在寂靜中迅速展開作業。

悄然經由吊艇架放到海上，拖在後方的大發則解開纜繩，靠到舷側。陸軍的艇長和艇員坐上舟艇，等待艦長的命令。

在艦上，作業員把大片的攀爬網從左舷吊下，以便前來撤退的陸軍能夠輕易登艦。接著我們又把三段的道板（將長木板釘上橫木的棧板）組合起來，和網子一起垂吊下去。

艦橋瞭望員緊張地監視著入口附近的敵魚雷艇與上空的動靜，主砲、機槍全都指向灣口和卡明波的方向，以防敵艦的襲擊。

身為大發作業員的我，將手電筒用紅布捲起來扛在肩上，右手握住擴音器。左手則靜靜從上面握住藏在腹卷棉布中的短刀「菊一文字」，搭上舟艇之後，便等待開船的命令。

不久後，艦長的「出發」命令一下，所有舟艇一起發動前進。

在沉重到讓人喘不過氣的靜寂之中，收容艇留下引擎聲和夜光蟲青白色的航跡，離開了軍艦。

我轉過身去確認艦艇的位置，但完全看不到各艦的蹤影。看來除非距離非常近，否則標示燈是無法被看見的。

如果灣口出現敵方艦艇、進行交戰的話，我們就會被拋在這個島上，這點我也做好了覺悟。

延伸到海岸的暗礁讓人擔心。不從這些玩意間順利通過，就沒辦法靠岸。

雖然之前和友軍間已經決定了標示暗礁入口的方法，但實際來到這裡一看，就只有一盞小小的燈而已。其實應該要有兩盞燈，才能夠（一眼看清）知道要穿過這裡進去。只有一盞燈，實在讓人摸不清該從哪個方向進去才好。

由於來自各艦的收容艇都為了找尋入口在附近集結，因此會有衝撞的危險。也有些舟艇早早觸到了暗礁，為了脫身大傷腦筋。

既然形勢變成如此，那就只能冷靜以對了。我在艇首壓低身體，聚精會神注視前方，希望能看透暗夜。

各艇掀起的波紋在暗礁上化為碎浪，散發出青白色的光芒。靠著這點光芒，我找到了暗礁的缺口，也就是入口。

我向艇長指出入口的方向，接著便一路前進。當我們平安進入後，各艇也尾隨在我們後面行動。

靠近海岸後，一股難以形容的氣味直衝鼻腔，那應該是屍臭吧！我們從艇尾放下錨，一邊將錨索伸長，一邊讓舟艇刷地靠上海岸，然後踩碎夜光蟲，跳進海裡。

那是一片很美麗的沙灘。我的鞋子沉入沙中，海水也滲了進來。夜光蟲附著在我的鞋子和腳尖，散發出青白的光芒，光是這樣就讓人有種夢幻的美感。豆粒大小的夜光蟲團塊被波浪推擠，在潮水間帶來回翻滾。

黑暗中的樹林驟然逼近眼前，但沒有任何人出現。是不清楚我們這些友軍到來了嗎？還是連走出來的力氣都沒有了呢？

我一邊凝神注視著椰子林樹葉的搖晃，一邊一步步前進，但還是感覺不到人的動靜。他們該不會已經從卡明波撤退了吧？

「喂——！」當我用擴音器試著呼叫後，在黑暗中有了人的動靜。一個人影走了出來，接著又有兩、三個人跟著走出來。

帶頭的一個人佩著從肩上垂下來的白色襷狀物[2]，是位陸軍的高級軍官。

「我們來接你們了。」

當我這樣說完後，對方只說了一句「感謝」就緩緩後退，一副沒精打采的樣子。看他們這樣有氣沒力慢吞吞的樣子，今天晚上恐怕沒辦法來回三趟了。我一邊這樣想，一邊大聲喊說：「請快點搭上舟艇！」

看他們的樣子，似乎已經準備好分成第一波和第二波來搭乘舟艇，但不管怎麼說都必須趕快行動，所以我又用擴音器焦急地喊說：「快一點，快一點！」不趕快踏上歸途，到了早

2 譯註：一種斜掛在肩上的布條，在夜晚有識別敵我的用處。

上遭受空襲，鐵定會有人受害。

可是因為長期的飢餓，幾乎沒有人能好好走路。那種接二連三、像甲蟲和烏龜一樣爬出來的姿態，簡直不像是人世間的景象。

令人驚訝的是，拿著步槍的人連一個都沒有。他們從好幾里外的深山蹣跚前行而來，營養失調的人在中途陸續倒下，連抵達海岸的力氣都沒有，就被直接拋下不管了吧？負傷者恐怕早已放棄一切，各自選擇了自盡！

只有僥倖生還的人，才能像這樣抵達撤退地點。他們遲緩的動作與詭異的沉默，似乎蘊藏著深層的意義。

為了盡可能減輕身體負擔，他們大多捨棄了所攜武器與裝備，只穿著破爛的衣褲。一想到捨棄比生命還重要的武器、前來此地的他們心情，我的眼眶就為之一熱。但現在不是抱持這種感傷的時候。我們必須打起精神，盡早搭上舟艇才行。

大概是因為感到得救了、驟然安心下來的緣故，他們個個都顯得筋疲力盡，動作非常遲緩。我用擴音器砰砰敲著他們的背，一直激勵他們說：「打起精神，打起精神來！」艇員們也一個一個撐住他們的手和身體，把他們拖進艇內。

艇內的整理工作也非常困難。因為部隊毫無紀律可言，根本無法進行整理。要將塞滿動彈不得人員的舟艇從海灘推出去，也是十分辛苦的事。

儘管如此，我們還是平安離開了暗礁，但來到外面一看，卻不見雪風的蹤影。一定是因為艦艇處於臨時停泊的狀態，潮流又有相當程度的流動，所以偏離了原本的位置。

沒辦法，我們只好靠近附近的艦艇，但對方不讓我們上船。於是我們詢問雪風的位置，終於能夠靠上本艦的舷側。

然而，這次變成要從小艇把人員送上甲板的辛苦。畢竟他們已經沒有自己透過道板和攀爬網登上船艦的體力了。

就算踏在攀爬網上握住手，他們也因為沒有握力，撲通、撲通地落入海中。當他們一掉下去，簡直就像是鉛塊落入海裡，再也沒有浮上來。海面上只有漂浮的夜光蟲，依舊散發著閃爍的光芒。

應該有不少人像這樣，好不容易拚著一口氣撐到艦艇舷側卻死去了吧？他們心中最後想的，又是什麼呢？

雖然如此，但處在戰鬥配置的艦艇官兵，也沒辦法來幫忙將他們收容到甲板上。

就在我覺得再來回一趟，今晚的作業就可以結束的時候，夜空中傳來敵機的轟鳴聲。大家都抬頭望著星空，確認飛機的蹤影。

不久後，一道彷彿流星般的光芒倏地劃過夜空，接著啪的一聲，照明彈在上空飄盪，搖曳的強烈光芒一瞬間將底下的世界照得宛如白晝一般。我們瞬間縮起了身體，不過那光離我們還有一段距離。

兩個、三個照明彈持續浮現，讓人感到極度不安。

因為距離很遠，所以現在還可以安心，但搞不好會漸漸逼近這裡投彈也說不定。一時之間各艦都停止撤退，陷入緊張之中。

不過之後幸好敵人並沒有發現我們，敵機也遠離了，也沒有敵艦艇來干擾我們，於是第一次撤退就這樣獲得成功。

另一方面我們接獲消息，在埃斯佩蘭斯方面的部隊和敵方魚雷艇交戰，擊沉了兩艘。

從本艦出發、指揮小發艇的榊原兵曹，他的舟艇一直沒有回來。我們雖然掛心，但也只好在二四〇〇離開卡明波，踏上歸途。

二月二日　晴

昨晚平安撤退，破曉之後，熱帶強烈的太陽光照射著上甲板，陸軍的士兵像是死去一樣躺在地上，連站立的空間都沒有。

兵員室全都擠滿了陸軍士兵，塞不進去的人只好睡在上甲板。

本艦官兵因為把兵員室讓給他們，所以全體都在部位上就定位。

陸軍也躲進了魚雷發射管和砲塔下面，要安置實在很困難。他們的頭髮長到肩膀、髮絲變了顏色、身體瘦到剩皮包骨，一點也看不出號稱精銳「皇軍」的樣子。從昨天開始，本艦的傳令就在兵員室跟上甲板間來回奔走，呼喊說：「軍官請到軍官室休息」，但沒有一位軍官做出回應。軍官們只是在上甲板的陰涼處跟士兵坐在一起，用空洞的眼神眺望著海面。

主計科對給這些人的食物相當留意，首先是給輕食讓胃習慣，接著才慢慢加入提升營養的東西。

恢復元氣的人們紛紛來到我們的崗位上，跟我們露臉說話。

草根、樹葉、椰子蟹、蜥蜴、野鼠……在瓜島上他們有什麼吃什麼，幾個月來實在是很努力在撐著。本艦官兵把自己所有的香菸都拿出來，讓這些陸軍士兵抽個夠。

昨晚沒回艦上、讓人擔心的榊原兵曹，經判明是在時津風號上，總算可以安心。

回程途中雖然有敵機轟炸，但規模不大，接近中午時分進入肖特蘭，陸軍的士兵全部下了船。但是大家都說，這些人裡面，今後應該還是會有很多人再次死去吧！

艦內充滿了讓人不悅的臭氣。畢竟從負傷的手腳中湧現了無數的蛆，甚至有幾個人，在上甲板上用火柴棒一隻一隻地專心清除那些蛆蟲。艦內進行了大消毒，大家都忙著大掃除。

第一次作業中成功撤退的士兵有海軍兩百五十人、陸軍五千一百六十四人，海軍（含陸戰隊、聯絡員等）出乎意料的多。

搭乘風雲號的十戰隊司令官小柳少將，有以下的回憶。

「——被收容到驅逐艦上的陸軍，幾乎都是衣不蔽體，服裝髒汙，神情憔悴至極。明明應該很高興，卻流露不出任何表情。很多人都罹患了登革熱和痢疾，每間廁所前面，等著上大號的人都大排長龍。消化器官也嚴重受損，絕對不能吃得太飽，只能勉強吃一點粥，實在是很可憐。」

又，在這天的第一次撤退中，往埃斯佩蘭斯的運輸隊中，第十驅逐隊的卷雲號為了追擊來襲的敵魚雷艇而在圖拉吉港附近行動，在小柳少將的命令下往埃斯佩蘭斯駛去，將拖曳中的大發、小發交給陸軍。當她在附近警戒的時候，晚上十一點四十五分，艦艉撞上了美軍鋪設的三百個水雷之一開始浸水。雖然用夕雲號進行拖曳，但因為浸水嚴重拖曳困難，所以在第十驅逐隊命令下，由夕雲號發射魚雷將它擊沉。

這場第一次行動因為是危險的隱密作戰，所以之後小柳少將在自己的日記（《小柳富次日記》）中寫道，當他向吐魯克的山本長官報告的時候，山本長官說：「當卷波號受創、十戰隊司令官傳訊說『我即刻起接手指揮』的時候，我心想接下去會怎麼樣，擔心得不得了。」

第二次撤退在二月四日進行，增援部隊的編制如下：

一、埃斯佩蘭斯隊

（一）警戒隊　三水戰司令官指揮

第一隊　白雪、黑潮

第二隊　朝雲、五月雨

第三隊　舞風、江風

（二）運輸隊　十戰隊司令官（小柳少將）指揮

十驅　夕雲、風雲、秋雲

十七驅　谷風、浦風、濱風、磯風

二、卡明波隊　十六驅司令指揮

十六驅　雪風、時津風

八驅　大潮、荒潮

第四隊　皐月、長月、文月

由以上二十艘驅逐艦展開隱密運輸。

先前在一九四二年秋天，日軍曾經連日用驅逐艦和潛艦，對瓜島進行運輸援兵與武器糧食的「鼠輸送」，導致了許多損失。美軍稱這種運輸為「東京快車」，但現在東京快車是在踏上撤退的歸途中，損害絕對不會太少。

航空部隊也協助了這場Ke號作戰，但二日有由一艘航艦、五艘巡洋艦、五艘驅逐艦組成的敵軍特遣艦隊，出現在巴拉萊島（布干維爾島南方十五浬）一二一度、五百三十六浬處。

十四架陸攻對之展開攻擊，但因為天候不良，有五架飛機行蹤不明，支那事變以來的名陸攻隊長三原元一少佐（七〇五空飛行長）也沒能返航（戰死）。

三日早上，在巴拉萊島一二六度、五百五十浬處和一二一度、六百二十浬處，分別發現了由一艘戰艦、三艘巡洋艦、六艘驅逐艦組成的敵水面部隊，以及由一艘航艦、五艘驅逐艦組成的特遣艦隊。

二月三日，根據大西兵曹的日記，當雪風正忙於準備第二次撤退之際，晚上有空襲到來，從晚上十點四十分左右到凌晨一點，射擊的聲響都持續不斷。

接著在二月四日，早上九點三十分，中攻（中型攻擊機）隊在圖拉吉東南方三百九十浬處發現一艘航艦、兩艘戰艦、兩艘輕巡、九艘驅逐艦，並進行接觸。

但是，敵方並沒有察覺到我方撤退的意圖。毋寧說，在陸攻隊等的果敢攻擊下，他們認為我軍正在做新的補強，所以為了防備伴隨補強出動的日本艦隊（例如十一戰隊），才派出華盛頓號、南達科他號等戰艦，以及企業號（？）等航艦來展開行動。

由搭乘白雪號的橋本信太郎少將指揮的增援部隊，在四日上午九點三十分從肖特蘭泊地出擊，沿著兩列島間的中央航路南下。

下午一點五十二分，上空的零戰隊觀測到約三十架敵機，進入對空戰鬥。這是美軍的三十三架SBD無畏式轟炸機、三十一架F4F戰鬥機組成的戰轟聯合部隊，掩護的十七架零戰和對方交戰後，回報說合計擊落了十三架敵機。

增援部隊在下午兩點五分遭到敵方攻擊，舞風號遭到極近距離落彈，和一日的卷波號同樣無法航行，由長月號拖曳回到肖特蘭。第二次撤退也早早就踏上了苦難之路。

日落後的下午五點二十五分，橋本少將搭乘的白雪號主機發生故障，少將轉移到江風號上，指揮暫由十戰隊司令官代理，面對困難的狀況和二月一日的第一次撤退極為相似。

警戒隊在下午五點二十分左右先行前進，晚上八點十分到達埃斯佩蘭斯角，但這次並沒有發現敵蹤。

考慮到前次卷雲號的觸雷，警戒隊對泊地投放了深水炸彈。

運輸隊在八點四十分抵達埃斯佩蘭斯泊地，在距海岸五百公尺處投錨，展開收容作業。這晚沒有魚雷艇襲擊，作業順利進行。

十七驅在晚上十一點二十分、十驅在十一點四十分結束了埃斯佩蘭斯的撤退，高速往北方退避。

雪風所屬的卡明波隊，在晚上八點四十分抵達該地。這邊也遭到了某種程度的夜間轟炸，但沒有損傷。十一點三十分左右，各隊啟程踏上歸途。

第二次的收容人員為海軍五百一十九人、陸軍四千四百五十八人。

我們再透過大西兵曹的日記，來看看這次雪風的動向。

二月四日　晴

一〇〇〇起，拖曳大發、收起小發，向瓜島前進。

今天也是二十艘驅逐艦，堪稱軍容壯盛。

一如預期，敵機以大編隊來襲，因為已有覺悟，所以並不感到驚訝。

敵機和我方上空的護衛機展開空戰。各艦一邊迴避投彈，一邊展開熾烈的射擊。

從水雷發射管砲台抬頭仰望，本艦正上方的敵機倏地分離出黑色的塊狀物，接著那些黑色物體便以猛烈速度落下。它們驟然變大，直逼而來。伴隨著令人不快的空氣摩擦聲，黑色物體咻咻地陸續落下。

但因為菅間艦長是迴避轟炸的名人，所以我們官兵都很安心。

高速航行中的水雷戰隊。驅逐艦在人稱「東京快車」運輸任務中的苦鬥最終歸於徒勞，不得不從瓜島撤退。

「拜託把舵把穩，看仔細點啊！」

「不早點轉舵，會被炸到的啊！」

「右轉、右轉啊！會來不及啊！」

我們懷著各自的心思，碎碎念個不停。水雷科員雖然只有看戲的份，但由於並非發射魚雷的戰鬥配置，所以總會莫名有種背脊發寒的感覺。

本艦一邊射擊，一邊猛烈向右旋轉。艦長的直覺沒有錯，在迴旋帶動、高高掀起的純白航跡波浪上，砰、砰、砰，炸彈成塊落下。伴隨著閃光與爆炸聲，巨大的爆炸水柱奔騰湧起，然後宛若高速攝影一般，維持好一陣子都不會消失。

本艦雪風連一顆都沒有被命中。我們不由自主地高喊「萬歲」，歡聲雷動。

我方一艘軍艦（舞風號？）冒出大量黑煙與火焰。也有因為極近距離落彈，看不清艦影的艦艇。我方艦艇正拚命地反覆進行迴避運動與射擊。

其他我方艦艇陸續傳出損傷，但雪風好好地撐過了這波攻擊。舞風號無法航行，長月號前去協助。

黑潮號的三號砲塔被敵彈直擊，江風號似乎也受到了相當損害。（按照《公刊戰史》，兩艦都遭到若干損害）

坐在軍艦上的陸軍撤退人員看到這場戰鬥，心裡是怎樣的感受呢？雪風將受害軍艦拋在後面，往瓜島直線前進。

我得知在搭乘軍艦的陸軍士兵中，有來自同鄉三重縣志摩郡波切町（今大王町）的天白軍曹、松橋兵長兩位。

和他們交談之後，不經意得知同鄉友人植村嚴一先生的消息。植村先生和他們同一部隊，現在似乎正坐在驅逐艦荒潮號上。我寫了一封信，跟他們說好如果行動幸運地平安結束，就請他們轉交給植村先生。

夜半，我們按照預定計畫進入泊地。
因為白天有被敵機發現，所以我們進行了嚴密警戒。
灣口附近出現了十二艘左右的敵魚雷艇，但不久就從視野當中消失無蹤。
今晚的收容者體力尚可的人較多，所以作業進行得頗順利。幸好敵人也沒有攻擊，於是我們便按照預定結束撤退任務，踏上歸途。
敵軍會這樣一直沒察覺到我們在撤退友軍嗎？到第三次撤退結束為止，希望能夠像今晚這樣一路平安無事。

二月五日　晴

今天是立春，明天就是農曆新年。懷念起家鄉的麻糬和風箏。
今天也要拚命展開撤退行動。
我們已經做好覺悟，若是黎明到來，必定要承受敵機轟炸，但因為沒有出現，反而感到有點失落。這種鬆懈感還真讓人感到很不習慣。
昨天戰鬥的戰果判明，我軍一共打下了十架敵機。

一一〇〇，我們平安進入肖特蘭港，為準備第三次撤退忙碌到爆。雖然覺得一定會遇到敵機轟炸，但因為明天就會將一切畫下句點，所以我由衷希望直到最後，我能和雪風一起平安結束任務。

在此同時，我也由衷祈願一起來到這南海盡頭、從事同樣任務的同鄉植村先生，最後也能平安無事返回基地。

二月六日，肖特蘭泊地罕見地下起了雨。儘管雪風的士兵從早上就開始洗衣，想曬乾沾滿征塵的衣服，但天卻不從人願。

大家圍在菸灰缸旁，熱烈地聊著，希望能平安完成這次任務，回到特魯克島休養；也有人說，不，我想在吳市的中通商店街喝一杯。

二月七日，增援部隊展開第三次撤退。

這次的編制如下：

一、第一聯隊　三水戰司令官指揮

一號隊　白雪、黑潮

二號隊　朝雲、五月雨

三號隊　時津風、雪風、皐月、文月

二、第二聯隊　十戰隊司令官指揮

風雲、夕雲、秋雲、長月、谷風、浦風

濱風、磯風、荒潮、大潮

按照任務，第一聯隊前往卡明波，第二聯隊則前往埃斯佩蘭斯角西北三十浬的拉塞爾島撤退陸軍。

七日上午九點十分，艦隊從肖特蘭出擊。這天採取的是南方航路。

這時候的敵情按照潛艦報告，在瓜島南方兩百五十浬處有一艘航艦、一艘巡洋艦、數艘驅逐艦組成的特遣艦隊正在南下。美軍因為從去年十一月以來，就沒有看到日本空母、戰艦的身影，所以對瓜島日軍的動向似乎沒有那麼注意了。

下午三點四十分，一如預料，敵軍四十幾架戰鬥機、轟炸機聯合組成編隊襲擊而來。

三點五十五分，十七驅的磯風號一號砲塔附近遭到兩顆炸彈直擊，發生火災、船舵故障。

下午四點八分，又有二十幾架戰鬥機和轟炸機來襲。四點三十分，浦風遭到一顆極近距離落彈，但並沒有受損。

我軍也出動合計四十九架零戰迎擊，擊落了三架敵機。

船舵故障的磯風號，在江風號掩護下駛向肖特蘭。

包含雪風在內的卡明波隊，在晚上九點二十分抵達泊地。

因為這是最後的撤退，所以眾人抱持著不要留下任何士兵的心情走向海岸，連連疾呼：

「還有日本兵嗎？」

「這是最後的船隻了喔！」

確保沒有任何士兵被拋下。

（但事實上，仍有部分陸軍士兵因身處最前線而無法及時獲知消息，在埃斯佩蘭斯和卡明波的海岸上，還有很多不知道已經沒有船隻的陸軍士兵逗留。之後他們大部分都被美軍俘虜，被送往新喀里多尼亞〔New Caledonia〕。）

晚上十一點二分，作業結束。考量到收容地面部隊的船艦不足，所以大家放棄了收容艦上搭載的小發後踏上歸途。

前往拉塞爾島的第二聯隊比第一聯隊更早，在晚上八點十分抵達了泊地，並在晚上十點十五分結束收容，返航。

第二天（八日）上午八點，艦隊駛進了肖特蘭。

這次從卡明波撤走了海軍二十五人、陸軍兩千兩百二十四人，從拉塞爾收容了海軍三十八人，陸軍三百五十二人。

根據大西兵曹的日記，七日第三次撤退的情況大致如下：

二月七日　晴

〇九〇〇左右，從肖特蘭出擊，這次有十八艘驅逐艦。

一三一五左右，和敵方的B24接觸。對方緊追不捨，不肯離去。既然已被發現，亨德森機場的敵機想必會再次蜂擁而至。

我們立刻各就各位，進行待命。因為或許是在這世上的最後光景，所以我們拿出最後的香菸、點上了火，深深吸上一口，讓心情平靜下來。我們都覺得不管怎樣，這次大概都沒辦法毫髮無傷回去了。

突然間，「對空戰鬥！」的警報聲響起。

黑煙嘩地從煙囪中冒出，桅杆掛上了發現敵機與告知方向的旗號。

各艦一齊加速，解散隊列。用肉眼都能看得見，從遙遠的海平線雲朵間，出現了一個、兩個、三個黑點……是大編隊。

「敵機三十架！」

瞭望員大喊出聲。

「開始射擊！」

主砲噴出火舌，今日也是從對空戰鬥開始。我方艦艇一齊發射主砲，張開彈幕。

敵方編隊沒有散亂，以猛烈之勢逼近。在敵方編隊的周圍，籠罩滿了我方的彈幕。

敵機巧妙穿過了這層彈幕，張著反射陽光、閃閃發亮的機翼，陸陸續續從高角度俯衝而下。

呼嗡、呼嗡，就像螞蟻群看到砂糖般蜂擁而至。

「敵機衝過來了！」

「衝過來了啊——！」

瞭望員連連大喊。

迄今為止因為距離搆不著，一直待命的機砲群，在指揮官一聲：「開始射擊，目標，衝過來的敵機！」命令下，開始答答答地射擊。

我們可以清楚看到機上的敵方飛行員。左右落下的炸彈水柱與爆風，讓艦艇不斷被高高舉起，震動不已。

各艦紛紛展開高速的迴避運動，拖著長長的航跡不斷迴旋。

一艘我方軍艦的舷側發生大火，水柱讓艦影一時無法看見。啊，有一艘驅逐艦被炸沉了嗎？當我們倒抽一口氣、拚命張望的時候，她鑽出了煙硝間，露出仍在持續開砲的身影，我們這才一起鬆了一口氣。

這艘艦艇是磯風號，船舵發生了故障。

擔任我方護衛的零戰在上空和敵機展開交戰，敵方似乎也受到了相當損傷，最終逃之夭夭。

按照預定計畫，我們在半夜進駐卡明波。在那裡，陸軍已經塞滿了前次留下的大發、小發，等著我們的到來。

因為今晚是最後一波，所以要載運的人員多不勝數。

雪風搭載了八百幾十人，甲板整個陷入毫無立錐之地的狀態。

果然，今天晚上似乎也有很多雖然來到艦艇旁，卻沉入海中的人。

他們沒有浮上來的力氣，我們也愛莫能助。本艦也收容了陸軍的松田大佐、笹川中佐。當全員收容上來之後，各艦便把使用過的大發、小發鑿沉。（《公刊戰史》說放棄，似乎是事實）畢竟拖著這些東西，對迴避轟炸會是阻礙，也沒辦法提升速度。

艦艇以微速開始行動。

敵機沒有飛來，空中閃爍著無數的星星，光線反射到海面，映得泊地一片靜寂。

這時，在上甲板作業的我們，驚訝地豎起了耳朵。

可以聽到人的呼喊聲。

「喂——，喂——！」

聲音是從卡明波海邊傳來的。

我不由自主地抬起頭，仰望在椰子樹間明滅不定的星辰。在海濱應該已經沒有人了才對啊，是我的幻聽嗎？

可是，戰友們全都一齊望過去，大家露出出乎意料的表情，面面相覷地說：

「喂，聽到了嗎，那個聲音……」

可是，我們已經什麼都不能做了。

茫然佇立在甲板上的我們，耳邊驟然聽到敵軍湯普森衝鋒槍的清晰開火聲。從島影的右端，可以看到連續不斷的閃光。果然還有友軍留在島上，當他們終於趕到泊地的時候，我方的驅逐艦卻已經出航，只能跟追來的美軍作戰了吧！

我們只能帶著遺憾的心情，踏上歸途。

這天晚上，司令官向大本營致電：

「在兩萬英靈的加持下，平安完成了撤退。」

二月八日　晴後雨

今天是大詔奉戴日。（因為是十二月八日開戰，所以每個月的八日都是祈求戰勝的日子）

一如慣例，我們都做好了破曉時分會有敵機空襲的覺悟，但敵機一直沒有飛來，讓人感到意外，結果我們比預定更早地在〇八〇〇左右，回到了肖特蘭。

這樣歷經三趟的任務就告一段落，但在這期間，卷雲號沉沒，卷波號、舞風號、磯風號重創，另外還有四艘驅逐艦受損。

磯風號的損傷雖然清晰可見，但仍能保持不沉、好好回到泊地，實在令人感佩。不過，我們完全沒有損傷的雪風，在武運方面也是不遑多讓。

一如往常，我們進行了艦內的大消毒、大掃除。

晚上配給了啤酒，我們一邊想著瓜島的戰死者、疲憊不堪的撤退者，還有在卡明波聽到的呼喊聲，一邊深深祭弔死者，一邊為自己還活著而感謝不已。

這一天，對我也是有著難忘回憶的一天。去年的今天（一九四二年二月八日），我當時隸屬於驅逐艦夏潮號，遭到美國潛艦魚雷攻擊，艦體被擊斷後沉沒，我自己則被救起。從那之後的一年裡，我參加了各場海戰，能夠平安活到現在，真是心懷感激。

二月九日　晴

作戰結束了。

參加三次作戰的驅逐艦總計有五十八艘，其中一艘沉沒、中彈四艘，參與作戰的飛機

四十八架，擊落敵機二十架，擊沉魚雷艇五艘。成功撤走的人員達到一萬兩千六百四十人。（《公刊戰史》上是一萬兩千八百零五人）

午後稍事歇息。

我們載上沉沒的卷雲號艦長以下六十名官兵，傍晚護衛著舞風號從肖特蘭出發往吐魯克前進。

接下去會有怎樣的任務等著我們呢？我們只能信任艦長與雪風的武運了。

不管怎樣，明後天就可以到懷念的吐魯克了。雪風搭載著官兵的夢境，往北持續疾馳。

Ke號作戰獲得了超乎預期的成果。

關於損傷，一開始東南方面艦隊司令部預估會有四分之一的驅逐艦（五艘）沉沒、四分之一損傷，但實際數量遠少於這個估計。

另外，我們也不能忘記，在這次撤退成功的背後，有那些接近無法步行的瓜島部分陸軍，為了支援撤退強拖著身體阻止美軍。

據說美軍一直到八日早上發現我軍棄置的舟艇，才知道這次撤退作戰。

大本營將這場作戰稱為「伊莎貝爾海戰」，在十日正式發表。然而，若稱其為海戰，這實在是一場充滿隱忍與苦難的作戰。

雪風和僚艦一起，在二月十二日回到了吐魯克基地。

GF山本長官在八日發電嘉獎增援部隊，電文如下：

「託天之佑，極度困難的這場作戰獲得前所未見的成功，實在令人感動不已。其間各部隊決死獻身、面對重重難關，不只獲得了壓制敵人的偉大戰果，還把『瓜』島登陸部隊一個不剩地收容到海軍艦艇上。這項成果可以說毫無遺憾地發揮了帝國海軍的傳統，在此謹向參加將士的勞苦，以及本作戰中犧牲的忠勇英靈，致上由衷的敬弔之意。」

悲慘的活祭品

——丹皮爾海峽的悲劇

一九四三年二月，在高喊著紀元節總攻擊的口號下，陸軍仍不得不悄然實施Ke號作戰，從瓜達康納爾島撤退。此後，陸軍不得不將精力集中於對新幾內亞的防衛作戰上。

一九四二年秋天，日軍在新幾內亞東端附近的布納（Buna）登陸，意圖越過史丹利山脈（Owen Stanley Range）進攻摩士比港（Port Moresby），但失敗了。在Ke號作戰終結之際，他們也從布納撤退，退到萊城（Lae）、薩拉毛亞（Salamaua）組織防線。

之後，麥克阿瑟從新幾內亞東部放眼到西部的比亞克（Biak）、曼諾夸里，擬定了前進哈馬赫拉島（Halmahera Island），奪回菲律賓的策略。

面對這種情況，第八方面軍司令官今村均中將按照大本營的指示，將麾下的第五十一師團送上萊城、第二十師團送上韋瓦克（Wewak）、馬當（Madang）方面，四十一師團也為了協助二十師團待命行動。

二月二十一日，在拉包爾的海軍東南方面部隊、第八方面軍等各司令部間，就稱為「八十一號作戰」的萊城方面運輸作戰，達成了陸海軍前線協議。

按照這項協議，二月二十八日從拉包爾出發，三月三日在萊城登陸的陸軍是第五十一師團（師團長中野英光中將）五個大隊（營）等六千九百十二人，火砲四十一門、輜重車八十九輛、燃料汽油兩千桶、彈藥一千兩百四十立方公尺、軍需品六千三百立方公尺等，物件約兩千五百噸，海軍也有包含第二十三防空隊在內的四百人登陸。

這些部隊和物資分乘陸軍運輸船七艘與海軍運輸艦野島號，三水戰司令官木村昌福少將（四十一期，二月十四日任命）率領七艘驅逐艦，擔任他們的護衛。

參加的驅逐艦如下：

荒潮、朝雲、時津風、白雪、浦波、雪風、朝潮、敷波。

在這當中，時津風搭載了登陸軍指揮官——第十八軍司令官安達二十三中將和他的司令部，三水戰旗艦白雪號上搭載著木村少將、雪風則有中野第五十一師團長坐鎮。

關於這場萊城運輸作戰，海軍方面當時來到拉包爾的ＧＦ戰務參謀渡邊安次中佐等人，都抱持著反對的態度。

之所以反對，是因為往布納、萊城方面的運輸沒有制空權，非常危險，運輸到西方的韋瓦克、馬當則比較安全。

但是第八方面軍司令部以「若是在馬當登陸，要建設從馬當到萊城的道路（四百公里）相當困難」為由，堅決主張要在萊城登陸。當時第八方面軍司令部評估，萊城運輸的成功率是百分之五十，但結果正如後述，招致了悲慘的失敗。

指揮護衛隊的三水戰司令官木村少將，雖然在二月十四日從舞鶴鎮守府警備隊司令官前往拉包爾就任，但當時因為赤痢症狀入院，沒能出席作戰會議，直到出擊當天的二月二十八日，才首次在白雪號上揚起將旗。

接著在二十八日晚上十一點三十分，運輸船團追在先行的護衛部隊後面，從宿命的拉包爾出擊。

航路是採通過新不列顛島北方的路徑，速度只有慢慢的九節。護衛部隊在船團前方兩千到六千公尺處展開並前進。

三月一日下午兩點，打頭陣的白雪號發現一艘潛艦，接著在兩點十五分，敵方巡邏機出現了。對方明天大概就會攻過來了吧！雪風的官兵都做好了覺悟。

這天在大西兵曹的日記中寫到，因為對後續船團的速度太慢感到焦躁不安，航海長世古口二郎大尉（商船學校出身）忍不住說：

「信號兵給我去問問船團：你們到底是在前進，還是在後退啊！」艦橋頓時湧現一陣爆笑聲。

巡邏機就在這之後出現了。

又，在這天晚上，上空被點亮了好幾發照明彈，船團和八艘驅逐艦全都在照明彈下無所遁形。明天，轟炸機終於會從摩士比港方面飛來吧！大西兵曹和夥伴這樣談論著。

三月二日早晨，船團正好抵達新不列顛島西端格洛斯特角東北方三十浬的外海。

上午七點二十分，B17、B24、P38合計四十架的編隊出現在上空，和護衛的三十三架零戰進入空戰。

突破零戰的防空網，三架B17在上午八點十六分於高度兩千公尺處展開轟炸。首先是位在左列前頭的旭盛丸中彈沉沒，接著愛洋丸、帝洋丸、建武丸各自遭受到極近距離的落彈，但仍能持續航行。

在旭盛丸船上的一千五百名陸軍，其中有九百一十八人被收容到朝雲和雪風上，雪風的甲板再度擠滿了人。

這天，朝雲和雪風為了指揮登陸作戰，搶先一步趕赴萊城，日落後進駐萊城，然後又折返，在第二天（三月三日）的凌晨三點三十分，和船團會合。

就在兩艦不在的期間，下午兩點二十分起約一小時間，船團遭受六架 B17 炸射。雖然掃射造成的損傷出乎意料的大，但沒有任何一艘船艦沉沒。

下午四點二十五分，船團在長島東方外海遭受八架 B17 轟炸，野島號遭到一顆極近距離落彈襲擊，造成十八人死傷。

接著，命運的三月三日到來了。讓我們首先來讀讀大西兵曹的日記。

三月三日　晴

破曉同時和運輸船團會合。

不久後敵方艦爆、艦攻的大編隊（其實是中型陸上攻擊機）出現。我們目不轉睛，盯著這支帶著轟鳴聲，從空中壓迫而來的大編隊。敵編隊一邊帶著閃爍光芒的機翼，一邊解散編隊，轉移到攻擊模式。

我方飛機雖然拚命應戰，但船團還是陸續中彈，火焰和黑煙無休無止地湧現，引發悽慘的誘爆。船體被炸飛起來，折成兩半，倒立著沒入海中。

沉沒船隻的將士因為傾斜往高處攀爬，卻骨碌碌地從半迴轉的船體上滑落，咕嚕咕嚕地落入海中。

從船尾跳入海中的人、爬上沉船桅杆上的人、從露出的紅色船腹牡蠣上滑落的人……我們在極近的距離，目睹了這副地獄般的光景。

海面上，因水柱、全速迴避的艦艇所激起的航跡，以及機槍掃射濺起的水花而翻湧沸騰，宛如沸水般劇烈翻騰。

航行在最後的小型運輸船（建武丸）被一顆直擊炸彈轟沉，一瞬間消失得無影無蹤。

我方驅逐艦也遭受嚴重損失，但船團更是遭到八艘沉沒的悲慘命運。

白雪、荒潮、朝潮、時津風都遭受損傷，或者無法航行，或者沉沒。

搭乘這些船艦的人員和剩下的陸軍，由四艘驅逐艦盡可能收容。

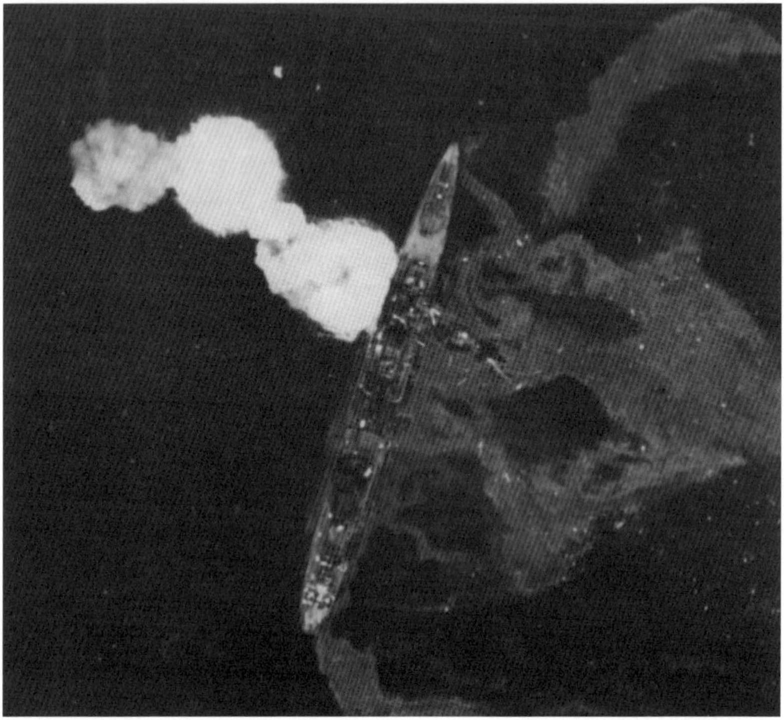

沉沒前夕的朝潮號——雪風的僚艦時津風，以及白雪、荒潮、朝潮與運輸船，都在丹皮爾海峽沉沒。

開戰以來的僚艦時津風號，在敵襲後不久（上午八點九分）受到轟炸、陷入無法航行的狀況，坐在船上的第十八軍安達中將等司令部與成員由雪風收容。

在這種情況下，雪風成了司令官與師團長專用的運輸船。

另一方面在夜晚，我們發現了無法航行的荒潮號，殘留人員一百七十人也由雪風收容。

從摩士比港起飛的美軍第五航空軍大編隊，在三日上午七點五十分左右，於克汀角（Cape Cretin，格洛斯特角〔Cape Gloucester〕南南西方九十浬）遙遠的南方現出身影。船團這時候正抵達格洛斯特角西方、丹皮爾海峽（Dampier Strait）南方，芬什港（Finschhafen，克汀角北方十五浬）的東方海域，距離目標的萊城泊地，還有一百浬。但是，美國空軍就在這最後的一百浬，抱持著一步也不讓敵軍前進的態度，用最新的轟炸法痛擊日軍。

那是稱為「Skip Bombing」的巧妙轟炸法，按照字面翻譯，就是「彈跳轟炸法」。最初看到這種做法的雪風齊藤航海士，聽到瞭望員報告說：「敵機把炸彈丟到海面上了！」忍不住露出疑惑的神情。

美軍在距離海面極近的低空（三十公尺左右），將五百磅（兩百二十五公斤）炸彈投下。炸彈在目標前方十公尺左右接觸到海面，然後像飛魚一樣跳起來，撞上運輸船的船腹爆炸開來。

——實在是巧妙的構思啊……齊藤不由得為之咋舌。

敵方使用的是A20浩劫式、B25米契爾式等中型轟炸機（合計三十二架），但以前都是從高度三千進行水平轟炸，所以命中精度相當低。在索羅門的Ke號作戰中，B17的高高度轟炸也幾乎都沒能命中。話雖如此，如果降低高度，又會因為零戰與對空砲火而受損嚴重。於是第五航空軍提出的，就是這種損傷很少、命中精度又極高的彈跳轟炸。

這種轟炸法對運輸船這類裝備機槍不多、難以對付低空接近飛機的船隻非常有效。按照這種方法，炸彈可以像魚雷一樣行動。這是一種結合魚雷攻擊技術的轟炸法，據說這場海戰是首次取得成效的實例，日軍之後也仿效了同樣的手法，在雷伊泰灣海戰前夕，菲律賓的零戰隊曾帶著兩百五十公斤炸彈進行彈跳轟炸，獲得不小戰果。

三日上午七點五十分出現的美軍中型轟炸機有三十七架，但到八點十分增加到七十架。二五三空、二〇四空、瑞鳳號的四十一架零戰展開迎擊，但在高度三千左右有二十架B17，在其上又有約五十架P38戰鬥機，所以零戰隊在高度六千等待，結果出乎意料讓中型轟炸機的低空彈跳轟炸開了後門。這不得不說美國第五航空軍的新戰法取得了成功。

零戰隊儘管處於不利的狀況，仍然報告擊落了多達二十四架飛機，但海上剩下的七艘運輸船，以及以旗艦白雪號為首的四艘驅逐艦都遭擊沉。在擊沉的名單中，也有雪風開戰以來的僚艦時津風號，這是第十六驅逐隊首次失去艦艇。

船團的成員與受損狀況如下：

船團的航向大致朝西南方，從前面開始，右側是帝洋丸、愛洋丸、神愛丸，左側是大井川丸、太明丸、野島號、建武丸。前方警戒從右邊起是白雪號、敷波號，船團右側（西北）是浦波號、朝潮號、朝雲號，左側是時津風號、荒潮號和雪風。

敵方從上午七點五十分開始攻擊，首先就像大西兵曹所目擊的，八點三分，左側最末端的建武丸被三顆炸彈擊中，直接轟沉。

同時，野島號的鍋爐室、輪機室中彈引發火災、失去航行能力並與荒潮號相撞，中午十二點三十分全員撤離，在下午一點的第二波攻擊（約四十架）中沉沒。

上午八點五分，愛洋丸中了六顆炸彈（其中兩顆是跳彈，也就是彈跳轟炸的炸彈），在上午十一點三十分沉沒。

上午八點六分，太明丸中了四彈，輪機停止、燃起大火，在下午四點三十分沉沒。

同時，帝洋丸也中了四枚炸彈（其中兩顆是跳彈），極近距離落彈十一顆，浸水、火災，下午五點三十分沉沒。

大約同時，大井川丸被命中八枚炸彈（其中兩顆是跳彈），主機停止、漂流中，遭到兩艘敵魚雷艇（從布納基地前來的？）攻擊，三日晚上十點二十分，沉沒。

上午八點十分，旗艦白雪號在三號砲塔下方中了一枚魚雷（其實是跳彈。各艦艇報告中的「魚雷」，全部都是跳彈。魚雷若是在近距離發射，會因為距離不足以調整深度而潛入艦底，所以這些可以都認定為跳彈），彈藥庫爆炸、艦艉切斷沉沒。剩下來的前半段也在上午九點五分沉沒。坐在上面的三水戰司令官（護衛部隊指揮官）木村少將以下的官兵，被敷波號收容。

同時，荒潮號的艦橋與二號砲塔中彈，船舵故障後一路向右轉，撞上野島號左舷，艦艏重創、無法航行，大部分官兵轉移到朝潮號上。

之後在留守人員努力下勉強以微速航行，但在午後的第三次轟炸中傾斜達三十度，於是留守人員轉移到雪風。荒潮號之後仍持續漂流，在第二天（四日）破曉時分，被B17投下的一枚五百磅炸彈命中一號煙囪，裂成兩段沉沒。

同時，時津風號在彈跳轟炸下，輪機室浸水、無法航行，坐在艦上的第十八軍司令官（登陸軍指揮官）以下的陸軍與海軍官兵由雪風收容。因此，雪風的艦內和甲板，擠得水洩不通，幾乎無處落腳。

時津風號在第二天早上，根據二五三空飛機的偵察，得知仍在克汀角東南五十浬處漂流，於是為了避免落入敵手，九架艦爆在十四架艦爆掩護下對她展開轟炸，但連一枚都沒有命中。

僚艦時津風號最後的下場如何，長久以來一直是雪風官兵心中的懸念。根據美軍的資料，她是在四日午後，被中型機的彈跳轟炸所擊沉。

接著，第八驅逐隊司令佐藤康夫大佐搭乘的朝潮號，也在這場戰役中沉沒。

朝潮號在第一次轟炸中損害輕微。

因為白雪號的沉沒，在上午九點三十分轉移到敷波號的木村護衛部隊指揮官，在上午十點三十五分接獲情報，指出又有二十四架敵機朝這邊過來（發信者不明），於是下令道：

「中止救助作業，在長島（萊城北方九十浬）北方海域集結。」

於是，敷波、浦波、朝雲、雪風四艘艦艇北上退避。

但人在朝潮號艦橋的佐藤大佐發出信號說：「我和野島號艦長有約定，救援完野島號就退避！」然後便對著和荒潮號衝撞、正在漂流中的野島號前進。佐藤大佐（四十四期）和野島號艦長松本龜太郎大佐（四十五期），是相差一期的老朋友。

在從拉包爾出擊前，野島號的艦長說：「這次作戰非常危險，速度緩慢的野島號，一定會成為美國空軍手下的犧牲品。到時候就請你把我的遺骨撿回去吧！」但佐藤大佐則堅定地承諾：「別說這種話，我的朝潮號會全力護衛你，絕不會見死不救。我一定會救起野島號官兵的！」

就這樣，在好幾艘運輸船熊熊燃燒、惡魔般的丹皮爾海峽中，朝潮號單槍匹馬，勇敢地靠近野島號，在下午十二點三十分救助了野島號與僚艦荒潮號等受災艦官兵，然後緊追在四艘軍艦後面往北方退去。

但是為時已晚，下午一點十五分，四十架敵機二度來襲，朝潮號很遺憾地遭到集中攻擊，幾分鐘之內就沉沒了。

這時，朝潮號的艦長吉井五郎中佐與荒潮號的艦長久保木英雄中佐都戰死，但佐藤大佐還在該艦的前甲板上倖存。他拒絕了部下的勸說，從容地和朝潮號共存亡。

佐藤康夫大佐當然是出身純正的驅逐艦軍官。他先是擔任第五驅司令、一九四一年四月十日擔任第九驅司令、一九四三年二月十五日成為第八驅司令。在索羅門方面作戰中，他經常從事困難的東南方面作戰，堅實的統御指揮能力，廣為海軍上下所認可。

佐藤大佐的壯烈犧牲，就像在惡魔的丹皮爾海峽中綻放的一束清香菊花般，讓全體海軍深深感動。

因此，海軍給予佐藤大佐功績過人的褒揚狀，並在三月三日將他追晉兩級，成為中將。

另一方面，北上的雪風等四艘軍艦在下午三點抵達長島（Long Island）北方海域，接受從卡維恩火速來援的初雪號進行燃料補給，接著將收容中的兩千七百多名遭難者裝上初雪、浦波，讓他們先回到拉包爾。剩下的雪風、敷波、朝雲，則是在日落後再次奔赴丹皮爾海峽南方海域，救出漂流中的生存者。

日落同時，這三艘軍艦沿著丹皮爾海峽以西、溫博伊島（Umboi Island）與芬什港之間的勇士號海峽（Vitiaz Strait）南下，抵達白天的戰場進行搜索，但因為暗夜與潮流無法如願以償，只有雪風勉強救出了荒潮號的一百七十名留守人員而已。

雪風等三艘軍艦在新愛爾蘭島北端的卡維恩（Kavieng）補給燃料後，在五日上午六點二十分，回到了拉包爾。

在這之前，在長島北方海域、接受初雪號補給燃料的時候，在雪風上的第十八軍司令部參謀來到敷波號上，向木村三水戰司令官提出以下請求：

「陸軍無論如何都堅持對萊城的補給作戰，所以希望能讓各艦上的殘存部隊在芬什港登陸。」

但三水戰司令部基於以下理由，對陸軍參謀進行勸說：

一、收容的陸軍部隊已經喪失了兵器、彈藥、糧食，就算登陸也很難構成戰力。

二、美國空軍基地摩士比港距離芬什港只有一百八十浬，中型轟炸機過來只要一小時左右，登陸前有遭到轟炸的危險。敵方類似魚雷的跳彈精準度非常高，沒有相當數量的零戰掩護，登陸作業會很困難。（拉包爾和芬什港間相距三百浬，零戰單程要花上兩小時）

結果，第八方面軍司令部和海軍方面在拉包爾達成協議，決定中止「八十一號作戰」，第十八軍司令部自安達中將以下，搭乘初雪號返回了拉包爾。

就這樣，三月三日是日本的女兒節，但對運輸船部隊和驅逐艦部隊，卻成了怨恨深重的悲傷之日。

讓我們來看看大西兵曹的日記。

三月四日　晴

黎明後馳往昨天最初被轟炸的海域附近。左側後方可以看到長島。昨天的轟炸導致船團七艘全滅、驅逐艦四艘喪失的悲慘結果。

因此我們放棄了在萊城登陸，雪風、敷波、朝雲三艘軍艦為了返回拉包爾，在一七〇〇左右駛進了卡維恩。這裡有青葉、川內碇泊。

這是第二次進入卡維恩，但以如此悽慘的慘敗之姿入港，則是全然意想不到的。

本日的電報中說，我方一艘驅逐艦（時津風）正持續右傾漂流中。又，在昨天的丹皮爾海峽南方，東西二十公里、南北七十公里的海域，據說還有約千名的漂流者。

報告說，已經派遣潛艦和萊城的大發去救助其中部分人員，由衷祈求全體人員都能獲救。

雪風作為幸運生還的驅逐艦，理應盡可能救助在海上漂流的人，但白天讓艦艇長時間停留在一處，非常危險，會成為潛艦的完美目標。

所以儘管對我們來說很難忍受，但還是只能從戰場退避。不過，得知有人伸出援手，還是讓人鬆了一口氣。

三月五日　晴

〇六三〇左右，駛入拉包爾。

五天前八艘驅逐艦護衛著八艘運輸船勇敢出港，回來的卻只剩滿身創傷、疲憊困頓的四艘驅逐艦。我心中充滿了悲傷與遺憾，就連看慣的花吹山[1]，似乎也在垂首不語。今後也必須在制空權不甚完全的海域，進行困難的補給作戰吧！

將陸軍和荒潮號、時津風號的官兵轉移到醫院船和警備隊，艦內進行大消毒、大掃除。

根據夜間的密碼電報，科隆班加拉島基地遭到了敵方艦砲射擊。二月上旬從瓜島撤退以後，敵方似乎瞄準了拉包爾持續北上。

三月六日　晴

上午和工作船山彥丸側舷相接，進行受創部分的修理。

全體洗過衣服之後，午後久違地在工作船上入浴。這個時候，故鄉志摩半島一帶的海域，應該也迎來春天了吧！讓人懷念不已。

明天要往科隆班加拉島進行運輸，為了搭載物資與裝配魚雷的作戰用彈頭，一路持續作業到深夜。

從本艦轉任到拉包爾防空隊的吉村兵曹前來造訪。

昨晚，往科隆班加拉基地方面進行運輸的驅逐艦村雨、峯雲，和敵艦隊交戰沉沒。明天由雪風、朝雲、浦波、磯波、長月五艘，分頭搭載彈藥與陸戰隊人員，在預想會有敵方反擊的情況下往科隆班加拉進行運輸。菅間艦長集結了全體官兵，向大家叮嚀要注意的各種事項。

美軍將這場「八十一號作戰」稱為「俾斯麥海海戰」（Battle of Bismarck Sea），因為一舉殲滅了日本的運輸船團與驅逐艦，所以大肆報導。但是，日本的大本營幾乎完全沒讓國民得知此事。

1 譯註：位於拉包爾附近的一座火山，現稱塔烏魯（Tavurvur）。

當時筆者正在九州的鹿兒島作為飛鷹號人員，進行出擊前的訓練。我確實有聽到「瓜島轉進」的新聞，但對新幾內亞東部外海發生的這起慘劇，卻是一無所聞。

成為俘虜之後[2]，我看到對方拿來的《生活雜誌》上附有照片的報導，從而得知美軍的「戰果」，但歷經許久還是無法全盤相信。

又，美軍稱呼的「俾斯麥海海戰」，其實不太適切。在船團中確實有旭盛丸在三月二日沉沒於俾斯麥海西方，但其他七艘運輸船與四艘驅逐艦，都是在丹皮爾海峽南方海域沉沒，所以應該稱之為「丹皮爾海峽海戰」才對。

和Ke號作戰相反，「八十一號作戰」以慘敗告終。

說到底，在沒有制空權的海域進行白晝強行突破，本來就是毫無道理的作戰。三水戰司令部從一開始就沒有自信，該隊的參謀半田仁貴知少佐，對負責這場作戰的第八艦隊首席參謀神重德大佐請求說：

「強行進行這場作戰的話，恐怕會遭到敵方空軍全滅，還是中止比較好吧？」

神參謀人如其名，是位「神靈附體」般的狂熱精神主義者，他因為身為第一次索羅門海戰（一九四二年八月八日）帶領第八艦隊獲得壓倒性勝利的核心人物，所以充滿自負。據說這時他聽了半仁田的話後，放言說：

「不管結果會變成怎樣，命令就是命令。你們就做好全滅的覺悟吧！」

神參謀似乎是位熱愛廝殺的人物，第二年塞班島戰役的時候他也提出方案，要用戰艦載著陸戰隊衝進去。一九四五年四月大和號等軍艦的水上特攻，據說也是時任ＧＦ首席參謀的神大佐強力在推進。

我聽雪風的齊藤航海士說，拖著一身疲憊回到拉包爾的四艘軍艦之一的朝雲號，艦長岩橋透中佐當初曾衝進八艦隊司令部，對著參謀大聲怒吼說：

「策劃這種魯莽的作戰，最終會導致日本民族滅亡。請你們好好考慮清楚再做！」

2 譯註：作者在一九四三年於索羅門群島一帶，因為座機被擊落而成為美軍俘虜。

即使如此，雪風仍持續前行
——跨過僚艦的屍體

在惡魔般的丹皮爾海峽之戰中依舊毫髮無傷倖存下來的雪風，在三月七日早上從拉包爾出發，和熟悉的朝雲、長月、浦波、敷波一起往肖特蘭駛去，並在晚上十點十分抵達科隆班加拉，將一個步兵中隊（連）、彈藥糧食兩百七十噸等運上該地。

這次沒有腳程遲鈍的運輸船、又是晚上靠岸，所以並未受到損傷。

之後雪風在三月十三日也和朝雲、長月一起，對科隆班加拉進行運輸。

這時候十六驅能夠平安無事行動的，就只有雪風一艘。天津風號在第三次索羅門海戰中受損，返回內地修理，在二月才終於回到吐魯克。初風號在這年（一九四三年）一月十日，在索羅門海遭到魚雷艇雷擊重創，為了修理暫時歸國，到八月二十三日返回吐魯克。至於時津風號則如前述，在丹皮爾海峽沉沒。

武運昌隆的雪風依舊彷彿忘我一般，在一片漆黑中埋首從事運輸作戰。三月十六日到十七日，雪風擔任從拉包爾移動到卡維恩的三水戰旗艦川內號的護衛。二十六日到二十九日，擔任船團護衛。

邁入四月後，二日，雪風和天霧、望月一起，將兩百名兵員、彈藥、糧食等兩百五十噸物資，送上聖伊莎貝爾島的瑞卡塔（Rekata）基地。十日，雪風和五月雨號協助十驅（夕雲、秋雲），將兩百五十名陸軍、彈藥糧食七十噸等，運往充滿痛苦回憶的芬什港。

但是因為又一次受到美軍飛機的干擾、無法南下丹皮爾海峽，所以只能姑且在靠近格洛斯特角的吐魯布（Tuluvu）靠岸，然後就踏上歸途。

對芬什港的運輸，在七月又由二十二驅逐隊的皐月、水無月、長月、文月進行，但果然又受到美軍飛機的干擾，不得不在吐魯布靠岸。這時候，文月號遭到一顆極近距離炸彈襲擊，鍋爐室浸水，中途撤回卡維恩。

十二日，從吐魯克出發的僚艦天津風號和谷風號一起，護衛著六艘運輸船，進駐新幾內亞北部的漢薩灣（Hansa Bay，馬當與韋瓦克的中間）。

十三日，雪風和五月雨裝載著五百名陸軍、彈藥、糧食五十四噸等，再次奔赴芬什港，但這次又被美軍飛機阻撓，只能在吐魯布靠岸。

這一連串的運輸行動都和「伊號作戰」（い号作戦）有關，筆者在此就簡單介紹這場對我而言，堪稱命運轉捩點的作戰。

一、目的

「伊號作戰」的目的，是以空母航空兵力全力駛向拉包爾方面，配合基地航空兵力，擊潰索羅門、新幾內亞方面的敵艦艇與航空兵力，以防止敵方的反攻。

有一說是山本五十六長官曾和近衛前總理約定好，「半年到一年間，海軍一定會轟轟烈烈大幹一場」，但已經過了一年，海軍卻完全沒有打出一場足夠決定性、能迫使美國談和的關鍵戰役，因此才要趁這時候給予敵人一次足夠威脅性的痛擊，從而掌握和平的轉機。但出乎意料的是，這場作戰的規模並不大。

戰後在美國評論家當中有一種說法認為，山本將軍因為索羅門的戰局極度不利，完全看不到勝利的可能，所以為了尋求葬身之所，才嘗試一次自殺性的攻擊。

但，山本並不是這種膽怯又不理性的人物。

閱覽山本戰死後的四月二十八日，宇垣參謀長在吐魯克所寫下的見聞，我們可以知道這是基於八十一號作戰失敗後的士氣沮喪，由GF長官身先士卒指揮來鼓舞激勵前線，並配合第三艦隊的航空兵力摧毀美軍基地，是一種精神主義、儀式性的作戰。

二、使用兵力

▽機動部隊：一航戰只有瑞鶴、瑞鳳。二航戰隼鷹、飛鷹（合計零戰九十架、艦爆五十四架）

▽基地航空部隊：二十一航戰、二十六航戰（零戰九十架、陸攻四十五架、艦爆二十架）

三、攻擊目標：瓜島、新幾內亞東部

四、時間：四月七日至十三日

就這樣，日軍對瓜島、新幾內亞東部的米爾恩灣（Milne Bay）、奧羅灣（Oro Bay）、摩士比港等地展開攻擊，但因為美軍戰鬥機的反擊甚強，所以並未能獲得預期的成果。

大西喬兵曹，以雪風水雷科員身分走過無數生死存亡關頭。

據美軍的發表指出，在這場作戰中，他們只喪失了一艘驅逐艦、一艘運油船、一艘掃雷艇，還有兩艘運輸船、二十五架飛機，比日軍報告的戰果（大型運輸船六艘、中型九艘、小型三艘，巡洋艦一艘、大型驅逐艦兩艘，合計擊沉二十一艘）要少得多。

另一方面在這場作戰中，日本的飛行部隊損失了十八架艦戰、十六架艦爆、九架陸攻。其中四月七日對瓜島的攻擊，有五架艦爆沒有返航，第三攻擊隊（隼鷹、瑞鳳）表列上記載了「一架飛機自爆」，但其實那是我的座機。我的飛機因為引擎壞掉在海上迫降，歷經一星期漂流後，遭到美軍俘虜。

接著在「伊號作戰」結束後的四月十八日，前往巴拉萊（Balalae）、布因、肖特蘭方面進行前線視察的山本長官座機，因為密碼被破解，遭到十六架P38埋伏。同日上午八點四十五方左右墜落在布干維爾島（Bougainville Island）的叢林中，長官也在座機上戰死。

四月二十七日，第十六驅逐隊司令改由島居威美大佐（四十七期）擔任。

或許是因為索羅門方面戰線始終陷於膠著之故，五月上旬，美軍在阿留申群島的阿圖島登陸。這也許是為了將日本軍的注意力引向北方，然後在南方這條主要戰線上策劃行動、向前邁進一步的作戰計畫。

雪風護衛瑞鶴號等一航戰艦艇往內地前進，在五月七日進入東京灣。但在這個月的二十九日阿圖島便失陷，所以日本艦隊終究沒有掌握住決戰的機會。

六月一日，雪風久違地回到令人懷念的母港吳，官兵們也都登岸，洗去長期征戰的汗水，在鋪著青色榻榻米的房間裡放鬆身心。

進入船塢的雪風，在艦橋前部與第二煙囪兩側等處，增設了二十五公厘機砲。這是出於在索羅門的老鼠輸送與惡魔丹皮爾海峽等地，和美國航空部隊苦戰的教訓所致。

不久後，新改裝後的雪風在六月十六日，再次往吐魯克出擊。這次她是護衛三戰隊的金剛、榛名，七戰隊的熊野、鈴谷，進行第N次的航渡太平洋。

儘管如此，官兵心中普遍懷抱著強烈的預感，認為等在前面的將是更加艱困的作戰。去年底在水雷學校以學生身分接受講習的齊藤中尉，這次以水雷長之姿等待發動魚雷攻擊的機會。在第一聯裝管負責魚雷發射的大西兵曹，也抱持同樣的心思。

六月二十二日，雪風抵達吐魯克島。

二十三日起，他們便火速展開往諾魯島（吐魯克東南東方一千九百公里）的長距離運輸作戰。海軍還是老樣子，毫不留情地壓榨人力。

二十九日，雪風返抵吐魯克，接著又護衛鳥海號，從吐魯克前往拉包爾。

讓我們再次來看看大西兵曹的日記。

六月三十日　晴

我們結束了諾魯島運輸作戰，碇泊在吐魯克島錨地。吐魯克今天也是晴朗的好天氣，灼熱的熱帶太陽落在上甲板，清楚照映出人的影子。

今天因為輪到我值第一輪暗號班，所以我火速趕到密碼室。（大西兵曹也兼任密碼解譯員）因為碇泊中沒有風吹進來，所以室內既悶又熱。

從隔壁的電信室中，一直有人面無表情地把一份又一份電文紙丟過來。

透過舷窗見到的海閃閃發亮，在強烈的太陽光反射下，讓人為之目眩。

我按下桌子前的電風扇開關，一邊用手帕擦汗一邊靠在椅子上。遠方在光線之中，朦朧浮現出空母隼鷹號的身影。

傳來的電報有很多都是作戰緊急電報，所以必須火速解碼。

因為用滿是汗水的手翻閱密碼冊會導致紙張溶化（為了防諜，密碼冊都做成丟到海中就可以溶解），所以我必須不停地擦拭汗水。

敵人從蒙達（Munda）和科隆班加拉方面大舉來襲，在艦砲射擊掩護下，運輸船陸陸續續展開登陸。（三十日凌晨三點，美軍在新幾內亞島北岸萊城附近的拿騷灣〔Nassau Bay〕海岸展開登陸，同日五點三十五分，在新喬治亞島南方的倫多瓦島〔Rendova〕開始登陸）。

在這裡我們接獲命令，將濱風號也編入外南洋部隊，重巡鳥海號、驅逐艦雪風、谷風、江風、涼風（以上六艘屬於前進部隊）補給完重油後，立刻（上午九點五分）前往拉包爾。（上面說的濱風號在六月三十日，被編入東南方面部隊。〔包含外南洋部隊與基地航空部隊，指揮官為東南方面艦隊司令官草鹿任一中將〕其他五艘也在同日，接受東南方面部隊指揮官的指揮）

雖然第五、第六空襲部隊的戰果尚未判明，但今晚十一、十二、三十一驅逐隊要進行夜襲，所以應該是可以期待戰果。

雪風在表定時間與隼鷹號接舷，接受燃料補給。

一七〇〇，我們離開吐魯克，往拉包爾前進。停泊船艦的官兵，頻頻向我們揮舞帽子。原本預定明天可以登岸，稍稍有些遺憾。

七月一日　晴

海上平穩。進行例行的訓練，整天展開整備作業。

在艦艏波浪中驟然飛起的飛魚，悠然噴吐水柱的海豚群，沉穩寧靜到讓人感覺不出戰場就在附近。

雖然開戰以來，我們已經歷經了多次的攻略戰、海戰與運輸作戰，但這次的作戰又會如何呢？無論如何實在很想死得其所哪！

昨晚我方驅逐艦的夜襲，因為天候不佳，似乎沒能遇到敵人。

密碼室還是一樣酷熱，所以我把衣服脫得一件不剩。得知在倫多瓦島、蒙達都有相當數量的敵人登陸。

我方航空部隊也攻擊這些敵人，報告說擊沉一艘輕巡、一艘驅逐艦、重創三艘驅逐艦，七艘運輸船。（第五空襲部隊的報告）

一旦進入拉包爾，應該會立刻補給，然後動身出擊吧！我們全都摩拳擦掌，都希望能順利遭遇敵艦並將其徹底擊潰。

這是艦隊之間自去年秋季第三次索羅門海戰以來，睽違已久的交戰，因此大家都等不及一顯身手。

即使如此，我們還是希望頭上的飛機能多一點。畢竟就算有再優秀的船艦，遭到飛機襲擊，最後還是會歸於泡影。

每晚各基地都會報告明天可以使用的機數，但數量日少、損失機數日增，讓人不禁感覺前途黯淡無光。不過，這種事只有軍官和密碼員知道而已。

海上微微開始湧起了浪。在黑暗的海上，按照鳥海、雪風、谷風、江風、涼風……的順序，我們一邊進行嚴密的對潛警戒，一邊朝拉包爾前進，軍容壯盛地南下。被前方軍艦航跡掀起的波浪間，有夜光蟲散發青白色的亮光。

七月二日　晴

海平線上，可以用肉眼辨識出聳立在海上、紫色的新不列顛島。令人懷念不已。我又回來了！有一種鬥志昂揚的心情。谷風、江風決定奔赴布卡島（Buka Island）。

不久後，我們就進入了熟悉的拉包爾港。

右邊是噴吐著煙的花吹山，左邊是宛若月世界般純白的西吹山，南邊是椰子林不斷延伸的科可波海灘（Kokopo Beach）……

在靠近花吹山的拉庫乃東機場（Lakunai Airfield 拉包爾航空隊），忙著起降的飛機掀起煙塵滿天，好一副活力充沛的前線基地模樣。

一二二〇，我們在辛普森灣（Simpson Harbour）內投錨，並擦拭外舷的油汙，雪風整個變得光采動人起來。

接著是把不要的物品搬上陸地。因為接下來一定是場危險的作戰，官兵們都很緊張。這次說不定就是業力引爆的時候了！……儘管相信雪風的運氣，但大家心裡還是有這樣的不安。

根據電報，「一〇三〇左右，陸軍飛機——重爆十九架、一式戰鬥機（隼）二十五架、三式戰鬥機（飛燕）六架，對倫多瓦展開猛烈轟炸」。向官兵們傳達這個訊息後，大家的情緒都跟著開朗起來。（這天是陸海空軍聯合攻擊，上午十一點二十分，二十九架零戰配合陸軍的十八架九七式重爆、二十架一式戰、三架二式戰〔鍾馗〕，摧毀倫多瓦島的美軍登陸點，獲得相當的戰果）

開始早課的時候通過本艦上空的大編隊，應該就是這支攻擊隊吧！好消息讓艦隊整個歡騰起來。接著又傳來「倫多瓦島整個被黑煙籠罩」的報告。

（本日〇七三五，設置在倫多瓦島上的美軍重砲，開始對我軍的蒙達機場進行距離一萬公尺的射擊）

今晚應該會有四艘驅逐艦，在夕張號艦長的指揮下對倫多瓦泊地展開攻擊。這時候他們或許已經駛出布卡島基地了吧！

今晚艦內的販賣部久違地開放，也允許播放音樂。

夜間值班的時候，傳來敵我雙方艦艇交戰中的報告。終於要開始了。

〇二〇〇左右遭到敵方空襲，不過沒有受損。

七月三日　晴

早上得知敵我雙方艦艇的交戰，最後只擊沉了兩艘魚雷艇。雖然有點失落，不過既然重要目標沒受損，那就等於是把好康的留給我們了。

十一驅逐隊、二十二驅逐隊（缺水無月、文月），新月、秋風、夕張等，於是在燃料補給點布卡島待命。

雪風也待命出擊，但午後獲准休息、放音樂，唱片的流行歌聲在艦內飄揚。

另外，我們也獲得了戰時加給，有兩罐啤酒、毛巾、肥皂、餅乾等物資配給。這些都是從每人兩圓五十一錢中撥付出來的。

喝到久違的啤酒，心情暢快不已，入浴後大家熱鬧地圍著菸草盆抽菸。今天雲層厚重，因此沒有空襲。

七月四日　晴

因為不知何時要出擊，所以本日也在艦內待命。也有官兵因此發牢騷說：「就算短時間也好，好歹讓我們上個岸嘛……」

今天我方航空部隊空襲了新幾內亞東部以及倫多瓦島，似乎獲得了些許戰果。（中午，海軍出動四十九架零戰，陸軍出動十七架重爆、十七架一式戰，對倫多瓦港展開攻擊，雖然擊沉了五艘運輸船，但有八架重爆、三架一式戰未歸，還因為重爆的損失太大以及新幾內亞的戰況，所以陸軍不再攻擊倫多瓦，轉而專心攻擊新幾內亞）

津輕號為了運輸啟航駛向布因，午後涼風號也出航，大家目送他們離開。

濱風號、谷風號似乎要護衛鳴戶號進入港灣。

終於決定明天要往布因進行運輸了。

午後進行休養，把精氣神好好養足。

配給了好一陣子沒拿到的慰問袋，但只有袋子大，裡面的東西一點都不大，不過已經相當謝天謝地了。

因為最近可以寄信，所以我趁著夜晚天涼之際，寫了五六封信給老家的父母等人。雖然總是打算寫遺書，但因為寫了好幾遍最後都沒死，所以就僅止於近況報告了。這次也是一如平常，沒什麼變化。

晚上一個人到甲板上散步。海面一片靜寂，港內瀰漫著不安的氛圍。拉包爾鎮上完全看不見燈火，只有從叢林中突然傳來，劃破寂靜的高亢鳥鳴聲。

我不禁思念起正在遠方倫多瓦與蒙達作戰的戰友。

七月五日　晴

〇二〇〇，為了迎接從布因回來，在濱風號、谷風號護衛下進入拉包爾的鳴戶號，雪風在深夜出港。

昨晚似乎有三艘敵巡洋艦，對科隆班加拉島的我方陣地展開砲擊。在同方面作戰中的我方驅逐艦也展開攻擊，但戰果不明。

（二十二驅的四艘驅逐艦〔皐月、水無月、長月、文月〕在四日晚上，往科隆班加拉島東方的庫拉灣〔Kula Gulf〕進行運輸，但和對地砲擊中的敵艦隊——四艘驅逐艦、四艘巡洋艦交戰，最後只能放棄把物資運上岸，踏上歸途）

雪風在一二〇〇回到拉包爾。

為了將十一航空戰隊司令部（司令官城島高次少將）的一百五十名人員送往布因，我們不只搭載了物資，還拖曳了一艘大發，作業進行得很緩慢。

傍晚，我們和鳥海、夕暮一起前往布因。
明天似乎要開始進行徹底反擊了。
夜晚傳來敵我驅逐艦交戰的報告。
天霧號和數艘敵方巡洋艦交戰，戰果不明，但該艦也受到相當損傷，不過卻傳來航行無礙的報告。
地面砲擊也報告說擊沉了三艘敵方巡洋艦，但是否為我方艦艇砲擊下的戰果，則不清楚。

在這之後爆發了庫拉灣夜戰。
增援部隊指揮官（三水戰司令官秋山輝男少將）搭乘新月號，指揮支援隊（除了新月號以外的兩艘驅逐艦）、第一波運輸隊（三艘驅逐艦）、第二波運輸隊（四艘驅逐艦）往科隆班加拉島前進。
晚上十一點，秋山部隊在庫拉灣遭遇到敵方巡洋艦、驅逐艦大部隊，第一波、第二波運輸隊有部分成功將物資運上岸，並報告擊沉兩艘敵方巡洋艦，但我方的新月號也沉沒，自秋山司令官以下的司令部全滅，長月號觸礁重創，另外還有四艘驅逐艦受到中度創傷或輕傷。

使用兵力如下所述：

▽支援隊　新月、二十四驅（涼風、谷風）

▽第一波運輸隊　三十驅（望月、三日月）、濱風

▽第二波運輸隊　十一驅（天霧、初雪）、二十二驅（長月、皐月）

▽美軍方面　三艘巡洋艦、四艘驅逐艦

晚上十一點五十六分開戰，新月號中彈，在六日午夜零點六分船舵故障燃起大火，之後便斷絕音訊，被認定為沉沒。

零點十八分，初雪號中了兩發不發彈。

零點四十六分，長月號觸礁。

凌晨三點三十三分，天霧號遭到砲擊。

凌晨三點三十六分，天霧號發射魚雷，有兩枚命中敵方巡洋艦，之後長月號因為面臨日間轟炸，不得不予以放棄。

美方資料表示，有一艘輕巡洋艦沉沒。

順道一提，參加這場海戰的天霧號（艦長花見弘平少佐），撞上了後來成為美國總統的甘迺迪中尉的魚雷艇（PT-109），導致甘迺迪等人在海上漂流。

七月六日　晴

判明戰果後得知，昨晚的交戰擊沉一艘巡洋艦、重創一艘。

另一方面，長月號在科隆班加拉附近的暗礁地帶觸礁，新月號在傑克哈伯角（Jack Harbor Cape）附近航行中，右舷推進器破損。

長月號在無法脫離礁石的情況下，遭到了敵機的日間轟炸。

科隆班加拉島依然遭到倫多瓦島上六十門重砲的猛烈射擊，海岸陣地平均每一平方公尺，就會落下兩發砲彈。

一二三〇，我們進駐布因。我方驅逐艦有七、八艘碇泊在那裡。我們得知在昨晚的戰鬥中，天霧號遭到了嚴重損傷。這次可能就會輪到我們變成那樣了——我們不禁產生了這種全新的覺悟。

將人員和物資運上岸後，我們清洗了甲板。

SNB司令官在雪風號上揚起將旗。今天起，本艦就是旗艦了。（關於這點有疑問，詳後述）

傍晚，大編隊的飛機前來轟炸。布因機場附近，不停冒出猛烈的火焰與爆炸硝煙。

我方艦艇與地面的對空砲火極為熾烈，但還是有兩個地方燃起熊熊烈焰，引發了火災。二十分鐘後火勢撲滅。

為了提防半夜轟炸，我們進行了轉錨退避。

（關於SNB司令官在雪風升起將旗這件事，其實頗有疑問。

首先是SNB這支部隊，在公刊戰史《東南方面海軍作戰3：瓜島撤退後》中，查不到它的名號。如果是SiB的話，那是支援部隊，但一九四三年七月，並沒有稱為「支援部隊」的單位存在。一九四二年秋天，前進部隊與機動部隊合稱為支援部隊，由第二艦隊司令長官近藤信竹中將〔坐鎮愛宕號〕指揮。

我也詢問了曾任第八艦隊機關參謀的中村威中佐、水雷參謀兼戰務參謀的杉田敏三中佐，他們都沒有鮫島中將與司令部曾搭乘雪風、升上將旗的記憶。

在中村先生的記憶中，第八艦隊司令部在七月上旬搭乘飛機轉到布因，在第一根據地隊司令部指揮所升將旗，此後直到終戰為止都在布因。

又，根據《公刊戰史》，七月六日，東南方面艦隊〔NTF，司令長官草鹿任一中將〕司令部曾轉移到布因，並升上將旗，但這面將旗怎麼想，也不可能出現在雪風上。但當時在艦上的大西兵曹這樣記載歷歷，一定發生了什麼，因此我再去詢問曾任八艦隊參謀的池上嚴中佐〔時任〕。最後池上先生告訴我說：「當時八艦隊的旗艦是鳥海號，七月六日以後雖然來到布因地面，但因為鳥海號一時要返回拉包爾，所以基於維持艦隊門面，才在短期間內於雪風升起將旗，但是鮫島中將以下的司令部成員，事實上並未轉移到雪風上。」）

接著在七月七日發布命令，由金剛號艦長伊集院松治大佐代替秋山司令官為三水戰司令官，並在十日就任。

七月七日　晴

昨天一整天在布因錨地碇泊。上午進行戰鬥部署訓練，後半完成魚雷的測壓。我們是擁有致命必中的必殺兵器九三式氧氣魚雷，問題在於對手是誰。如果是艦艇的話，那當然自信滿滿，但如果是飛機，那可就派不上用場了。

一四〇〇起在密碼室值班。

今晚也遭到敵人的長時間轟炸。本艦附近發生了三、四起大爆炸，但那或許是敵方飛機在投射水雷也說不定。這樣的話就太危險了，不能輕舉妄動。

〇二〇〇因為值班的緣故，早早就上床睡覺。

七月八日　晴　不時有暴雨

〇七〇〇，因為島居司令和菅間艦長要到司令部集合，所以前往到第一泊地。

考慮到敵方水雷，我們在水深四十公尺的地方航行。如果是磁性水雷，當船隻通過鋪設在海底的水雷上方時，就會通電引發大爆炸。

一聽說「發現了漂流水雷」，我們立刻準備機槍要解決，但結果只是浮標而已。

傍晚，決定出擊。雪風和夕暮號擔任警戒艦，其他的夕凪、三日月、皐月、松風則擔任運輸艦。到了明天，鳥海、川內、濱風、谷風應該也會進入布因港。

今天一條大魚咬餌，力氣之大，竟將釣具弄斷了。如果釣到那隻大魚，毫無疑問可以獲得艦長獎，實在太遺憾了。

到了傍晚得知，出擊要延期到明天，估計又可以多活一天了。

夜間，敵人又來大空襲，本艦退避到島嶼的陰影地帶。

前幾天推進器損傷的新月號，就這樣載著司令官斷絕了音訊。要是這種事發生在自己身上……實在不敢想像。

七月九日　晴後陰

吃過早飯後，全體洗衣。轉錨到第一泊地。

決定當運輸艦使用的三日月、皐月、松風、夕凪上，滿滿搭載了陸軍和要運上岸的物資。不久後在灣口，可以看到入港的鳥海號精悍的身影。接著是川內號、濱風、谷風……那副強悍的模樣，簡直就像是渴望著血肉的狼。

本艦因為是警戒艦，所以做好了夜間接敵的戒備，也完成了魚雷的發射準備。今天白天也是熱烈地在釣魚。

日落後，我們離開布因泊地，奔赴往科隆班加拉運輸的任務。大家都神經緊繃，認為今晚一定會遇上敵人；艦內的神社前按照慣例，擺滿了各單位當作供品的酒瓶，純白的一字巾折得漂漂亮亮，整整齊齊地堆放在一起。

我一如既往地深深地低下頭，祈禱著艦艇的安全與武運昌隆。

不知是幸還是不幸，這晚我們並沒有遭遇敵人。運輸很成功，我們將一千兩百名陸軍與八十五噸物資，從維拉角（Vila Point）附近運上了岸。

但是，這一趟路也不是全然平安無事。上空落下了照明彈，敵方十二架飛機對暴露在光線底下的我軍，發動了果敢的轟炸。谷風號遭到一顆極近距離落彈，一名人員重傷。

七月十日　晴

黎明時分，我們來到肖特蘭外海。

敵機沒有追擊，我們在〇七〇〇進入布因。

本日上下午都休息。

像是要忘了昨晚的猛烈轟炸般，我們全都忘我地釣起了魚。有一架洛克希德P38雙胴機前來偵察，但被零戰逐走。

傍晚時分，我們和鳥海、川內、濱風、谷風、望月、涼月一起，暫且返回拉包爾。

今晚大概又要進行運輸了吧，只見三日月、夕凪這組人馬，正在搭載物資。雪風上的我們一邊祈禱他們平安無事，一邊離開了布因。

七月十一日　晴

早上進入拉包爾。七戰隊正在入港。二水戰旗艦神通號也帶著清波號進入港口。

（對雪風而言，這艘開戰以來包括泗水海戰等在內，由勇將田中賴三少將搭乘的旗艦，經常都是帶著令人懷念的四根煙囪衝在前面打頭陣，但誰也沒料到，明天的戰役將是見到她的最後一眼）

午後，各艦被允許上岸，拉包爾的城鎮中擠滿了海軍。一如慣例，我們拎著毛巾，來到機場附近的溫泉（稱為硫磺溪Sulphur Creek）。雖然是硫磺泉的露天澡堂，但到了滿潮時分海水會滲進來，變得沒那麼燙，所以我們又往源頭的方向移動。

拉包爾跟鹿兒島灣很相似，火山眾多、景色秀麗。一邊仰望姊山和伯母山，一邊泡湯，那種舒暢的感覺實在是無可言喻。從溫泉裡起來後，躺臥在陰涼樹蔭下的草叢上，看著從椰子樹梢擴展出去的熱帶青空與白雲，真的會讓人有種忘了正在發生戰爭的感覺。

我們在植物園附近的聚會所中，一邊喝咖啡一邊聽收音機。侍者是位混血的美麗女孩。因為回到艦上時已是滿身大汗，所以我們又在艦上洗了一次澡。晚上我們圍坐在菸草盆邊，不斷談論著岸上的事情。這時候，敵人「定期送貨」的時間到來，空襲警報響起。雖然覺得他們真是不懂情趣的傢伙，但其實彼此彼此。今晚的轟炸中，燃燒彈的數量很多。

拉包爾的城鎮和山麓，在火焰中呈現出花朵綻放的樣子。當然我方也用探照燈照射，並猛烈回擊。今晚的拉包爾也是在槍聲與爆炸聲的狂想曲中邁入深夜。

向赫赫武勳致上敬意
——「神通號」壯烈的死鬥

無論如何，雪風至今尚未遇到什麼敵人。

齊藤水雷長和大西兵曹沒有機會秀出拿手的九三式魚雷，只能不住摩拳擦掌。機會終於到來，那就是七月十二日晚上的「科隆班加拉島夜戰」（Battle of Kolombangara）。

這天晚上的指揮官是七日被編入東南方面部隊的二水戰司令官伊崎俊二少將，少將也在這場戰役中和旗艦神通號共存亡。

十二日晚上，日軍要緊急將陸軍步兵四十五聯隊第二大隊以及砲兵一個中隊運輸到科隆班加拉，結果就爆發了這場夜戰。

這晚的增援部隊編制如下所述。

▽警戒隊：伊崎二水戰司令官指揮。
神通、清波、雪風、濱風、夕暮、三日月
▽運輸隊：二十二驅司令脇田喜一郎中佐（雪風第二任艦長）指揮。
皐月、水無月、夕凪、松風

十二日拂曉的凌晨三點三十分，警戒隊從拉包爾出擊，運輸隊在晚上六點四十分從布因出擊。

晚上十點四十四分，九三八空的水偵報告說，在新喬治亞西北端的比斯比索角（Visu Viso Point，科隆班加拉對岸）四十度、十浬處發現四艘敵艦，航向二九〇度，航速二十節。

參加這晚海戰的美軍，是迄今為止不曾出現過的大部隊。包括第二十一驅逐艦戰隊（五艘驅逐艦）、第九巡洋艦戰隊（三艘輕巡洋艦）、第十二驅逐艦戰隊（五艘驅逐艦），合計十三艘，比我方的一艘輕巡、九艘驅逐艦合計十艘占了優勢。

晚上十點五十七分，二水戰司令官接獲上述水偵的報告。雪風透過雷達，反過來探知水偵報告的位置。

晚上十點五十九分，美國艦隊旗艦檀香山號（USS *Honolulu*, CL-48），用雷達偵測到日本艦隊。

晚上十一點三分，美軍帶頭的尼古拉斯號驅逐艦（USS *Nicholas*, DD-449）發現了日本艦隊艦影。

晚上十一點八分，神通號發現三艘敵巡洋艦、數艘驅逐艦，立刻用探照燈展開照射，戰鬥於焉展開。

這時候兩軍的距離約為六千一百公尺。

在陣形方面，從西邊進入戰場的日軍是擺出三日月、神通、雪風、濱風、清波、夕暮等艦的單縱隊，運輸部隊的四艘驅逐艦則位在後方，並沒有加入戰局。

在東邊，略為靠我軍南方西行的美軍艦隊，除了打頭陣的尼古拉斯號外，還有五艘驅逐艦（當中也有歐巴農號等曾參與第三次索羅門海戰、身經百戰的強者）、三艘輕巡洋艦（檀香山號、黎安德號〔HMNZS *Leander*，紐西蘭艦〕、聖路易號〔USS *St. Louis*, CL-49〕），接著還有拉斐爾・塔伯特號（USS *Ralph Talbot*, DD-390）等五艘驅逐艦，擺出單縱隊。

不管怎麼說，相較於美軍雷達的發現，我軍只晚了九分鐘，實在相當幸運。如果再晚一點的話，就會像之後的維拉拉維拉海戰（Battle of Vella Lavella）一樣，因為雷達射擊而遭到嚴重受損了。

晚上十一點十三分，距離六千，開始魚雷戰與砲戰。

這是齊藤一好中尉以水雷長身分初次上陣。

他緊盯著艦橋上最大、水雷長用的望遠鏡（與發射裝置連動）不停地張望。敵人漸漸逼近，「準備魚雷戰」的命令已經下達。

焦慮不已的他，忍不住連連高喊：「打吧，打吧！」敵人已經逼近到清晰可見的距離了。

齊藤對敵方擁有優秀的雷達感到憂心不已。在這邊開火之前就突然被幹掉的話，那苦心訓練的技術就全部歸於泡影了。

但是，菅間艦長一直沒有下令「開始發射」。

這時齊藤忽然想起水雷學校教官的話：一味地喊著「讓我射擊」的，就是膽小鬼的證明。

——冷靜下來！戰鬥還沒有開始！

他默默鎖定敵人。各聯裝管轉向右九十度，待命發射。可是，艦艇如果不往左轉、讓右舷朝著敵人方向是不能發射的，這是和砲擊不同的地方。

這時候，以打頭陣的三日月號為首，艦隊開始往左迴旋，接著是神通、雪風，然後是其他艦艇。敵我距離已經逼近到三千公尺。

神通號開始大舉傾瀉十四公分砲彈，似乎也發射了魚雷。

艦長下令「左滿舵」之後不久，齊藤使出全身力氣下令：「開始發射！」

八枚魚雷「咻」一聲消失在海中。

這些魚雷命中了敵方巡洋艦戰隊的二號艦黎安德號右舷造成重創，雪風的官兵看了，無不大呼過癮。接下來就讓我們透過大西兵曹細緻的手記，來看看期待已久的魚雷發射前後實情。

全體人員動作迅速地改換服裝。

大家熱熱鬧鬧地把千人針和護身符拿出來。我把帽子的繫帶緊緊綁好，鞋子也換了一雙，手臂繫上止血用的手帕。

接著我把傳家的寶刀「菊一文字」插在棉製的腹卷中用來代替護身符。

現在已經沒有什麼遺憾的了。

跟我同年當兵的兼繁兵曹以及其他兩三個人，部署的位置是二號聯裝管發射室左側舷扉，他們把椅子拿上甲板，喝起啤酒當成提前慶祝。

高速疾馳的艦上實在很涼，甚至可以說有點寒冷。

星星相當美麗。艦艏方向的天空中央，高掛著微微傾斜的南十字星。

在青白色的航跡上，僚艦緊跟著我們。

不久前方似乎要有驟雨來襲，前進方向的海平線上，即使是用夜晚的肉眼來看，也顯得特別黯淡。黑暗的夜幕，似乎即將籠罩而下。

艦橋的其他瞭望員，似乎都顯得相當緊張。但是我們（水雷科）這邊，則是一邊喝著啤酒，一邊你一言我一語地說：「如果今晚終究要遭遇敵人，那要不慌不忙、沉著冷靜，訓練的目的不就是為了這樣嗎？」

和大砲不同，魚雷是不能持續發射的。在一次襲擊中，就只有一次發射的機會。負責占據射點與發射是艦長和水雷長的責任，但實際操作，還是得靠技巧熟練的士官。

就在這之後大概過了幾分鐘——

突然在左舷正橫向大約五十公尺左右的海上，掀起了四五根水柱。這些水柱就算是在夜晚也顯得相當潔白，高度約有五十公尺左右。大概是用雷達引導射擊的吧，敵人在不知不覺間，已經開啟了戰端。

這根大水柱折成兩半，咕嚕嚕灌進了雪風的水雷砲台甲板。

已經不是喝啤酒的時候了。

甲板上兩尺厚的海水，如雪崩之勢穿過發射管室下方，往右舷奔流而去。嚇了一跳的我們，爭先恐後地跳進發射管室。等我們回過神來才發現，大家手上還緊緊握著罐頭和酒瓶。

「沒有什麼東西被沖走吧？」

「看你還能這樣冷靜，應該是沒問題吧！」

兼繁兵曹這樣說著，跟我相視一笑。

「看這水柱的樣子，發射的應該是敵方巡洋艦吧！」

「是雷達射擊吧！」

「是十五公分砲，還是二十公分砲呢？」

發射管室內一片騷動。如果是輕巡的十五公分砲，那神通號或許還可以相互匹敵，但若是重巡的二十公分砲，就讓人相當擔心了。

菅間良吉中佐，身為第四任艦長，率領雪風身經百戰。

不管是什麼敵人，似乎都能夠從前方暴雨的另一端進行雷達射擊。果然是不可輕忽大意的敵人。我們真能順利用九三式魚雷，給對方致命一擊嗎……？

下令「各就各位」的刺耳警鈴，響遍了全艦。

我們從啤酒派對，一下子踏進了「戰鬥」、「右魚雷戰」的號令，忙到不可開交的狀態。

發射管室和艦橋的水雷指揮所（齊藤水雷長的所在地）透過電話聯絡，氣氛變得緊張而活躍了起來。

發射管室的所有門窗都緊閉，在燈火管制中，只有各自崗位儀器上夜光塗料的刻度無聲地閃爍著微光。

為了掌握目標，只有正面靠聯管長眼前的舷窗，開了一個小小的縫。

砲戰似乎已經開始了。

二三〇八，從艦橋傳來：

「肉眼可以辨識到敵影」的電話聯絡。

接著又說：

「敵方有四艘（三艘）以上的重巡（事實上是輕巡）。」

當然一定也會有驅逐艦吧！

「距離接近！」

傳令這樣大喊著。

不久後，我們便衝進了暴風雨中。

這時候在艦橋上，針對究竟該先砲擊還是先雷擊，砲術長和水雷長隔著艦長，似乎產生了爭論。

「艦橋吵起來了！」聽年輕的傳令這樣傳達，整個氣氛忽然變得有點荒誕可笑。

不久後我們衝出了暴風雨，傳令又說：

「艦橋的大眼鏡（雙筒望遠鏡）中，滿滿映出的都是敵方艦影！」

已經很接近了。大概三千以內了吧？

敵方展開猛烈射擊，雪風周圍也滿是林立的水柱。

我方艦隊加速。

艦體震動不已，可以聽到某處傳來嗡嗡嗡的低沉聲響。現在已經是接近全速（三十五節），秒速大概是十六公尺以上。

水雷戰隊就像一根灼熱的鐵棒般，鎖定敵方主力（重巡？）直衝而去。

「現在轉為突擊！」

艦橋的號令陸續傳來。

艦體響起嘰嘰軋軋的響聲，似乎是敵方砲彈的爆炸聲。

從觀測窗往外張望的兼繁兵曹，嘴裡不住喊著：

「哇啊，不得了，不得了！」

「也讓我看看！」

我一看，不由得大為驚訝。

周圍滿滿都是水柱，簡直就像是在仙人掌叢林間奔馳一樣。

敵方砲彈集中攻擊走在我們前面的旗艦神通號上。

因為只有一艘軍艦打開探照燈，為我方的砲雷擊提供目標照明，所以反過來會被對方瞄準，也不會是什麼奇怪的事情了。

神通號艦橋上的司令官（伊崎少將）與艦長（佐藤寅治郎大佐）為了我方能夠展開萬全的攻擊，寧願犧牲旗艦……這種勇敢奮鬥的精神，就像湊川的楠木正成一樣悲壯，現在只期望攻擊能平安無事結束就好了。

「右魚雷戰！」

攻擊正面似乎已經決定為右邊。

發射管發出咻的輕快聲音，往右旋轉。

「一號聯裝管，右迴旋到！」

傳令這樣報告。

砰、砰，敵艦射擊的強烈白光，直竄入發射管室當中。敵人靠近了。

保持沉默的本艦，不知是何時開始射擊的，雖然我沒有察覺到。不過只要每次射擊，室內管制的電燈就會一明一滅。等了一下子之後，終於傳來「開始發射！」的號令。

我們把縱舵機一齊發動裝置（用來運轉方向舵）的把手，用盡力氣扳橫。

「準備」的警報聲持續響起。

敵我的射擊聲如轟雷一般，將我們團團包圍。在展開砲擊的時候，雷擊就不會被聽見。艦橋和射擊指揮所，應該事先就商量好這種打法了吧！

轟鳴的警鈴聲驟然停止，傳令和聯管長幾乎同時下令：

「打！」

艦橋按下發射鈕後，管側每隔兩秒鐘，陸陸續續揚起發射。

緊張的一瞬間。

我的耳中完全聽不進敵我雙方的砲聲。

六十一公分、三噸重的九三式氧氣魚雷（無氣泡）宛若有生命一般，躍入黑暗的大海之中。各聯裝管四管，合計八管化為「死亡使者」，和敵艦隊展開肉搏。

因為沒有氣泡，所以很難發現，除非敵方搶先一步進行大迴轉，否則各艦合計四十枚的魚雷對上三艘巡洋艦，總會捕捉到某艘吧！

「發射結束」後，發射管又開始轉回原本的位置。

全部魚雷順利發射的安心感沒過多久，裝填下一枚的命令又來了。

發射管停留在裝填位置。

魚雷彈藥庫的門和發射管的後門打開，展開將四枚魚雷透過裝填鋼纜，裝入管內的作業。

一號聯裝管也開始同樣的作業，在砲聲間可以聽到裝備的聲音與人們的說話聲。

我方戰隊正在猛烈旋轉。

艦艇傾斜搖晃不已，作業無法順利急速進行。

敵方的機槍子彈化為跳彈，在甲板上縱橫跳躍。

「姿勢擺低！」

「危險啊！」

「快點，快點！」

大家不停喊叫著。

敵人已經非常近了，近到連發射砲彈的閃光都能把周圍照得通明。

從艦橋頻頻傳來「好了沒？好了沒？」的催促聲此起彼落。

傳令回應說：「再一下子，（我方的）魚雷就要到了！」

朝敵方陣營望去，我方主砲的落彈相當準確，啪啪地命中敵艦，燃起紅黑色的火焰。

敵砲火也很熾烈，像是要把我方艦隊整個吸進去般地集中。

我們艦艇這邊也燃起了一兩道大火焰。

看哪！隔得遠遠的敵艦，不就是轟然一聲，帶著銳利的閃光與巨大的火焰，直衝漆黑的雲霄了嗎！（紐西蘭巡洋艦黎安德號重創）

這道光消失後，接著又有像火山口爆發般的巨大火焰直衝天際。

「命中！命中！」

下一枚裝填動作一時停止，各官兵看到這個戰果，對九三式魚雷的威力，不禁發出相見恨晚的感嘆。

敵方巡洋艦似乎開始大幅傾斜。在更遠處也可以看到因為火災停航的艦艇。

在下一枚裝填完成的時候（十一點三十六分），戰隊再度掉頭，為了第二回襲擊尋求雷擊射點展開肉搏。（晚上十一點五十七分，驅逐隊再次下令突擊）

因為敵方驅逐艦沒有次發裝填裝置，所以面對第二次的齊射雷擊，應該會大感吃驚，搞不好會以為是別的艦隊吧！

追擊、接近……即便因為大火災停止，重創的敵艦依然再度向我方開砲，敵方也相當英勇呢。

趁激烈廝殺的砲戰空檔間，雪風進行完第二回發射（十三日凌晨零點五分），暫且往後退避。

這時候的目標是兩艘美國巡洋艦，獲得了重創旗艦檀香山號、聖路易號兩艘巡洋艦，以及驅逐艦葛文號（USS *Gwin*, DD-433 後來被美軍自行處置）的戰果。

「命中、命中！」

以沖天的大火焰為背景，我們看見傾斜的軍艦剪影，紛紛大喊出聲：「擊沉！」

全部魚雷發射完畢，之後水雷科員就只能看戲了。

砲聲漸漸遠離，不久後射擊也戛然而止。恢復到原本的靜寂，舷側只有碎浪沙沙的聲音還可聽見。敵艦的火勢如今已遠，宛如漁火般，微弱地留在海平線上。亢奮消失後，出現的是一瞬間無法言喻的空虛。

在這場戰役中，旗艦神通號斷絕了音訊。

晚上十一點三十分左右，神通號艦艉中了一枚魚雷，船舵故障退出戰鬥序列，但在十一點四十八分再度遭到雷擊沉沒，伊崎司令官和二水戰司令部、佐藤艦長都一齊與艦共存亡。

只有這艘軍艦始終堅持探照，竭盡身為旗艦的責任。他們為戰隊立下汗馬功勞的果敢行動，是值得晉升兩級的壯烈之舉。但開戰以來就作為二水戰旗艦、在雷擊和砲擊方面活躍的神通號，對她的末日除了讚賞之外，和水雷戰隊有深厚關係的人們，無不為之惋惜。

另一方面，在這場作戰中，運輸隊成功將陸軍一千兩百人、物資二十噸送上了科隆班加拉。

警戒隊的戰果是重創三艘巡洋艦、一艘驅逐艦（之後沉沒），我方的損失只有神通號一艘。但是，若說神通號的英勇行動是為了彌補欠缺雷達的水雷艦隊缺陷而做的決死行動，那大本營就不該只是稱讚她壯烈的末日，而是該深思熟慮，開發出不輸給美國的電子裝備才對。

接下來，我想再次回到大西兵曹的日記。

七月十三日　晴

早晨，我們在布因第一錨地投錨。

我們擔心的神通號，果然沒有回來。

不久後，在北方獨自離開的三日月號進入港口。

神通號被魚雷擊中、艦體斷成兩截，只有艦艄的部分還浮著。雖然直到早晨還在與敵人交戰，但最後似乎還是不幸沉沒。二十二驅（皐月號等），出港去救助漂流的官兵。

早上，根據飛往當地的飛機報告，前半還浮著的神通號，儘管逐漸下沉，但一號砲仍然不斷對敵驅逐艦進行反擊，綁著白頭帶持續射擊的砲組成員，那勇敢的身影，讓人看了不禁一同為之肅然起敬。

（神通號是一艘宿命的船艦，一九二七年八月二十四日，她在島根縣的美保關海域進行夜間戰鬥的時候，和驅逐艦蕨號相撞，艦艄破損。蕨號則艦體折成兩半沉沒，造成許多死傷，神通號艦長水城圭次大佐因此引咎自盡，這就是所謂的「美保關事件」。）

一三三〇的大本營發表，傳達了昨夜的戰果。

「我方和四艘以上巡洋艦交戰，擊沉兩艘、一艘起火，我方巡洋艦一艘重創，這場戰役稱為科隆班加拉夜戰。」

夜間，布因機場遭到轟炸。

明天前往拉包爾，又有新任務等著我們。

七月十五日　晴

早上起床來到甲板上，船艦正朝拉包爾的港口前進。遠望可以看到懷念的火山群。我們逼近新愛爾蘭島南端的聖喬治角。不管怎麼說，在這些每次看到熟悉的風景中，索羅門的山河感覺起來，比故鄉伊勢志摩的山河，跟我更有深厚的緣分。

「我又一次活著回來了。」伴隨著這種真切的感受，戰死的神通號司令官以下人們的經歷，在我心中甦醒過來。

〇五三〇入港。港內艦船上的官兵，熱烈揮舞著帽子歡迎我們。

「向赫赫武勳致上敬意！」這樣的信號頻頻傳來，但我們心中卻不知為何沉重萬分。

我們火速進行了燃料補給，搭載魚雷後，便忙碌地投入發射準備、魚雷調校。

明天又要搭載陸軍和物資，往科隆班加拉運輸出擊。

往那個驅逐艦的葬身地索羅門……不知有多少艦艇沒能回來，埋骨海底。

今晚，各科全體舉行昨日作戰的慰勞會。

水雷科方面，齊藤水雷長弄來了兩箱啤酒招待大家，前部人員和後部人員分掉這些啤酒，大喝了一場。

我們從船上販賣部那裡接連不斷運來啤酒和一升的日本酒瓶，載歌載舞，暫時沉浸在狂歡的宴會中。畢竟明天不知生命會如何，能及時行樂的時候就要好好享樂。自菅間艦長以下，包括森田隆司砲術長、世古田二郎航海長等軍官，也和大家一起狂歡。

為了值更，我在途中溜出去來到艦橋的信號甲板上，仰望星光美麗的南太平洋天空，然後莫名地熱淚滿腮。沉沒的神通號上，有我在古鷹號時候的摯友。當甲板一邊下沉的時候，他應該仍然指揮著砲員，持續在射擊吧！

酒氣上衝的臉頰順著夜間的微風，真是讓人心曠神怡。到為了值更下去密碼室後，室內果然還是酷熱難耐。

敵人似乎打算派遣巡洋艦部隊阻礙我軍補給，並切斷科隆班加拉與布因的聯繫。

開戰以來作為第二水雷戰隊旗艦，在最前線馳騁的輕巡神通號。1943 年 7 月，在科隆班加拉島夜戰中沉沒。

雪風作為夜戰部隊，和七戰隊的熊野、鈴谷一起，必須在明晚二三〇〇，從拉包爾出擊。明晚又要進行夜戰了吧！明天是滿月，夜襲、運輸都會很困難。

從舷窗望見的海，在月光照映下宛若白晝。但是，停泊艦船上連一點燈火也看不見。這是極為出色的燈火管制，但在這種亮度下，還是會成為飛機的絕佳目標吧！

因為科隆班加拉島方面的敵人勢力增大，所以外南洋部隊指揮官（八艦隊長官）於七月十五日發布作戰命令，編制了下述的「夜戰部隊」。

夜戰部隊的任務如下。

一、在庫拉灣方面探索敵人，並予以強襲

擊滅。

二、以一部分部隊往科隆班加拉進行運輸。

▽編制：指揮官：第七戰隊司令官西村祥治少將

▽主隊：七戰隊：熊野、鈴谷（三隈號在中途島沉沒，最上號在內地修理改裝中）

▽水雷戰隊：指揮官：三水戰司令官伊集院松治大佐

川內、皐月、水無月、雪風、濱風、清波、夕暮

▽運輸隊：三日月、夕凪、松風

十六日晚上十點，從拉包爾出擊的夜戰部隊主力，在十七日早上進入布卡島北方外海。但在同時，布因遭到大空襲，身經百戰的初雪號不幸沉沒了，皐月號、水無月號也輕微受創。

得知損失的布因基地外南洋部隊指揮官，在十七日上午八點四十五分下令夜戰部隊進入庫拉灣的作戰中止延期，撤回拉包爾。

七月十八日，外南洋部隊指揮官決定重啟夜戰，主隊加入鳥海號，撤掉皐月、夕凪，並

把水無月號編入運輸隊。

十八日晚上十點，夜戰部隊主力從拉包爾出擊，十九日下午五點二十分，和從布因駛出的運輸隊會合，並在晚上九點再度和運輸隊分離。

主隊與水雷戰隊雖然進入庫拉灣北方海域，但沒有發現敵人，於是在晚上十一點，掉頭踏上歸途。

運輸隊在晚上十一點四十分抵達科隆班加拉泊地，成功把物資送上岸。上岸的包括人員五百八十二人、彈藥糧食一百零二噸、燃料六十桶。

主隊與水雷戰隊在二十日午夜零點三十四分遭到大空襲。在十二日夜戰中損失三艘巡洋艦的盟軍，似乎打算靠航空部隊迎擊我軍的進擊部隊。

正值十五夜（月齡十五點五）的明月映照得海面一片通明，敵方轟炸機隊趁此大展猛威。首先是夕暮號沉沒，接著在零點四十五分，熊野號中了一枚魚雷受傷，清波號奉命救助夕暮號官兵，但只留下一封寫著「〇一一〇，救助夕暮號乘員中」的電報，之後便一起斷絕了音訊。

另一方面，運輸隊結束運輸後，在凌晨一點五分到三點十二分間遭受持續的轟炸，水無月號、松風號略為受損。

關於這場戰役，齊藤水雷長有段不可思議的回憶。

水雷戰隊以旗艦川內號打頭陣，三艘重巡的右側是雪風、濱風，左側是清波、夕暮，依此順序進入庫拉灣，但因為沒有敵人，所以掉頭往布因前進。然而因為庫拉灣很狹窄，一齊掉頭必須一艘艘迴轉，所以原本在重巡左舷最後的夕暮號，就變成在右舷前頭。

就在艦隊朝布因加速的時候，敵方飛機飛來了。敵人鎖定重巡熊野、鈴谷，以及驅逐隊右舷最前端的夕暮號。如果按照建制序列，雪風本該在驅逐艦隊右舷最前方，那麼可能被盯上的就是她了。

但這時候夕暮號在前頭，似乎成了雪風的替身，雪風官兵都是這麼想的。雪風就是這樣一艘擁有強大好運的軍艦。

大西兵曹的日記這樣寫道。

七月十八日　晴後雨　停泊在拉包爾

一一〇〇，獲得許可上岸散步。艦上停止操課。

到了晚上，突然下達出擊命令。因為有大暴雨，所以全體官兵穿上雨衣，冒著雨準備出港。

今晚出擊的有鳥海、熊野、鈴谷、川內、雪風、濱風、夕暮、清波。二二〇〇，夜戰部隊拖著青白色的航跡，從燈火管制下的拉包爾靜靜出擊。這已經是不知第幾次的出擊了。

七月十九日　雲後晴

氣勢堂堂向前挺進的三艘重巡，上面的菊花御紋閃閃發亮。

晚餐有大罐鳳梨，每兩人配給一罐。

這時候我們已經在和敵機接觸。今晚會是和敵人短兵相接的火砲魚雷戰，還是和飛機的對空戰鬥呢？若以搭載二十公分主砲的三艘重巡為中心，即使是頗具規模的艦隊，我們也有相當自信能與之戰鬥。雪風的魚雷戰也歷經實戰經驗，戰技大幅提升，一定能發揮得相當不錯，但遇到來自空中的大部隊，又該如何是好呢？

入夜後，我方巡邏機傳來報告，在預定航路（庫拉灣方面）上沒有見到敵蹤。

運輸隊傳來報告，平安把物資送上岸了。

宵夜是喜歡的牡丹餅，大家一起開心品嘗，有種活著真是太好的感覺。

不久後掉頭。我想著今晚應該會這樣平安返航，但進入二十日之後不久，警報聲開始刺耳地轟鳴起來，表示將展開「對空戰鬥」。來了啊，來了啊，已經沒時間顧及牡丹餅了。我慌慌張張衝上上甲板，就戰鬥部位。各艦早早就開始射擊。

明月下的海面，超過五十架的敵機，結合雷擊、轟炸瘋狂飛舞。曳光彈交錯縱橫，危險中卻有種夢幻似的美感。

然而，夕暮號沉沒、熊野號起火等，我方陸續遭遇損失。

另一方面，雪風等各艦用對空砲火展開猛烈反擊，我目睹到在熊野號附近，陸陸續續有四架飛機著火墜落海中。

清波號奉命救助夕暮號，我方一時陷入大混亂。

七月二十日　晴

惡夢般的一夜終於過去。敵機並沒有執拗地持續接觸，我方戰鬥機也朝這邊飛來。

果然，夕暮號和清波號失去了音訊。

「成了雪風的替身啊……」

不知何處傳來這個不經意的說話聲。昨晚迴轉的時候右側與左側交換，所以會有這種看法吧！雪風的幸運能夠一直持續下去嗎？

剩下的只有雪風和濱風兩艘，我們和運輸隊的三日月、松風、水無月會合，負責護衛受傷的熊野號等艦。夜間，我們進駐拉包爾。

七月二十一日　停泊在拉包爾

利根、筑摩、最上、阿賀野、大淀等巡洋艦以及日進（水上機母艦）陸續進港，拉包爾灣內呈現一片熱絡景象。

七月二十二日　晴

起床一看，看不到不知何時出港的日進號身影。大概是去布因進行運輸了吧！

（日進和萩風、嵐一起前往布因，二十二日下午一點四十五分，在肖特蘭附近遭到大空襲，沉沒。）

雪風今晚出港，明天（二十三日），要和濱風、三日月一起運輸三十八師團的一個大隊（八百五十人）前往科隆班加拉，午後開始準備。

二二〇〇，從拉包爾出擊，宵夜是汁粉。

七月二十三日 陰，不時有暴雨

午後稍晚，和B24發生接觸。

不久十幾架我方飛機飛來，在上空擔任護衛。

敵方直到傍晚仍未繼續接觸。因為已經被敵人發現，所以把泊地從科隆班加拉島的維拉泊地變更為阿利爾泊地（Ariel）[1]。

二一〇〇 進駐阿利爾。

上空有我方水偵警戒。

1 編註：根據美軍的戰術地圖，很可能是指維拉機場西邊的灣口。

人員按照預定計畫全部登岸，但地面前來迎接的大發數量不夠，所以物資有一些殘留。搭乘大發前來的陸軍士兵說，他們已經很久沒有香菸可抽了，只能抽枯樹葉和皮革，實在相當可憐。我們各拿了二十支左右的香菸過來，丟上大發，他們看起來非常高興。

因為灣口出現敵方魚雷艇，所以大家相當緊張，但我方水偵發動攻擊，擊沉了四艘。

今晚雖然做好了告別世間的覺悟，但總算還是回到了拉包爾。

七月二十四日　晴

平安進入拉包爾。從阿利爾搭上船的陸軍負傷者，有很多都受了嚴重的傷。我不斷心想，戰爭真是輸不得啊……

雪風接獲命令，明天開始離開外南洋部隊，回歸機動部隊，熊野號和濱風號也一樣，大概會一起前往吐魯克吧！

作為交班，編入部隊的是萩風、嵐、江風。

本日從外南洋部隊指揮官那裡，接獲以下這樣兩封慰勞與讚賞的電報。

發　外南洋部隊指揮官

外南洋部隊機密訓示　第三十號

熊野、十六驅逐隊（雪風）與濱風編入本隊以來兩旬多，期間在新喬治亞方面從事擊滅來攻敵人以及運輸作戰，冒著仗恃優勢的敵航空兵力激烈攻擊，很好地完成了這些任務。特別是十六驅逐隊（雪風）、濱風，屢屢向庫拉灣方面出擊，擊沉敵巡洋艦等，給予敵人重大打擊，又奮不顧身、勇敢投入極為困難的運輸作戰，對防護要衝做出很大貢獻，武勳實為赫赫。茲在離開本職指揮時，慰勉司令、艦長以下眾乘員之勞苦，並祝武運長久。

發　外南洋部隊指揮官　第二十四號

十驅逐隊、十六驅逐隊（雪風）編入本隊以來，在敵機與敵潛猖獗下參與困難的運輸作戰，靠著毫無寧日的奮鬥努力，很好地達成作戰目的，立下顯著武勳，茲在兩隊解除受本職作戰指揮、回歸原隊之際，慰勉司令以下眾官兵之勞苦，並對此間戰歿勇士的英靈，由衷表示敬弔之意。

「沒什麼好擔心的啦！」——強運、豪傑艦長登場

七月二十五日，雪風離開留下眾多回憶的拉包爾，往吐魯克前進。二十九日，進入吐魯克泊地。看見環礁的蔚藍海水在白色珊瑚礁間嬉戲，官兵全都有鬆了一口氣的感覺。回想起，去年以來都在酷烈的索羅門補給、消耗戰中度過，如今總算在戰火中倖存下來了。

但是，敵人已經在新喬治亞島登陸，且正不斷擴張橋頭堡。恐怕幾個月內，雪風就會接到新的前線出動命令，這是擺在眼前的事實。

八月二十八日，雪風為了護衛先前七月二十日在科隆班加拉北方外海中了一枚魚雷的熊野號，從吐魯克出航，回到吳港。

在這之前，進行了砲術長的交接。

森田隆司大尉被命令擔任潛水學官，進入吳港的潛水學校就讀，取而代之的是六十八期的風雲人物，擁有堂堂六尺之軀的大漢柴田正中尉。他以砲術長兼先任軍官身分，搭著水上飛機前來吐魯克就任。

柴田即使在六十八期生中，也是經常在最前線、參加許多海戰後存活下來，擁有強大武運的男人。隨著派上到雪風，他的武運應該會益發獲得強化吧！

柴田在開戰時以飛龍號的通信士身分參與了珍珠港攻擊，負責攻擊隊的起飛與返航。

一九四二年春天，他參與印度洋作戰，高奏擊沉英國航艦赫密士號（HMS *Hermes*）、重巡多塞特郡號（HMS *Dorsetshire*）、克倫威爾號（HMS *Cornwall*）的凱歌。

一九四二年四月，他改派長門號，擔任副砲分隊士。

同年六月，長門號為了支援中途島作戰，跟在大和號身後出擊，但柴田聽到包括過去曾派任的飛龍號在內，喪失了四艘空母，不由得為之愕然。

同年七月，他被任命為驅逐艦澤風號的砲術長，磨練驅逐艦作戰的技巧。

柴田被下令轉任到雪風的同時，另外兩位同期生——同屬十六驅逐隊天津風號的波多野邦男、十七驅逐隊濱風號的丹羽正行，也以砲術長的職務服勤。

丹羽在一九四五年一月從濱風號轉任第十七號輸送艦艤裝員長，現在仍在世[1]，但波多野則在一九四四年一月十六日，在天津風號護送往新加坡船團的時候，遭到潛艦魚雷攻擊戰死。

柴田所在的澤風號，是大正中期建造的峯風型，主要負責本土方面的船團護衛。（這艘軍艦一直存活到戰後，因此柴田包括長門、澤風和雪風，可說經常在不沉的軍艦上派任）但是，這次是到南方執勤。因為終於可以盡情地開砲，所以柴田幹勁滿滿地前往吐魯克就職。然而就在第二天，雪風就得返回內地，這讓他不禁有種「什麼嘛！」的感覺。（另一方面，柴田搭乘的水上飛機在之後往拉包爾飛行的時候，遭到美軍戰鬥機擊墜）

九月二日，進入吳港的雪風，直到十月八日都在船塢裡，進行對空機砲的增設。接下來當雪風離開船塢時，等著她的又是護衛任務。這次是護送空母瑞鳳號前往新加坡，等於是當一回隨從。

自從七月十二日的科隆班加拉島外海夜戰以來，水雷長齊藤一直沒有再發射過魚雷，他不禁摩拳擦掌，心想到底何時才能來一場真正的魚雷戰。

為了這次任務，他們在十月九日從吳港前往橫須賀，但在晚上十點左右，在潮岬海域遭到了美軍潛艦的魚雷攻擊。

當時柴田中尉正在艦橋上值更，聽到瞭望員報告：「右前方八〇（八公里），有奇怪的艦影」，急忙一把抓住望遠鏡。確然出那是艦影後，他立刻下令：「準備戰鬥、各就各位」，然後衝上射擊指揮所擔起砲術長的工作，陸續下令說：「右砲戰，右前方敵艦，距離八〇！」

一開始他還在想，會不會是我方的監視艇或漁船？結果稍微靠近一點，發現那是一艘潛艦。

「主砲射擊準備完成！」

「第一機槍群準備完成！」

各砲座陸續進入備戰狀態。

逼近到三公里左右的敵潛艦也察覺到了雪風，但沒有潛下去，而是保持浮航的方式逃之夭夭。它大概是上浮海面為電池充電的吧！即使如此，它還是能發射魚雷吧？

1 編註：指本書初版時的一九八三年。

柴田正中尉。雪風砲術長兼先任軍官，身材魁梧的男子漢。

——真是狡猾的傢伙，好，既然這樣……

滿腔怒火的柴田對艦長表示：「艦長，主砲、機砲都已準備好射擊！」但菅間艦長卻沒有說「開始砲擊」。敵方似乎使出全速，高高揚起艦艉的波浪逃跑。因為雪風這邊也在加速，所以距離逐漸縮短。

柴田催促艦長說：「艦長，請下令射擊吧！」但艦長卻說：「還早、還早。」

柴田完全搞不懂艦長這時候的意圖。是要用雷擊給對方狠狠一擊呢，還是要接近威嚇來加以捕獲呢？

——不行哪，這樣前進會反過來被對方從艦艉發射的魚雷襲擊……

柴田一邊憂心忡忡，一邊等待艦長的命令，但等到距離大概八百的時候，敵方潛艦從後部冒出一陣白煙，然後便急速潛航。

「敵潛魚雷發射！」

瞭望員間不容髮地回報。

「右滿舵！」

艦長下令轉舵。

——你看吧，我早就告訴過你了……

帶著為之咋舌的心情，柴田緊盯著逐漸靠近的雷跡。

美軍的魚雷因為不像日本的九三式那樣無氣泡，所以航跡非常好辨認。魚雷一邊噗噗地在海面上冒起泡泡，一邊朝雪風逼近。

柴田在記憶中應該是有好幾枚（？）魚雷，但日本潛艦的艦艉發射管只有兩枚（伊號第一潛等），所以這艘潛艦應該是兩枚到四枚才對。

事後回想起來，柴田感嘆艦長當時下達的「右滿舵」指令並不恰當。雪風因為是追在美軍潛艦的後面，所以艦艏幾乎是正對著敵潛艦的艦艉。因此，即使幾枚魚雷中有一枚指向艦艏，按照造波理論，在艦艏掀起的艦艏波與海水的抵消下，從正前方襲來的魚雷，一般而言應該會被沖到左右兩側才對。

比起這個更值得害怕的是，帶著開度（魚雷航向的角度差）進擊的魚雷，朝船隻的腹部襲擊而去。好幾枚（？）魚雷朝雪風的船舯而來，如果置之不理，很有可能被其中一兩枚給命中。

事實上這時候菅間艦長是急了，下令說：「回頭，左滿舵！」因為艦艏朝著魚雷的方向挺進，所以雪風得以平安無事，但正確的做法還是筆直前進才對。

當時，柴田在射擊指揮所裡俯瞰著魚雷的氣泡，帶著發光的夜光蟲行列從雪風西側驚悚地通過，但他事後回想說：

——那時候即使是身經百戰的菅間艦長，大概也慌了手腳吧？可是，這果然也是雪風強運的證明……

菅間艦長和這年十二月接棒的豪傑艦長寺內正道少佐相比，是位冷靜且撲克臉、完全讓人摸不清他在想什麼的人物。但他偶爾也會做出出人意表的事情來。

話題稍微往前回溯一點，這年三月三日，當眾多運輸船在丹皮爾海峽沉沒的時候，有位被救起來的陸軍軍官打著赤膊在軍官室裡吃飯。菅間艦長看到這幅景象，開口說：「海軍吃飯的時候，軍官一定要穿著上衣，我希望你能夠遵守這個規則。」說完便找來一件浸滿重油的上衣，要那位軍官穿上。

看到這一幕的齊藤中尉不禁感慨，即使是長時間在海上漂流的人，艦長也是照樣嚴格要求。

從柴田的角度來看，相較於豪放的寺內艦長，菅間艦長雖然是位優秀的好男兒，但多少給人一種深沉的感覺。

可是，就算是冷酷沉著的菅間艦長，在面對潮岬海域這枚像是隻臭鼬最後放出來的屁一般、從艦艉射向雪風的魚雷，還是會有一點亂了方寸。

雪風在十月十一日從橫須賀出發，護衛空母瑞鳳號前往新加坡；返航的時候則是護衛給糧艦伊良湖號往返於吐魯克島之間，為南方部隊運送糧食。

這段期間，一個悲傷的消息傳進了雪風官兵耳中。

十一月二日，過去的僚艦初風號在布干維爾島參加海戰，和重巡妙高號發生衝撞後，遭到敵人集火攻擊而沉沒。自艦長蘆田部一中佐以下，大多數官兵都和軍艦共赴黃泉。

蘆田中佐和菅間艦長同屬五十期生，因此艦長看起來相當傷心。

這樣一來開戰時的第十六驅逐隊，就只剩天津風和雪風兩艘了。天津風號在一九四二年十一月的第三次索羅門海戰中中彈，修理完畢後在一九四三年二月以降，主要在新幾內亞方面的運輸作戰中活躍。但是，雪風和友艦告別的時刻也近了。

這年（一九四三年）十二月五日，雪風在吐魯克南方水道附近發現美軍潛艦，這次成功用深水炸彈擊沉了對方。這一帶的海水透明度很高，所以發現追蹤潛艦比較有利。

就在一九四三年將盡的十二月十七日，雪風不知第幾次駛進了吳港。

——喂，是雪風耶！又平安歸來了耶……

海拔七百三十公尺、聳立在吳市背後的灰峰，用光滑平緩的身影迎接著雪風，孤零零浮在灣內的麗女峰，彷彿也在用肩膀倚靠著她。

這次雪風為了應對日益激烈的對空戰鬥，進行了第三次的對空武裝的增設。她撤去了後部的三號砲塔，改裝上兩座三聯裝二十五公厘機砲，同時也裝上了兩座期待已久的雷達（電探）。

前部三角桅杆與後部桅杆的頂上，分別裝上了對海上二十二號電探，以及對空用十三號電探。

「嗯，這樣一來本艦不會在夜戰時因為敵人的雷達射擊而老吃悶棍了，也能早點發現飛機了哪……」

在信號甲板上仰望雷達喃喃自語的，是信號長濱田清至兵曹。

在三月的丹皮爾海峽，以及七月的科隆班加拉夜戰等戰役中，為了防備敵人的空襲與雷達導引射擊，航海科員只能把眼睛瞪得銅鈴般大，將號稱三點零的視力發揮到極限，努力進行瞭望。但在開戰已兩年的此刻，雪風終於和美軍並駕齊驅，也裝備了雷達。

「哎，可是，就算裝備了雷達，這種雷達真的能按照性能運作嗎……？增強航空部隊還是先決條件吧……」

在丹皮爾海峽中親眼目睹美軍中型轟炸機彈跳轟炸猛烈威力的齊藤水雷長，多少有點懷疑。

雷達對低高度的效果很弱。像B25轟炸機這樣從低空潛入的時候，剛開發出來的十三號電探，真的能夠盡早探測到嗎？

「哎呀，水雷長，敵機的事情就交給我們吧！畢竟這次加裝了二十五公厘機砲，合計裝了十四門哪！」

身材魁梧的砲術長柴田大尉（一九四三年十一月一日晉級）雖然樂觀地這樣說，但說到底，他其實也幾乎沒有實際對空戰鬥的經驗。所以十四門二十五公厘機砲（艦橋前部兩門、中部六門、後部六門），到底能夠和接下來會日益增強的美國空軍攻擊隊較量到什麼地步，實在很成疑問。

特別是十二點七公分主砲從六門減為四門這件事，在面對巡洋艦與驅逐艦的時候，還是會讓人感到不安。

但一件讓柴田與齊藤的憂心飛到九霄雲外、大呼快哉的事情，不久降臨到雪風頭上，那就是水雷界中公認首屈一指的「豪傑艦長」——寺內正道少佐（一九四四年五月一日晉級為中佐），在十二月十日奉令擔任雪風艦長。

寺內少佐是海兵五十五期生，換言之，雪風的艦長從五十期的菅間艦長，一下子年輕了五期。

對柴田來說，這真是如魚得水。前任砲術長兼先任軍官的森田大尉是六十七期恩賜組，跟齊藤水雷長一樣。但當體格魁梧、卻沒能名列前茅畢業的柴田上任後，喜歡菁英的菅間艦長總是不太看得起他。

——哼，接下來我非得在實戰中大顯身手，給他們一點顏色瞧瞧不可！當柴田這樣想的時候，這位有名的豪傑艦長就任了。聽說艦長是位豪爽的酒豪，所以應該不會太吹毛求疵，而是會和自己意氣相投吧！

據柴田後來回憶，在這個時期，雪風軍官室的酒，幾乎都被艦長跟其他兩三個人給喝光了。其中一位是機關長竹內孝弟大尉，他比柴田高一期，也是著名的酒豪，艦長、竹內、柴田這三人組，每次都能一口氣乾掉兩三瓶一升清酒。

寺內新艦長雖然身高比柴田矮，但體重將近九十公斤，也是一位精力充沛的魁梧男子漢。

當他頂著威風凜凜的八字鬍登上雪風的時候，據說雪風舷梯上的衛兵被他這口威嚴的鬍子與炯炯的目光給徹底壓倒，舉手敬禮的手像是被釘住一樣，好一陣子都不敢放下來。

寺內少佐到這時為止，一直是擔任驅逐艦電號的艦長，在他剛上任（一九四二年十一月六號）不久的十一月十三日，就參加了第三次索羅門海戰，擔任比叡號、霧島號的護衛，殺入薩沃島海域。在這時候的夜戰中，僚艦雷號中了十八彈，但電號報告命中敵重巡三枚魚雷、將之擊沉，並平安返回拉包爾。

之後在一九四三年三月二十七日，他參加了阿圖島海戰，五月起執行橫須賀—塞班—吐

寺內正道少佐，第五任雪風艦長，是位豪傑之士。

魯克間的船團護衛。

寺內艦長雖然是用以證明雪風的強運最為有名也人氣最高的艦長，但他從電號時代起，其實就一直運氣極佳。

第三次索羅門海戰後，他發下豪語說：

「電號就算吃了砲彈也不會沉啦，為什麼呢？因為有我當艦長啊！」

他在新幾內亞護衛船團的時候，也曾遭到三架B25急襲。這時候，即使是厲害的寺內艦長也沒有退避的空檔。但是他一邊用栃木縣方言說：

「哎呀，打不中的時候就是打不中啦！沒什麼好擔心的啦！」

一邊若無其事地從艦橋眺望著天空。結果就像他講的，三顆炸彈分成三個方向，整整齊齊地落在雪風號驅逐艦的前、左、右三個位置，掀起水柱。

「你們看吧！老美的炸彈就是炸不中我的船啦！」

寺內艦長一邊這樣說，一邊用那張鍾馗臉吐了吐鮮紅的舌頭。

這位心臟超大顆的豪傑艦長，在就任雪風艦長後不久便召集官兵，做了一段短短的訓示：

「知道嗎？不管怎樣，在我寺內當艦長的時候，不管敵艦還是飛機攻過來，本艦都絕對不會沉沒的啦！不用擔心，大家盡量發揮就好！為什麼不會沉，因為有我在當艦長啊！沒有什麼好奇怪的啦！」

寺內艦長這樣說完後，咧嘴一笑。

來了一個厲害的艦長哪——官兵間同時這樣想，這下雪風號絕對沒問題了，心中充滿了強烈的自信。

當新艦長來到軍官室的時候，比他小十四期的後輩齊藤中尉試著問說：

「艦長，如果有讓船隻不沉的秘訣，請務必告訴我好嗎？」

艦長回答說：

「不，沒有那種東西。只是因為我抱持著『在我當艦長的期間，這艘船隻就絕不會沉』的信念罷了。比方說之前的電號雖然也遇到過很多危險，但就是沒有沉。只是我離開之後，那就說不定了。不管我是怎樣的『鬼寺內』，離艦之後也就不干我的事了哪！」

艦長這樣說完之後又咧嘴一笑。但就像是在印證他的話一般，電號驅逐艦在隔年（一九四四年）五月十四日，在從馬尼拉航向達沃的途中，因為遭到潛艦魚雷攻擊而沉沒。

另一方面，雪風則直到再過一年（一九四五年）的五月為止，在這位大鬍子艦長的帶領下，歷經馬里亞納海戰、雷伊泰灣海戰、大和號出擊等動盪時刻，依然從戰火中生存下來。

就在「豪傑艦長」就任的三天前，第十六驅逐隊迎來了第五任司令古川文次大佐（四十九期）。古川大佐以天津風號為司令驅逐艦，是位就職後不到兩個月就戰死的悲情司令。

於是，對聯合艦隊而言可說是生死存亡關鍵時刻的決戰之年——一九四四年終於到來了。

在索羅門歷經數次的布干維爾海空戰後，日軍並沒有獲得想要的戰果。敵軍在布干維爾島上確保了據點，拉包爾也遭到連日空襲。年初甫至，人們已開始憂慮拉包爾恐將遭遇敵軍登陸攻擊的命運。

這時候，終於醒悟到運輸重要性的大本營，在一九四三年十一月十五日成立了「海上護衛總隊」，投注力量在美式的「船團」（附有護衛的船團運輸）上。

作為這項改變的第一步，雪風和天津風搭檔，負責護衛從新加坡將汽油、鋁礬土等重要戰略物資運往內地的船隻。

關於這項護衛作戰，在美國G2（情報部）從事密碼解讀的愛德華．羅爾上尉（Edward Van Der Rhoer），在戰後公開發表的*Deadly Magic*（日譯《被偷走的暗號》，豐田穰譯）中這樣說：

「日本的大本營發覺，自己雖然往索羅門、塞班方面運送很多的士兵與物資，但回程都是空船，於是高層開始絞盡腦汁。往索羅門運輸結束的船隻，不直接回航日本本土，而是繞道馬來亞、荷屬東印度群島方面，裝載汽油、錫、鋁礬土等重要物資返回日本，堪稱一石二鳥。可是在這種情況下，因為要避免船團被我方潛艦與飛機攻擊，所以會把每天中午的通過地點告知給運輸司令部。這件事被美國情報部解讀出來，對日本船團是極為不幸的事。我們的潛艦會等在那個地點，捕捉那些船團並擊沉之。」

美軍用這種密碼解讀與潛艦埋伏作戰，從一九四三年春天左右開始，對往吐魯克方面的船團進行攻擊。大本營雖然對於損失激增大皺眉頭，但直到終戰為止都不知道密碼被破解這件事，仍然每次出航就報告中午的位置，結果反覆遭受攻擊。

根據《日本郵船船舶戰時戰史》一書，該公司所屬的受害沉船數，在一九四一、四二年是二十六艘、一九四三年是三十二艘、一九四四年則是八十五艘，呈現一個上升曲線。

一九四三年失去的船艦中，包括了以豪華郵輪著稱的龍田丸、鎌倉丸（原名秩父丸）、新田丸（一九四二年十一月，改裝成空母冲鷹號）等。該公司將近一百五十艘戰時喪失的船舶，每一艘都隱藏著一段戲劇化的故事，但這就留待別的機會再說吧。

一九四四年一月初始，雪風和僚艦天津風號一起護衛船團（玄洋丸等六艘），進行從新加坡往內地的運輸，在一月十日從門司出港。這次執行的不是本土—南方—新加坡—本土的三角路線，而是直接往返本土與新加坡的路線。

同時，由水上機母艦改造為空母的千歲號，也加入了船團護衛行列。

接著在一月十六日，當航速緩慢的船團終於進入南海的時候，司令驅逐艦天津風號遭到敵潛艦魚雷攻擊，艦艏切斷，陷入無法航行的狀況。

這時在艦橋的司令古川文次大佐，與先任軍官兼砲術長波多野邦男大尉都戰死。波多野大尉是柴田的同期，出身鳥取二中，是位活力和責任感都很旺盛、努力認真的人。

柴田是在稍後才聽到波多野的死訊。當時被魚雷擊中的天津風號就在前方不遠處，他看著艦艏被炸斷，只剩下艦橋後方部分在海上漂流的悲慘景象後，柴田不禁暗自擔心起同學的安危，結果波多野果然在艦橋上戰死了。

之後，漂流中的天津風號被我軍陸攻發現，由驅逐艦朝顏號拖回去，在一月二十日進入西貢，然後又前往新加坡。一九四五年三月修理完畢，但同年四月六日在護衛船團中，於台灣海峽廈門海域被美國陸軍飛機轟炸沉沒。就這樣，雪風失去了十六驅逐隊最後的僚艦，成為唯一一艘生存下來的艦艇。

平安回到內地的雪風在二月以後，和初霜、千歲編成，護衛往塞班方面的航路。但這個月，水雷長齊藤中尉結束了一年七個月充滿回憶的雪風勤務，將棒子交給低一期的齋藤國二朗中尉（七十期）。齋藤中尉也是恩賜短劍組——雪風經常都是恩賜組派任的軍艦。

另一方面，寺內艦長除了是酒豪外，也是位愛惜部下、為此不惜反抗長官無理命令的人物。正因為這種性格，他才長期只是大尉階級，明明在前線長期服勤，升遷卻比人家晚了半年。不過這樣一號人物，卻和身材魁梧、不拘小節的柴田先任軍官非常投契。

這時候，雪風的主要任務是把一九四三年夏天新編成的第一航空艦隊飛機，為了預想的中部太平洋決戰之用，運往塞班島、關島、天寧島。

因為第一航空艦隊跟柴田頗有淵源，所以這裡就稍微提一下。

第一航空艦隊，也就是所謂的一航艦，指的是在開戰之初的珍珠港攻擊，以及在印度洋等地的戰役中，都是建立赫赫戰功的機動部隊核心部隊。

中途島敗戰以後，它被改編成第三艦隊，深受飛行員喜愛的一航艦名號也隨之消失。但大本營根據一九四三年四月的「伊號作戰」等經驗，痛切感受到基地航空隊的重要性，於是軍令部總長永野修身在一九四三年六月十九日，向部內發布命令，要編組新的「基地機動部隊」，並組成獨立的航空艦隊。

七月一日，二六一空、七六一空這兩個航空隊為基礎暫時編成第一航空艦隊，由角田覺治中將擔任司令長官，在橫須賀航空隊升起將旗。

在前面登場過的角田中將是率領二航戰，在南太平洋海戰中奮戰到底的猛將。這時候再提到他，是因為他是柴田和筆者進入海兵時的訓導主任兼監事長。他既是第三次索羅門海戰中，苦嘗喪失比叡、霧島的悲劇提督阿部弘毅中將的前任，也是同期同學。

角田中將也命運多舛，這一年（一九四四年）八月二日，在司令部所在的天寧島玉碎戰死。同一天，擔任第五十六警備隊副長的柴田同期小杉敬三也戰死。

一航艦按照二月一日的命令，要在內南洋與菲律賓群島方面展開，此時他們擁有六十一航戰、六十二航戰兩個戰隊，編制如下：

▽六十一航戰

二六一空（虎）零戰
七六一空（龍）陸攻
五二一空（鵬）銀河
一二一空（雉）二式艦偵、彩雲
二六三空（豹）零戰
三二一空（鵄）月光
五二三空（鷹）彗星
三四一空（獅）紫電
三四三空（隼）紫電、零戰

一〇二一空（鳩）零戰

合計飛機五百五十八架，備用一百七十四架，總共七百三十二架

▽六十二航戰（略）

上面序列中，擁有裝備新型雙引擎陸攻「銀河」的五二一空，是由人稱「艦爆之神」的江草隆繁少佐擔任飛行隊長。從諸如此類事情可以得知，一航艦是把保留起來的老練好手也投入戰場的決戰部隊，但一九四四年六月在美軍登陸塞班前的大機動部隊連日空襲中，這批部隊大部分都消耗殆盡，實在相當遺憾。

二月上旬，雪風為了把一航艦的飛機運往馬里亞納群島而調去鹿兒島，二十日和千歲、初霜一起啟航，擔任前往塞班島的護衛任務。

初霜號雖然屬於二十一驅逐隊，但這時和雪風一起行動，一九四五年四月的大和號特攻中，她也擔任護衛並存活下來。之後在終戰前夕的五月以後，她又和雪風一起在宮津灣負責警備任務，但在七月三十日的美軍空襲中，於灣內進行迴避機動的時候撞上水雷，不幸沉沒，是艘和雪風一起行動到最後關頭，淵源深厚的船艦。

雪風所屬的船團在二十六日抵達塞班島，之後她和初霜號以及三十一驅（朝霜、岸波、沖波；長波號在一九四三年一月於拉包爾中彈，一直在船塢維修到一九四四年五月）一起，擔任前往關島的船團運輸，三月二十日回到橫須賀。

同月二十九日，雪風和瑞鳳、山雲一起離開橫須賀，和從鹿兒島過來的龍鳳、初霜在海上會合，四月一日進入關島。另外，瑞鳳、山雲再前往塞班島。

這期間，三月三十一日，雪風因為開戰以來待了兩年四個月的十六驅解編，被轉編入十七驅。司令是谷井保大佐，僚艦除了過去在索羅門運輸作戰中一起跨過鬼門關的濱風號（艦長前川萬衛中佐）以外，還有浦風號（吉田正一中佐）、谷風號（池田周作少佐）、磯風號（前田實穗中佐）。在濱風號上，有柴田的同期丹羽正行大尉擔任先任軍官兼砲術長，他是在一九四三年八月上船的。

四月八日，雪風返回母港吳港，這次是為了戰艦大和號要進行中部太平洋決戰準備，護送她前往新加坡南方的林加泊地。

這段期間，中部、西部太平洋的戰局變得日益緊張。

二月十七日，美國第五十八特遣艦隊用十幾艘航艦、六艘戰艦，對日軍的核心基地吐魯克展開猛烈襲擊。

這場戰役的結果，自巡洋艦香取、那珂以降，驅逐艦舞風、追風、太刀風、文月等沉沒，飛機有大約兩百架被擊墜、擊破，吐魯克作為戰鬥基地的機能大幅降低。

另一方面，在帕勞的聯合艦隊（ＧＦ）司令部於三月三十一日分乘兩架水上飛機移往達沃，但深夜遭逢熱帶性低氣壓，一號機下落不明、古賀峯一大將殉職，二號機則是迫降在宿霧島，福留繁參謀長一行人落入游擊隊手中。這起事故為ＧＦ高層投下了一道不祥的陰影。

之後，ＧＦ的指揮權暫時由高須四郎大將（西南方面艦隊司令長官）執掌。但五月三日發布命令，任命豐田副武大將為新任ＧＦ長官，至於ＧＦ參謀長則在稍早之前的四月六日，決定由草鹿龍之介少將（五月一日晉升為中將）擔任。

另一方面，有鑑於戰局的急迫，ＧＦ在三月一日組成了第一機動艦隊。司令官為小澤治三郎中將（第三艦隊長官兼任）、參謀長為古村啟藏少將。（歷任筑摩號艦長、武藏號艦長、第三艦隊參謀長等職務）

第一機動艦隊的主要編制如下（五月一日時）：

▽第二艦隊

第四戰隊　愛宕、高雄、摩耶、鳥海
第一戰隊　大和、武藏、長門
第三戰隊　金剛、榛名
第五戰隊　妙高、羽黑
第七戰隊　熊野、鈴谷、利根、筑摩
二水戰　能代、島風、早霜
二十七驅　春雨以下四艘
三十一驅　長波以下四艘
三十二驅　玉波以下四艘

▽第三艦隊
一航戰　大鳳、翔鶴、瑞鶴、六〇一空
二航戰　隼鷹、飛鷹、龍鳳、六五二空
三航戰　千代田、千歲、瑞鳳、六五三空
四航戰　伊勢、日向、六三四空（四航戰並沒有參加馬里亞納海戰）

十戰隊　矢矧
四驅　野分、山雲、滿潮
十驅　秋雲、風雲、朝雲
十七驅　雪風以下五艘
六十一驅　秋月、初月、若月、涼月
附屬　最上

第三部

在痛苦的海中求生

遺忘的傳統
——馬里亞納海戰的敗北

四月中，第一機動艦隊的大部分集結在新加坡南方一百一十浬處的林加泊地，其集結狀況如下。

首先在二月十三日，翔鶴、瑞鶴、筑摩、矢矧與五艘驅逐艦進入新加坡港，其中只有瑞鶴號一艘留在新加坡，其他都立刻進入林加泊地。

接著在二月二十一日，長門、熊野、鈴谷、利根和五艘驅逐艦，從吐魯克經帕勞抵達林加。然後在三月十五日，金剛、榛名、最上也陸續進入林加。

又，留在新加坡的瑞鶴號，在這之後為了修理，於二月十七日在十驅的護衛下一度返回吳港。三月十六日再度折返新加坡，並在三月二十日和十驅一起進入林加泊地。

就這樣，第一機動艦隊在之後加上五月一日入港的大和、摩耶、雪風等艦，使得林加泊地呈現出一片熱鬧景象，彷彿GF的所有艦艇都已集結於此。

五月三日，就任新GF（聯合艦隊）長官的豐田副武大將，發布了以下命令。

「第一機動艦隊應以五月二十日為限，在婆羅洲島北方的塔威塔威島（Tawi-Tawi）集結。」

五月十日，一航戰、二航戰以及一戰隊、四戰隊，艦艇首尾相接、浩浩蕩蕩地從林加泊地出擊，往塔威塔威前進。

塔威塔威位在婆羅洲東北端山打根港（Sandakan）東南東方七十浬處，是個島嶼環繞的良好泊地，距離以石油產地著稱的打拉根島也只有一百八十浬，在燃料補給的位置關係上是相當理想。

另一方面，在塔威塔威東北東方三百六十浬處，則是民答那峨島的達沃基地。

這時候，敵特遣艦隊在三月三十日猛烈襲擊帕勞，接著又在四月二十二日，開始在新幾內亞中部的要衝荷蘭地亞（Hollandia）登陸。然後到了五月二十七日，他們更在西方要地比亞克島的博斯內克（Bosnek, Biak）登陸。

豐田長官在這之前的五月二十日，下令發動「阿號作戰」（あ号），要和襲向中太平洋的史普魯恩斯上將（Raymond Ames Spruance）第五艦隊一決雌雄。豐田對小澤艦隊、角田部隊（第一航空部隊）、南雲部隊（中部太平洋艦隊），各自下達了基於此主旨的命令。

按照這份作戰命令，第一決戰海域是在帛勞島附近，第二則是放在西加羅林群島。至於實際成為戰場的馬里亞納海域，則只有「若敵人機動到馬里亞納方面的時候」，該如何處置的指示而已。

話題回到我們的雪風上。按照田口康生中尉（七十一期，航海長）的手記，雪風在五月十一日，護衛第二艦隊前往塔威塔威。

接著在五月十四日，預定進入塔威塔威港的雪風，在來到距港口約一百浬處時，接獲谷井司令的命令，要先行展開泊地的對潛等警戒，於是加速到二十六節、趕抵塔威塔威，繞泊地一圈確保安全後向上回報，接著又引導艦隊入港，並負責警戒。

同一天，護衛船團從馬尼拉往達沃的驅逐艦電號在西里伯斯海（Celebes Sea）北方，遭到潛艦魚雷攻擊而沉沒。電號當時雖然是屬於十一水戰的六驅，但僚艦雷號在四月十四日從塞班島駛往沃萊艾環礁（Woleai Atoll）的途中，遭到潛艦魚雷攻擊而沉沒，響號則在內南洋，主要擔任空母的護衛。

不管怎麼說，當稍後雪風官兵聽到電號沉沒的消息時，都忍不住露出安心的表情說：「寺內艦長來到雪風真是太好了。雪風果然是運勢超強啊！」

但是，就算是雪風，也不總是全然運氣好的。

五月十八日，雪風的船腹擦撞到暗礁，艦底破損。

之後直到第一機動艦隊在馬里亞納海戰出擊的六月十三日為止，將近一個月的時間，她都躺在塔威塔威泊地內。

每天都在加強訓練，也不能上岸。周圍是椰子樹葉茂密的小島，連原住民的影子都看不到幾個。之前在林加儘管也是又熱又無聊，但飛行隊好歹是在新加坡的三巴旺（Sembawang）與登加機場（Tengah）進行訓練。

塔威塔威因為沒有建造基地，所以艦隊每到要實施對年輕飛行員而言很重要的空戰訓練與母艦降落訓練的時候，就必須載著學員離開塔威塔威。也因為這樣，驅逐艦必須擔任艦隊的護衛，同時還得不分白天黑夜，在泊地外負責反潛巡邏的任務。因此，就算是再怎麼熟練的驅逐艦老手，也會感到疲憊，事故也因此會發生。

話雖然有些跳躍，就在往前一點的六月九日，谷風號在塔威塔威泊地北方、邦奧島（Bongao Island）二三九度、九浬的位置進行反潛巡邏的時候，就不幸遭敵潛艦魚雷擊沉。

話說回來，五月十八日在雪風身上突發的罕見事故，按照田口航海長的手記是這樣寫的：「雪風從五月十六日到十八日，和磯風號一起護衛五戰隊到打拉根島補充油料，接著在回航後，又被命令去泊地外進行反潛巡邏任務。」

這時候在塔威塔威泊地周邊，美國潛艦群簡直可以說是熙來攘往。這也不是沒道理，畢竟GF大部分的主力都集中在這裡且反覆出入，美國潛艦自然是不會放過的。

塔威塔威泊地的入口是由西向東開口，灣口北邊有邦奧島的山岳聳立，南邊有一道水雷牆，水雷牆的端點處漂著繫泊燈浮標，一閃一閃地發出微光。

雪風結束一日一夜的反潛巡邏後，在十八日晚上為了回到泊地接近灣口。

當時田口航海長在艦橋負責操艦，寺內艦長則在右舷指揮全艦。

灣口附近因為有橫向流動的強勁潮流，操艦相當困難。

但這時候，他們卻怎樣也看不見昨天出港時還在閃爍的繫泊燈浮標。雖然根據後來調查指出，浮標是因為強勁潮流被沖走了，但他們當然不會知道，只是一邊看著邦奧島的山脈愈來愈逼近，一邊帶著不安的感覺，仔細看準艦艏的目標方位進入。突然間，從艦底傳來匡噹、匡噹的劇烈震動。

「中了嗎？」他們下令停俥進行調查，結果發現艦艇的一部分似乎靠上了暗礁，而且還筆直從上面劃了過去。

他們試著用微速前進，發現船艦還能動，於是艦長說：「哎呀呀，不用擔心，不是什麼嚴重的事情。總之先進去錨地吧！」按照他的話，雪風在預定的錨地投了錨。

立刻派潛水伕下去調查後發現，關鍵的推進器似乎撞上了岩礁，尖端的一部分彎曲了，還有一部分斷裂。

「這樣可不行哪！要進行全速艦隊運動，恐怕沒辦法啦？」

即使是豪氣干雲的大鬍子艦長寺內，也不由得側首苦思。

總之得盡速向十七驅的谷井司令，以及更上層的十戰隊司令官木村進少將報告才行。於是田口航海長向濱風號上的谷井司令、寺內艦長則向在新型輕巡矢矧號上的木村少將，分別提出致歉與說明。

三月一日派到雪風、四月起剛成為航海長的田口中尉，在大作戰即將來臨之際，居然弄傷了重要的艦艇，實在是罪該萬死。但當他抱著戰戰兢兢的心情來到司令面前，深切表達歉意的時候，司令對這位年輕的航海長，並沒有做出特別嚴厲的斥責。

回到艦上的田口食不下嚥，只是一直等待著。這時寺內艦長帶著明朗的表情，搭著內火艇回來了。

「艦長，真的非常抱歉！」田口用彷彿要挖個洞往地下鑽的心情道歉，但艦長只是笑咪咪的說：

「哎呀，司令官不只沒有罵人，還反過來慰勉我耶！」

據說，木村司令官用一貫的溫和表情這樣說：

「我說，雪風連日連夜的反潛巡邏，也實在夠辛苦了。雖然或許無法全力發揮，但我想應該還能護衛補給部隊，在這方面和大家一起作戰。不要沮喪了，和平常一樣打起精神來吧！」

不愧是木村少將，田口深受感動。

這是少將第二次擔任十戰隊司令官。雖然田口沒有參與其間，不過雪風在十六驅麾下參加第三次索羅門海戰、擔任比叡號護衛的時候，木村少將就以十戰隊司令官的身分，乘坐輕巡長良號衝在戰艦比叡號的前面。

木村少將第一次擔任十戰隊司令官是在一九四二年四月十日到一九四三年三月末，同年四月一日起任十一水戰司令官，接著在一九四三年十二月一日再次以十戰隊司令官身分，第三度率領驅逐艦部隊。

在和木村少將同期的四十期生中，走幕僚路線、升遷較早的宇垣纏、福留繁等人，早在一九四二年十一月一日就以同期中的佼佼者之姿躍升為中將。而常年率領驅逐艦、展現強悍實力的木村，升遷卻比他們晚了兩年半，直到終戰前夕的一九四五年五月一日才升上中將。

破曉的同時，雪風和戰艦大和號側舷相接，將艦內的燃料、純水、重物移動到前部，讓後部的吃水變淺，接著由大和號的艦內工作科人員將推進器尖端的變形部分在水中切斷，進行應急維修。

大和號艦長森下信衛大佐也很擔心地來到上甲板查看作業狀況。森下艦長在田口來到雪風前，曾是他在榛名號時的艦長，因此田口帶著懷念的心情來到大和號艦上打招呼，並表示歉意。森下艦長對他說：

「田口中尉，讓你搭小艇過來，真是辛苦了！我以前在驅逐艦的時候，曾經在一場大型演習的攻擊行動中撞上僚艦，造成外板脫落，從艦內都可以看得到星星喔！演習後我們必須前往神戶進行觀艦式，沒有多餘時間修理，所以就用澎大海的樹皮把破洞蓋住，然後再在外面塗上一層油漆來撐場面。哎，年輕的時候總會有各式各樣的失敗，不要感到挫折啦！砲術士，你要拿出艦載水雷艇部隊時代的精神來啊！」被森下艦長這樣勉勵，田口不由得心頭為之一熱。

一九四三年八月，田口在榛名號當砲術士的時候，金剛、榛名的四艘艦載水雷艇被編組為水雷艇隊，十七噸的水雷艇在吐魯克島到拉包爾再到布因，約一千浬的距離間展開作戰行動。這是當時日軍為了對付惱人的美軍魚雷艇，嘗試用艦載水雷艇與之對抗的測試，負責指揮水雷艇的田口少尉平安歸來，讓森下艦長大為歡喜，也極為讚賞他的奮戰精神。

不管怎麼說，水雷專家出身的森下艦長溫暖的激勵，對年輕的田口大尉來說，有如久旱逢甘霖一般。

寺內艦長也在修理過程中，來到後甲板對田口說：

「哎呀，航海（長），我看你還在苦惱的樣子呢！事故當時，身為航海長的你在艦橋操艦，身為艦長的我則在旁邊指揮全艦。關於航海，應該由雪風的最高負責人一肩扛起。我既然是總指揮，責任當然在我。所以你不需要擔心啦！你還年輕，前途還無量得很呢！」說完之後拍了拍田口的肩膀，田口的眼淚幾乎要奔流而出了。

修理結束後，他們試著讓雪風動動看。一旦開到第二戰速（二十六節）以上，雪風艦體就會劇烈震動，不得已只好離開十七驅，編入第二補給部隊擔任油輪護衛。六月三日，他們比機動部隊搶先一步離開塔威塔威，前往菲律賓中部班乃島與內格羅斯島（Negros）之間的吉馬拉斯泊地（Guimaras），在八日抵達該地，待命一星期。

田口康生中尉，雪風的航海長，後來成為砲術長。

六月十一日以後，敵人對馬里亞納群島的空襲日益激烈，到了六月十三日，更傳來敵艦艇對塞班島進行砲擊的報告，坐鎮柱島GF旗艦大淀號的豐田長官，同日下令「決定進行『阿號作戰』」。

六月十三日上午九點，以愛宕、高雄等栗田部隊打頭陣，小澤艦隊離開待了快一個月的塔威塔威泊地出擊，往吉馬拉斯前進。

緊接著，三個航空戰隊的九艘空母也開始出港。護衛的十七驅因為谷風號在六月九日沉沒，以及雪風的缺席，所以是由濱風、浦風、磯風三艘組成。

另一方面，GF在這時候為了引誘敵方航艦特遣艦隊，並配合新幾內亞作戰，發動了「渾作戰」（六月十三日中止）。渾部隊的一戰隊（大和、武藏）、五戰隊、二水戰、四驅、十驅等，直到十二日為止，都在哈馬赫拉島（西里伯斯島東北方）的巴占泊地（Bacan）集結，但因為之後的發展，所以在海上和機動部隊會合，往馬里亞納前進。

六月十五日早上，美軍在塞班島的加拉班鎮（Garapan）南方海岸開始登陸，於是豐田長官在上午七點十七分，下令「『阿號作戰』決戰發動」。

由雪風、卯月護衛的第二補給部隊（玄洋丸、梓丸）在十四日一整天，都忙於為停泊在吉馬拉斯的各艦補給重油。

十五日上午八點，小澤部隊（第一機動艦隊主力）以一航戰打頭陣，從吉馬拉斯泊地出擊，往西太平洋前進。

雪風護衛著第二補給部隊，也跟在後面。

十六日下午三點半，宇垣纏中將（一戰隊司令官）率領的渾作戰部隊現身，和小澤部隊本隊會合。

十七日，第二補給部隊對機動部隊進行了最後的補給。十九日開始，賭上日本海軍面子的一場戰役——「馬里亞納海戰」已經箭在弦上。

這場海戰是由擁有九艘空母的小澤艦隊，和由七艘艾塞克斯級航艦、八艘護航航艦組成，隸屬史普魯恩斯上將麾下的美國第五艦隊展開決戰，但結果是以美方壓倒性的勝利作收。

小澤艦隊採取先發現敵人、利用我軍轟炸機、攻擊機航程較長的「射距外戰法」，從遠距離出動攻擊隊，但早早捕捉到日機接近的敵人，用大量的格魯曼F6F地獄貓起飛迎擊，結果演變成所謂的「馬里亞納獵火雞大賽」，我軍的攻擊隊被打得七零八落。

不只如此，敵艦的對空武器還裝備了接近飛機就會引爆的VT信管。這種新武器的登場，讓日本飛機更是大傷腦筋。

據我軍攻擊隊第一線的飛行員所稱，他們對所謂的「射距外戰法」完全沒什麼好評，畢竟這是只要一踏出去，就得展開「削肉斷骨」式肉搏攻擊的戰法。

但是，或許是因為這種「射距外戰法」，美國攻擊隊在十九日幾乎都無法對我軍空母部隊展開有效的攻擊。

但是意想不到的伏兵，正悄悄逼近小澤艦隊。

十九日上午八點十分，小澤艦隊的旗艦大鳳號空母遭到美軍潛艦青花魚號（USS *Albacore*, SS-218）攻擊，機庫內的瓦斯爆炸，在下午四點五十二分沉沒。

還不只如此，好幾次擔任機動部隊旗艦的翔鶴號，也在上午十一點二十分遭到美國潛艦棘鰭號（USS *Cavalla*, SS-244）攻擊，在下午兩點十分沉沒。

因此，小澤長官只能暫停空戰、重整兵力，下令在二十日上午七點，於塞班島西邊六百五十浬處集合。

在後方（西方）的雪風艦橋上，寺內艦長、柴田先任軍官、田口航海長等人把臉湊在一起閱讀電報、了解戰況。但他們在二十日早上才朝集結地點行動。之所以如此，是因為考慮到要補給重油，以備再度決戰。

轉移到羽黑號的小澤中將，在這天（二十日），讓殘存飛機的大部分飛到瑞鶴、飛鷹號上，考慮對美國航艦特遣艦隊展開逆襲。

正午，小澤司令部將旗艦從羽黑號改換成瑞鶴號，這是因為對羽黑號的通信能力信心不足。

雪風艦橋的寺內艦長與田口航海長因為屢屢變更旗艦，感到頗為不安。

下午一點二十分，開始補給。

下午三點左右，察知敵方航艦大部隊正從東方逼近的小澤司令部，因為我軍飛機太少，所以放棄射距外攻擊，轉而要透過黃昏攻擊與夜戰擊破敵人，於是決定向三二〇度方向急速退避。

當時，小澤部隊的殘存飛機數只有一百二十七架左右，已經減少到低於編制的四百五十架三分之一程度，怎麼想都不可能進行對等決戰。

下午三點二十分，第一、第二補給部隊奉命往西方退避，雪風和卯月號護衛停止補給的玄洋丸、梓丸往西航行。

下午五點四十分左右，美軍約兩百架飛機來襲，在夕陽映照的火紅雲彩下，向浮現出清晰剪影的一航戰（瑞鶴）、二航戰（隼鷹、飛鷹、龍鳳）襲擊而來。

一航戰有五十架、二航戰有四十架、游擊部隊（戰艦、巡洋艦）有二十架，位在最西北的雪風等補給部隊也分配到了三十五架敵來襲機。

「要來了喔！」

在「各就各位！」的廣播聲中，艦橋後部探照燈員久保木尚二等兵曹衝上鋁梯。

這天下午是由他負責值瞭望更。

因為沒有敵襲，所以維持「艦內哨戒第二配備」，分兩班輪流。

值更人員集結在信號甲板上，聽掌砲長菅原少尉提點瞭望的注意事項。

「就在剛剛幾分鐘前，中部機砲瞭望員在右舷正橫向靠近海平線處，發現了可疑的白浪。要仔細留意瞭望啊，好好幹！」

接收到這個命令，久保木兵曹奔赴中部二號機砲座，專注地進行對空對潛瞭望。那是一項單調的作業，眼前只有藍天與白雲隨著波浪的起伏而上下晃動。

補給部隊為了對潛警戒展開之字運動。推進器故障的雪風，總給人好像震動個沒完的感覺。

平安值完兩個小時的更後，久保木走下甲板。

雖然是在北緯十五度左右，但熱帶午後的太陽相當酷熱，甲板就像是要燒起來一樣炎熱。

當他看著前方航行的運輸艦龐大的身影時，「各就各位！」的警報聲忽然響起。

他衝上二號煙囪後部探照燈的位置，幾乎同時，負責同一個部位的米谷好美兵曹也趕到了。

各崗位火速向艦橋報告準備完成。

「後部機砲配置完成！」

「一號砲配置完成！」

「二號聯管配置完成！」

這邊也像是不服輸地報告說：

「探照燈配置完成！」

白天，探照燈員也要操作機槍，但到傍晚時分就奉命要進行探照燈勤務。

探照燈是透過艦橋後部信號甲板桅杆正下方的管制器來操縱，負責這邊的是管制器長佐田上等兵曹。在佐田兵曹的操縱下，探照燈確實地往左右九十度迴旋。

在喊出「配置完成」過了十五分鐘左右，從艦橋傳來瞭望員的回報。

「敵機約五十，左前方海平線上！」

久保木兵曹從探照燈台探出身子，往左前方凝視。在海平線稍微往上、被夕陽染成一片深紅的雲層上方，可以看到像是牛虻般的點點集團。

——來了啊……

首次上陣的久保木緊張不已。

「對空戰鬥！」的命令下達。

已經跑上射擊指揮所的柴田砲術長，跑到更上面的防空指揮所指揮迎擊。

「對空戰鬥！」

「開始砲擊！」

從艦橋天頂的圓窗探出那顆宛若海坊主般的大頭，寺內艦長一邊緊盯著敵機，一邊下令。

「開始射擊！」

魁梧的柴田在艦橋望樓的最頂端大喊。這時候，大鬍子艦長與大聲的砲術長，給人一種意氣合一無間的感覺。

一號、三號砲塔的十二點七公分主砲，開始砰、砰地轟個不停。

久保木兵曹從探照燈台一望，機翼閃閃發光的牛虻集團，正從左邊往右邊移動。

從雲層上方到青空之中……給人一種像是要融入其中、又沒有融進去的格格不入感。

一號砲緩緩追瞄著這個機隊。

運輸部隊開始右轉掉頭。現在要面對的不只是潛艦，還有飛機。

敵機群在左後方，呈現追趕的態勢。

敵機分成四個編隊，兩個編隊往左邊船團，另外兩個則往這邊飛來。

玄洋丸和梓丸也拚命奔馳。這邊陪著跑的是雪風與卯月號，清洋丸等第一補給部隊則是響號伴隨。

往這邊的敵機是兩個編隊，一個編隊約有十架。

敵機逼近而來。以雪風為首，卯月號與響號一齊展開射擊。

襲向補給部隊的，是敵軍俯衝轟炸機隊與戰鬥機隊。

「機砲，開始射擊！」

十四門二十五公厘機砲吐出火舌。

「從右邊來了喔，右滿舵！」

艦橋的田口航海長聽到把頭探出艙頂的艦長這樣說，立刻向操舵員下令：

「右滿舵，快！」

只能開到二十六節的雪風全身震顫著，艦體左傾、往右掉頭。

往隔壁一看，卯月號也在猛烈射擊。

敵機是寇蒂斯SB2C地獄俯衝者式俯衝轟炸機，陪伴的則是格魯曼F6F地獄貓戰鬥機。

地獄俯衝者式往運輸船方向前進，戰鬥機則似乎打算牽制住驅逐艦，朝這邊飛舞而下，展開機槍掃射。

玄洋丸也用數量不多的機砲拚死應戰。雪風靠近後，也一同展開彈幕掩護。

然而，一顆、兩顆炸彈命中了玄洋丸。隨即火光竄起，玄洋丸的速度似乎慢了下來。

一擊得手後，這次是四架戰鬥機朝雪風襲來。這時候艦橋上下達了「準備照射！」的命令。（砲術長柴田對這個命令沒有記憶，所以應該是艦長下達的）

——哎呀，明明還很亮，也沒有看見敵艦啊……久保木雖然一直凝視前方，但立刻明白

格魯曼 F6F 地獄貓，推進器損傷的雪風無法跑出高速，迴避相當辛苦，但據說還是打下了三架。

這是用探照燈的光線，讓敵機飛行員暫時目不見物的戰法。

牛虻般的敵機接近，變成了鳥的樣子，接著更加逼近。

「開始照射！」

探照燈點亮了光線。雖然是白天照射，光線還是很強。

在光芒中被捕捉到的領頭飛機，大概是因為目眩的緣故，做了一個大迴旋、急速上升迴避。

接下來光芒對準二號機……這架飛機也急速迴旋。已經逼近到一千公尺左右，二十五公厘機砲的曳光彈，比想像更有效地被吸進了格魯曼機群中。二號機轟地噴出火舌，失速旋轉掉進了海水。三號機也遭到同樣命運，四號機則是慌慌張張逃跑了。

「怎樣，看到厲害了吧！」

「格魯曼什麼的，一台探照燈就足夠應付了啦！」

閒著沒事的探照燈員，不由得歡聲雷動。

在這場戰鬥中，雪風、卯月、響相當幸運沒有損傷，但空母部隊中，遭到魚雷、轟炸集中攻擊的飛鷹號中了一枚魚雷，接著又被潛艦命中一枚，在晚上七點三十二分沉沒。

補給部隊這邊，指揮官宮田榮造大佐所在的玄洋丸因為重創無法航行，所以由卯月號砲擊處置。（宮田大佐以拖曳補給油料的專家廣為人知，筆者身為海兵四號生的時候，他是第二分隊監事，曾承蒙他親切指導。這次他也平安歸來，戰後我們還有通信）

第一補給部隊的清洋丸也受到轟炸、引發大火，不得不棄船，由雪風進行雷擊處置。負責這個令人沮喪的任務，是水雷長齋藤國二朗大尉。因為成為水雷長後首次發射魚雷，竟是處置我方的運輸船，所以他表情極其沉鬱地下達了「魚雷戰準備」的命令。

按照田口航海長的手記，這時候雪風儘管跑不出高速，在閃避上也相當吃力，但還是打下了三架之多的敵機。

雪風官兵中也有人在處置清洋丸的時候，才首次知道九三式魚雷的威力。清洋丸接近一萬噸，但魚雷掀起的水柱居然跟它的水線長度差不多。

結束這項任務後，柴田砲術長對身邊的官兵說：

「來吧，明天敵人就要發動大規模空襲了，所以今晚大家想吃什麼就盡量吃吧！」

於是田口回到軍官室，拿起橘子罐頭就吃。在熱帶海上一邊汗流浹背一邊對空戰鬥，吃點潤喉的東西，感覺非常美味。

採取射距外戰法等戰略、懷抱深切期待的馬里亞納海戰，儘管派出了史上最大的艦隊，結果卻喪失了三艘空母，戰果只有戰艦南達科他號（USS *South Dakota*, BB-57）中度受創、航艦碉堡山號（USS *Bunker Hill*,CV-17）輕微受損、重巡明尼亞波利斯號（USS *Minneapolis*, CA-36）受到一顆極近距離落彈、第五艦隊旗艦重巡印第安納波利斯號（USS *Indianapolis*, CA-35）被一架飛機撞上導致輕傷而已。

我軍方面除了三艘空母外，瑞鶴、隼鷹、千代田、戰艦榛名、重巡摩耶都輕微受損。

小澤中將在晚上八點下達避退命令，機動部隊在二十二日進入沖繩的中城灣，二十三日返回瀨戶內海。空母的殘存艦載機數，僅剩下六十一架。

雪風等補給部隊在二十五日進入吉馬拉斯，但雪風因為推進器等需要修理，所以在七月三日隻身回到了吳港。

對雪風官兵而言，「阿號作戰」其實是場很令人失望的作戰。

雖然因為俥葉損傷沒能編入作戰艦隊，但因為是動員九艘空母與大和、武藏等新銳戰艦展開決戰，所以在他們的預想中，就算沒有大勝，應該也能獲得相當戰果——比方說擊沉艦隊型航艦兩艘、重創兩艘之類的，但最後卻連一艘也沒有擊沉。

不只如此，儘管美國艦載機隊是在二十日傍晚才來襲，但十九日就因為潛艦攻擊，喪失了兩艘主力空母。

在往吉馬拉斯的路上，柴田砲術長對艦長這樣說：

「艦長，果然機動部隊沒有雪風護衛就不行吧！」

聽了砲術長的話，大鬍子艦長苦笑著說：

「一點都沒錯啦。說起來，當我登上本艦在塔威塔威折斷俥葉的時候，其實就已經顯現出不吉之兆了——還不只這樣，『阿號作戰』這個名字也取得不好，聽起來就像是一邊『啊！啊！』驚訝地喊著，然後空母就沉掉了哪！下次一定要給本艦發射大砲魚雷的機會才對啊！」

田口站在一旁，露出悵然若失的表情。

這場海戰中，田口的同期也以小隊長身分參加，但聽說平均飛行時數只有三百左右。這種程度真能執行遠距作戰嗎？他想到自己也羽翼未豐，忍不住感到不安起來。

久保木兵曹的手記〈雪風不沉的傳說〉（雜誌《丸》一九八〇年九月號刊載）中，記載了雪風在返回內地途中，救助漂流的樽島丸八十名船員的插曲。

六月二十八日，雪風隻身從吉馬拉斯出航。

第二天，在看膩了藍海與跳躍的魚群後，艦上下達了對潛警戒命令，投下深水炸彈。這大概是用來讓昏昏欲睡的大家醒腦的吧！

再過一天，瞭望員又發出緊張的警報：

「右前方潛望鏡！」

人在後部機砲座的久保木兵曹，在機砲群長兼藏豪人兵曹，以及機砲長水田政雄兵曹的指示下操作機砲，以防潛艦出現。

但是看得更清楚後才發現，那既不是潛望鏡也不是司令塔，而是救難用的木筏。

艦橋先下令「收起作戰準備用具」，然後又接著說：「準備救助艇！」靠近這艘木筏一看，因為是用木材組合而成、尺寸很大，所以上面搭了好幾十人，帆布做成的帆張滿，往西方（台灣的方向）前進。

雪風放下小艇，開始進行救助。大概是已經漂流好一陣子的緣故，大家都瘦成了皮包骨，最後才開口說：

「我們是樽島丸的船員，被美國潛艦給擊沉了。各位日本的軍人，謝謝你們！」

但很遺憾的是，因為他們實在太過衰弱，所以在回內地的途中，有好幾個人不幸死亡。

回到吳港的雪風，進入因島船塢修理俥葉，到八月十五日為止待了一個月左右。這對終日處在戰雲之中的雪風而言，是難能可貴的「長期休假」。

艦長在這時候，也久違地和家人見了面。

寺內艦長這時候和夫人恭子一共有三個小孩。

長女久惠（一九三七年四月十九日生）、長子正義（一九四〇七月十三日）、次子信義（一九四三年七月十三日生），恭子夫人帶著三個孩子一起來到因島。

去年底在逗子櫻山的家裡道別，半年的時間，三個孩子都長大了不少。

長女久惠在這年春天剛上小學，她很清楚記得父親的樣子。

「爸爸，你看，久惠會這樣寫字了喔！」

久惠在旅館房間裡隨意躺在父親寬闊的膝蓋上，給父親看看自己引以為傲的國民學校筆記簿。

「哪裡哪裡？哎呀呀，寫得很好喔！那，接下來就可以寫信給爸爸了，對吧！」

大鬍子艦長笑容滿面，將筆記簿拿在手上。

快要五歲的長子正義也多少記得父親的臉，有點害羞地靠到父親膝旁，但去年夏天剛出生的次子信義，並不記得父親的樣子。

「你看，是爸爸唷！」

恭子夫人這樣說著，將信義交到寺內艦長懷裡，但大概是因為鬍鬚很可怕吧，只見信義嘴角一彎，開始大哭起來。

「哎呀，老爸是這麼可怕的傢伙嗎？」

寺內把孩子舉起來飛高高，信義停止哭泣，一動不動凝視著父親魁梧的樣貌，然後咧嘴笑了。

——果然血濃於水啊……

恭子夫人這樣想著。

雖然是豪傑，但有天真浪漫一面的寺內，也會為了孩子而煩惱。雖然時間很短，但對他而言，這是個忙裡偷閒，在瀨戶內海的悠長假期。

在史上最大海戰中存活下來
——充滿悔恨的海上悲劇

從因島回到吳港的雪風，再次進行了對空武器的強化。雪風在兩舷的前、中、後部加裝了十門二十五公厘單裝機砲，後部兩舷加裝了四挺十三公厘單裝機槍，總計二十五公厘二十四門、十三公厘四挺，簡直就像是對著天空豎起尖刺的刺蝟一般。

除此之外，全艦還盡可能撤除了可燃物，水密區劃分也力圖萬全，以備下一次的決戰。

稍早之前雪風還在船塢中的時候，大本營為了迎擊急遽北上的盟軍，在七月二十六日制定了「捷號作戰」（捷号作戦）。軍令部總長嶋田繁太郎大將（八月二日由及川古志郎大將接任）對各艦隊司令長官等，下達了關於本作戰的指示。

「捷號作戰」雖然如以下所示，按預期決戰海域分成一號到四號，但大本營海軍部與聯合艦隊司令部（ＧＦ）關注的，當然是麥克阿瑟的主攻目標——菲律賓方面。

捷一號　菲律賓方面

捷二號　九州南部、西南群島與台灣方面

捷三號　本州、四國、九州方面，視情況包含小笠原群島方面

捷四號　北海道方面

八月四日，豐田ＧＦ長官發布了「捷號作戰要領」。

其基本構想如下。

一、第一游擊部隊（以第二艦隊為骨幹）從汶萊方面向敵人登陸地點突擊。

二、第二游擊部隊（五艦隊）以及機動部隊本隊從內海出擊，將敵人誘往北方。

三、一航艦、二航艦將全部航空兵力集中在菲律賓。

在這個階段，似乎早早就已經決定瑞鶴、瑞鳳等機動部隊的命運，是要做為誘餌作

戰——也就是全滅。

這段期間盟軍也持續北上，八月十二日對帛勞群島的貝里琉（Peleliu）、安加爾（Angaur）兩座島嶼進行猛烈砲擊。九月九日，美軍航艦特遣艦隊對民答那峨島的達沃展開空襲。這時候瞭望員因為做出「敵軍登陸」的誤報，所以航空部隊大為緊張，想說「是不是要發動『捷一號作戰』了」，於是把飛行部隊增援到宿霧島。但糟糕的是，這批增援飛機在十二日遭到敵人空襲，有大約八十架零戰在地面遭擊毀，陸軍第四航空軍也遭到不小損傷，這就是俗稱的「達沃誤報事件」。

九月十五日，美軍在貝里琉和哈馬赫拉群島的摩羅泰島（Morotai Island）同時登陸。兩年前從菲律賓撤退的時候，麥克阿瑟曾經撂下一句：「我會回來的（I Shall Return）」，因此他會鎖定菲律賓，已經是不證自明的事實。

但是，擅長「跳島戰術」的美軍，究竟會直接登上正在一步步變成巨大要塞的菲律賓，還是會跳過菲律賓，在台灣或是沖繩一帶登陸，僅將菲律賓削弱呢？GF司令部（九月二十九日從內海的旗艦大淀號，轉移到東橫線沿線日吉台的慶應義塾大學校內）不斷推演對策，摸索發動「捷一號作戰警戒」的時機。

另一方面，這段期間雪風也一如往常忙於護送艦隊。

八月十八日，雪風為了護衛準備「捷號作戰」，必須補給油料的第一戰隊（大和、武藏）而奔赴林加泊地。之後雖然在九月十日返回吳港，但接著又在九月二十三日，護衛第三夜戰部隊的二戰隊（山城、扶桑）從吳港出擊。十月四日，雪風進入林加泊地，和栗田中將的第二艦隊會合。

這時候，十七驅的濱風、浦風、磯風也一起進港。

田口航海長的手記中，記載了一起救助溺水者的事件。

當雪風沿豐後水道南下、抵達九州西南方海域時，颱風季的海浪依然相當洶湧，波浪一波波沖刷著甲板。

突然，行駛在前方的警戒艦浦風號的信號桅杆上，掛起了「我們有人落水」的信號。

仔細一看，在浦風號青白色的航跡中，可以看到黑色的人頭若隱若現。

這時候寺內艦長的處置相當漂亮，他對航海長說：「喂，不要看漏了落水者喔！」然後對浦風號發出信號說：「我們會救助落水者。」接著他先將船艦停在落水者的上風處，然後順著風的流向接近落水者，最後再熟練地把人救上來。

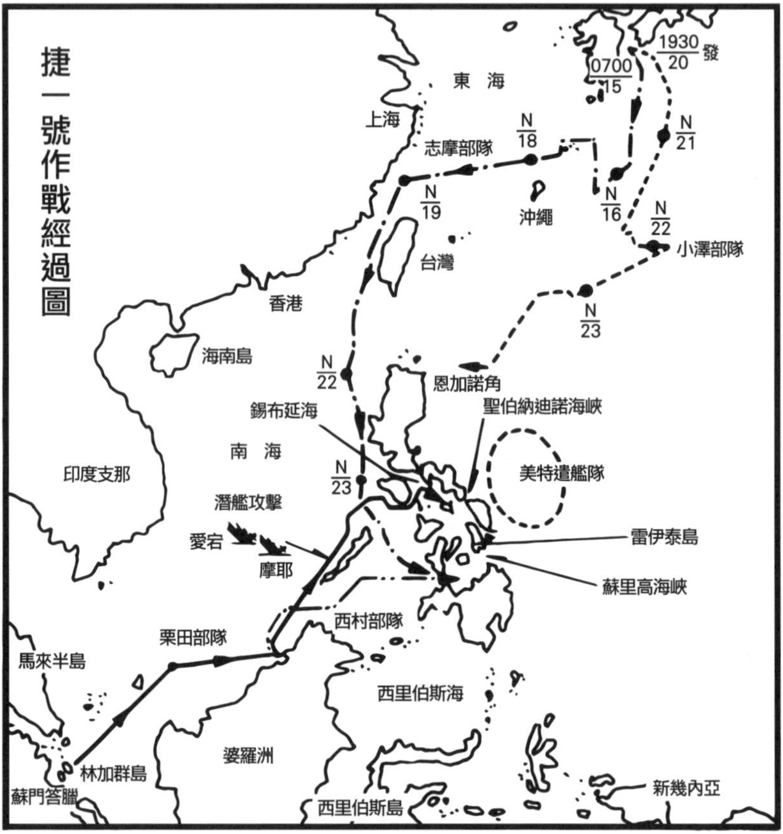
捷一號作戰經過圖
東海
上海
0700/15
1930/20發
志摩部隊
N/18
N/21
N/19
N/16
N/22
沖繩
台灣
小澤部隊
香港
N/23
海南島
N/22
恩加諾角
聖伯納迪諾海峽
錫布延海
南海
美特遣艦隊
印度支那
N/23
潛艦攻擊
愛宕
摩耶
雷伊泰島
蘇里高海峽
西村部隊
栗田部隊
馬來半島
西里伯斯海
婆羅洲
林加群島
蘇門答臘
西里伯斯島
新幾內亞

製圖／蔡懿亭

看到落水者狀態還不錯，雪風的官兵都鬆了一口氣。大鬍子艦長也有這種細心的一面。

浦風號艦長橫田保輝少佐也很欣喜，向雪風發了這樣一則訊息。

「感謝你們迅速的救助，就拜託你們把落水者帶到下一個停泊港了！」

這位落水者於是就充當起雪風的瞭望員，一路搭便船到了林加。

十月四日，雪風進入林加泊地。久違地目睹第一線艦隊的威容，田口感動不已。他心想，這次真的要在艦隊第一線服勤了。

事後調查的結果顯示，雪風南下的九月下旬到十月上旬，正是美軍特遣艦隊奇襲達沃、馬尼拉方面的時間點，雪風得以伴隨兩艘身軀龐大的戰艦，平安無事地漂亮鑽過了空檔。

十月十日，美軍航艦特遣艦隊出動合計九百架飛機空襲沖繩，十二日又出動一千四百架飛機空襲台灣。

十月十二、十三兩天展開了「台灣航空戰」，日軍發表擊沉美軍十艘以上航艦等戰果。但實際上美軍損失甚微，這項誇大報告是讓之後的戰鬥指導出現嚴重差錯的原因之一。

十月十七日上午六點五分，美軍的一艘戰艦、六艘驅逐艦逼近雷伊泰灣口的小島蘇魯安島（Suluan Island）。

位在該島的海軍觀測站在上午七點四十分發報說：「敵方準備登陸」，上午八點又發報說：「敵方開始登陸　天皇陛下萬歲」，接著便斷絕了音訊。

有鑑於九月九日的「達沃誤報事件」，GF司令部很慎重看待，但在上午八點三十五分，還是發布了「捷一號作戰警戒」的命令。

然而這是日吉GF司令部的命令，這時GF長官豐田大將正帶著參謀副長高田利種少將等人，為了指導台灣航空戰而來到台灣的高雄。

豐田大將是在早上八點九分於高雄下達GF命令：進行「捷一號作戰警戒」，比日吉的GF（由參謀長草鹿龍之介中將留守）要早二十六分鐘。

當時美國海軍的主力是以海爾賽（William Halsey Jr.）上將（旗艦戰艦紐澤西號〔USS *New Jersey*, BB-62〕）指揮的第三艦隊為核心，第三艦隊的主力則是米契爾（Marc Mitscher）中將（旗艦航空母艦列星頓號〔USS *Lexington*, CV-16〕）的第三十八航艦特遣艦隊，其編制如下。

▽第三十八・一特遣支隊（指揮官馬侃中將）：艦隊航艦胡蜂號、大黃蜂號。三艘輕型航艦。飛機兩百七十四架。三艘重巡、十五艘驅逐艦。

▽第三十八・二特遣支隊（波坎少將）：艦隊航艦無畏號、漢考克號、碉堡山號。輕型航艦獨立號。飛機三百零三架。戰艦愛荷華號、紐澤西號。五艘輕巡、十七艘驅逐艦。

▽第三十八・三特遣支隊（雪曼少將）：艦隊航艦艾塞克斯號、列星頓號。輕型航艦普林斯頓號、蘭利號。飛機兩百八十二架。戰艦華盛頓號、麻薩諸塞號、南達科他號、阿拉巴馬號。四艘輕巡，十四艘驅逐艦。

▽第三十八・四特遣支隊（戴維森少將）：艦隊航艦富蘭克林號、企業號。輕型航艦聖哈辛托號、貝勒森林號。飛機三百二十九架，一艘重巡、一艘輕巡、十二艘驅逐艦。

合計艦隊航艦九艘，輕型航艦八艘（航艦十七艘）。戰艦六艘、重巡四艘、輕巡十艘、驅逐艦五十八艘。

相對於此，日本海軍的核心是小澤中將的第一機動艦隊。這支兵力和「阿號作戰」時候相比，除了空母大鳳、翔鶴、飛鷹沉沒，隼鷹、龍鳳損傷缺席外，大致相差無幾。

首先是在林加泊地大舉集結、作為第二艦隊中心的第一游擊部隊，編制如下。

▽第一游擊部隊（栗田健男中將指揮）

▽第一夜戰部隊（栗田中將直屬）

第一戰隊　大和、武藏、長門
第四戰隊　愛宕、高雄、鳥海、摩耶
第五戰隊　妙高、羽黑
第二水雷戰隊 輕巡能代、第二驅逐隊、第三十一驅逐隊、第三十二驅逐隊、島風
以上總計戰艦三艘，重巡六艘，輕巡一艘，驅逐艦九艘。
▽第二夜戰部隊（第三戰隊司令官鈴木義尾中將指揮）
第三戰隊　金剛、榛名
第七戰隊　熊野、鈴谷、利根、筑摩
第十戰隊（司令官木村進少將）　輕巡矢矧
第十七驅逐隊（司令谷井保大佐）　浦風、磯風、濱風、雪風、野分、清霜
以上總計戰艦兩艘，重巡四艘，輕巡一艘，驅逐艦六艘。
▽第三夜戰部隊（第二戰隊司令官西村祥治中將指揮）
第二戰隊　山城、扶桑。重巡最上。四驅、二十七驅（只有時雨）。
以上總計戰艦兩艘、重巡一艘、驅逐艦四艘。

合計戰艦七艘、重巡十一艘、輕巡兩艘、驅逐艦十九艘，共三十九艘。

除此之外在瀨戶內海，還有小澤中將直屬的機動部隊本隊，與以第五艦隊為中心的第二游擊部隊在待命。

▽機動部隊本隊

▽第三艦隊（小澤治三郎中將直屬）

第三航空戰隊（小澤中將直屬）瑞鶴、瑞鳳、千代田、千歲。飛機一百八十架。

第四航空戰隊　戰艦日向、伊勢。輕巡大淀、多摩。

第三十一水雷戰隊　輕巡五十鈴。驅逐艦八艘。

▽第二游擊部隊（第五艦隊司令長官志摩清英中將指揮）

第二十一戰隊　重巡那智、足柄

第一水雷戰隊　輕巡阿武隈，驅逐艦四艘。

第二天（十八日），美軍航艦部隊加入對雷伊泰島（Leyte）的猛攻，午後艦隊侵入雷伊泰灣。

事態演變至此，陸海兩位總長在這天傍晚入宮謁見天皇、上奏狀況，請求天皇批准在菲律賓方面決戰。午後五點一分，「捷一號作戰」發動。

十九日上午，美軍在雷伊泰島的獨魯萬（Tacloban）開始登陸。

另一方面，十七日下午兩點，第一游擊部隊決定於隔日十八日凌晨一點，從林加泊地出擊，移動到汶萊灣。汶萊灣是位在婆羅洲西北部的海灣，中央有納閩島（Labuan），是個天然的良港，汶萊地區也以石油產地著稱。

第二天十八日，第一游擊部隊以第二部隊（第二夜戰部隊）帶頭，從林加泊地起錨往東北方前進。

雪風奉命打頭陣，和僚艦浦風、濱風、磯風一起，擔任第二部隊三戰隊（金剛、榛名）的直屬護衛。

按照預定計畫，栗田艦隊（第一游擊部隊）第二部隊在二十日上午十一點十分、第一部隊在正午，陸陸續續駛進了汶萊。和迄今為止停泊的林加泊地不同，這裡四周綠意盎然，到處是椰子樹與熱帶叢林。在汶萊港附近，有延伸到海上的水上聚落，讓艦隊官兵目不暇給。

現在還留有一張當時大和、長門、武藏並排投錨的照片，筆者自己則是在一九七九年六月，前往造訪汶萊灣內的納閩島。汶萊灣現在仍有郵輪和貨輪出入，回想起過去倒映在這個灣內海水中的帝國海軍艨艟身影，令人不禁感慨萬千。

從林加往東北方前進時，航海長田口中尉的內心感覺頗為沉重。

五個月前的五月十八日晚上，在從灣外巡邏回程途中，雪風劃過岩礁上緣，俥葉擦撞到岩礁，導致彎曲變形。

這次要是能平安無事就好了……雖然田口這樣想，但事實是，又有一些小麻煩降臨在原本應該很幸運的雪風頭上。

在從林加泊地出航不久，作為雪風主要電力來源的渦輪發電機就因為齒輪受損而無法使用，不得已只好被迫使用出力較低的柴油發電機。

「喂，又缺齒輪了嗎？不過這回應該跟航速沒關係了吧！」

寺內艦長稍微皺起眉頭說：

「總之，這種程度的話，大和號的鐵工應該能修得好吧！」

於是雖然在航行中，他還是拜託大和號，要艦上的工作兵幫忙打造齒輪。到了汶萊後，雪風的人員拿到齒輪並安裝上去，但還是不能順利運轉。結果只能放棄渦輪，光靠柴油發電機撐過嚴酷的雷伊泰海戰。

「真是沒辦法！總之，只要有我在，這艘船就不會沉，你們就安心的幹吧！」

大鬍子艦長一派輕鬆的發言，讓先任軍官柴田大尉、航海長田口中尉、水雷長齋藤國二朗大尉的臉上，都恢復了開朗的表情。

大約在這個時候，在日本海軍的水雷戰隊中，「雪風」和「時雨」已經並列被視為幸運艦，並有著「吳港的『雪風』，佐世保的『時雨』」這樣的稱譽。

時雨號是一九三七年前後建造的「白露型」驅逐艦之一，和有明號、夕暮號、白露號一同組成第二十七驅逐隊，開戰時起就在南方戰鬥。它和有明、白露一起參與了珊瑚海海戰、中途島海戰，八月以後轉往索羅門，參加了七次瓜島運輸作戰，在十一月十二日以後的第三次索羅門海戰中，也與夕暮、白露一起參戰。

在十一月二十九日的布納運輸作戰中，白露號受到損傷，之後時雨號直至一九四三年六月為止，都負責內地與吐魯克間的運輸，並在這年七月再次前進索羅門。八月她參加了維拉灣夜戰（Battle of Vella Gulf）、十月六日參加維拉拉維拉夜戰、十一月二日參加布干維爾島海戰，全都在戰火中毫髮無傷生存下來，其間還進行了運補。

第二年、也就是一九四四年的二月十七日，在吐魯克島的大空襲中，即便是時雨這樣的幸運艦也終究中彈受損，返回佐世保一直修理到四月十二日。

五月十一日，她護送三航戰前往塔威塔威，六月八日參與比亞克運輸作戰（渾作戰），接著又往馬里亞納海戰出擊，八月執行帕勞運輸。

十月二十五日的雷伊泰灣海戰中，她擔任西村部隊的護衛進入蘇里高海峽（Surigao Strait），雖然中了一發砲彈，卻平安回到了汶萊。

這段期間中，過去二十七驅的僚艦有明號在一九四三年七月二十八日，於新不列顛島的格洛斯特角遭轟炸沉沒，夕暮號在一九四三年七月十六日和熊野號一起前往庫拉灣，回程遭受敵機轟炸，在科隆班加拉北方的舒瓦瑟爾島（Choiseul Island）海域沉沒，這件事前面已經提過。

至於白露號則是在一九四四年六月十五日，擔任機動部隊第一補給部隊警戒隊的任務中，在民答那峨島附近發現敵潛艦的雷跡後進行迴避，但衝撞上清洋丸，引爆了深水炸彈，結果沉沒。

就這樣，二十七驅的四艘驅逐艦中，只有時雨號一艘生存到馬里亞納海戰後。在這一點上，她和人稱「會吃掉僚艦」的雪風頗為相似。

另一方面，從雪風所屬的十六驅逐隊來看，僚艦時津風號如前述，在一九四三年三月三日的丹皮爾海峽之戰沉沒。同樣在這年的十一月二日，在布干維爾島海戰中，初風號撞上重巡妙高號，沉沒。

接著是僅存的天津風號，也如前述在一九四四年一月十一日因魚雷攻擊失去了艦艏，直到一九四五年三月為止，都在西貢與新加坡修理，但之後仍在一九四五年四月六日，於廈門海域遭美軍飛機空襲沉沒。最後甚至是時雨號，也在一九四五年一月二十四日，蒙受遭美軍潛艦攻擊沉沒的命運……。

十月二十日傍晚，GF司令部根據電命作第三六七號（GF機密第二〇一八〇二號電），指示第一游擊部隊脫離第一機動艦隊司令長官小澤中將的指揮，轉由GF豐田長官直接節制。小澤中將的機動部隊在二十日午後收容艦載機後，從豐後水道一路南下。

停泊在汶萊的第一游擊部隊（栗田艦隊）幹部，在二十一日下午五點集合在二戰隊旗艦愛宕號上，檢討GF司令部的指示。之後栗田中將對IYB（第一游擊部隊）發布了以下命令。

一、任務

第一游擊部隊配合基地航空部隊、機動部隊本隊一起，在二十五日黎明時從雷伊泰島獨魯萬方面（靠北端）衝進去，擊潰位在該處的海上兵力，接下來殲滅敵攻略部隊。

（根據這份命令，栗田長官最初的出發點，是要擊滅雷伊泰灣的美軍海上兵力）

二、軍隊區分（略）第一、第二、第三夜戰部隊

三、作戰要領

第一游擊部隊的主力（第一、第二部隊）於十月二十二日從汶萊出擊，二十四日日落時分突破錫布延海（Sibuyan Sea）東方的聖伯納迪諾海峽（San Bernardino Strait），在薩馬島（Samar）東方海面上透過夜戰捕捉、殲滅位在該處的敵水上部隊後，在二十五日黎明時分衝進獨魯萬方面，摧毀敵船團以及登陸部隊。

第三部隊（西村部隊）在二十五日黎明時分，從蘇里高海峽（雷伊泰島南方）衝進獨魯萬，擊滅敵船團與登陸部隊。

另一方面按照GF司令部的命令，位在內海的志摩中將第二游擊部隊，也應跟在西村

栗田健男中將，在雷伊泰灣眼前掉頭，留下眾多的議論。

部隊後面衝進蘇里高海峽。

二十二日上午八點，第一游擊部隊的第一、第二部隊，目送西村中將的第三部隊，搶先一步從汶萊灣出擊。

對除了時雨號以外的第三部隊（山城、扶桑、最上、滿潮、朝雲、山雲、時雨）而言，這是最後的道別了。

栗田艦隊的主力按第一部隊、第二部隊的順序告別汶萊灣，踏上壯烈的旅程。

這時候雪風在第二部隊的金剛號右方，擔任護衛任務。第一部隊依順序，左方是愛宕（栗田艦隊旗艦）、高雄、鳥海、長門，右方是妙高、羽黑、摩耶、大和、武藏，愛宕和妙高之間相隔四公里。

二十二日半夜，栗田艦隊進入婆羅洲北方細長的巴拉望島（Palawan）與西方南沙群島（日本稱新南群島）之間的海域。

二十三日早上，當他們往航向東北方進擊的時候，雪風艦橋上的田口航海長在上午六點三十三分，發現航行在十公里左右前方的第一部隊左前方，掀起了好幾根沖天的巨大水柱。那是旗艦愛宕號被美軍潛艦海鯽號（USS *Darter*, SS-227）發射的四枚魚雷命中後掀起的水柱。

由於愛宕號被擊中，栗田長官等幹部只好游泳轉移到驅逐艦岸波號上。栗田長官在新加坡罹患了登革熱，這時候還沒完全康復，但他後來表示：「游泳讓我心情舒爽不少，更能用爽快的態度去進行指揮。」

接著，跟在愛宕號後面的二號艦高雄號也被兩枚魚雷命中。高雄號因此受到重創，不得不在朝霜號的警戒護衛下回到汶萊。命中高雄號的兩枚魚雷，是攻擊愛宕號的海鯽號用艦艉發射管射出的四枚魚雷中的兩枚。海鯽號在短短幾分鐘間，就給予兩艘重巡致命一擊。

遠望第一部隊的左方陸續掀起大水柱，雪風官兵全都深感不安。果然，接下來跟在高雄號後面、在鳥海號右方四公里處行駛的摩耶號，在上午六點五十七分被四枚魚雷命中。這僅僅是愛宕號中雷後二十四分鐘的事，下手的是美軍潛艦鰷魚號（USS *Dace*, SS-247）。

這時候在巴拉望島西方海域，除了海鯽號、鰷魚號外還有另一艘潛艦，但因為位置落後，沒能發射魚雷。要是美軍接下來還部署了兩三艘潛艦，那大和、武藏等也會成為完美的目標。

巴拉望島西方的新南群島海域因為水深甚淺，容易被飛機發現，所以並不是適合潛艦行動的海域。

摩耶號在上午七點五分，以近乎瞬間沉沒的方式下沉，艦長大江覽治以下三百三十六名官兵和艦艇同亡。

上午八點三十分，人在驅逐艦岸波號的栗田中將，對大和號發出電文：「預定將旗艦變更為大和號，直到本職轉乘之前，由第一戰隊司令官指揮。」依照這項命令，上午九點十五分，第一戰隊司令官宇垣纏中將接掌了艦隊指揮權，並將命令內容告知各艦。

——又是旗艦一開始就被幹掉嗎……？

雪風艦橋上的田口中尉，心中掠過一道不吉的陰影。被潛艦幹掉三艘重巡，固然是不吉之兆，但接下來當美軍航艦特遣艦隊的艦載機隊殺到的時候，我方航空部隊真能做好掩護嗎？他埋首注視著海圖台，再過去還要從民都洛島（Mindoro）南方通過塔布拉斯海峽（Tablas Strait）進入錫布延海、穿過狹窄的聖伯納迪諾海峽出薩馬島東邊，然後再南下到雷伊泰灣。除了兩道海峽之外，途中還有好幾處狹窄的水路，很有可能有潛艦埋伏等待。

二十三日下午三點四十分，大和號停船，讓岸波號上的栗田中將司令部轉移過去，轉而以大和號為旗艦繼續作戰。

這天晚上十一點，第一部隊通過民都洛海峽，二十四日清晨通過塔布拉斯海峽後，第一部隊、第二部隊陸續進入錫布延海，也就是失去巨大戰艦武藏號的宿命內海。

就在通過塔布拉斯海峽時的上午七點三十分左右，雪風艦橋上的瞭望員報告：「疑似敵方飛機，右三十度、一〇〇（十公里）」。

和美方飛機的接觸從一開始就發生了。

「這一天終於到了啊！」

把帽子的繫帶重新繫緊的寺內艦長，對跑上射擊指揮所的柴田砲術長大聲強調說：「喂，鐵砲，這一天終於到了啊！」

上午七點四十五分，大和號上的栗田長官準備對空戰鬥，下令第一部隊組成接敵序列、第二部隊採警戒航行序列。

第一部隊以大和號為中心，在右邊和左邊分別是武藏與長門占位，周圍是輕巡能代、重巡鳥海、妙高、羽黑，在更外側則是七艘驅逐艦圍成輪形編隊。十二公里後方的第二部隊以金剛、榛名為中心，周圍是矢矧、熊野、筑摩、鈴谷、利根。在更外側，右側是野分、清霜、雪風，左側是浦風、濱風、磯風組成輪形編隊，雪風在三戰隊二號艦榛名號右後方兩公里處占位，負責反潛、對空警戒。

上午十點八分，第一部隊先頭艦能代號的雷達探知到敵編隊，十點十三分，大和號的雷達也探測到一三〇度、八十五公里處有大編隊。十點二十三分，雪風的瞭望員也發現了這支編隊。

「對空戰鬥！」

寺內艦長命令一下，擴音器高亢的聲音便轟然鳴響。

在射擊指揮所中，砲術長一邊下令射擊準備，一邊眺望各艦。各艦艇不管高射砲還是機槍，全都骨碌碌地轉動起來。

這次來襲的美國航艦特遣艦隊第一波，是波坎隊的二十一架格魯曼F6F地獄貓戰鬥機、十二架寇蒂斯SB2C地獄俯衝者俯衝轟炸機、十二架格魯曼TBF復仇者魚雷攻擊機，合計四十五架。這時候，美軍航艦特遣艦隊的雪曼隊在呂宋島東岸的波羅島（Poro Isla，馬尼拉東方一百一十公里）東方海面、波坎隊在聖伯納迪諾海峽東方海域、戴維森隊在雷伊泰灣附近，馬侃隊則為了補給前往烏利西環礁（Ulithi Atoll），沒有參加這場海戰。

面對往東北前進的栗田艦隊，美軍飛機背對太陽，從九十度方向接觸，在距離兩萬公尺處分成三隊，以俯衝方式展開突擊。

上午十點二十六分，大和號在距離一萬五千公尺處打開了高射砲的砲門。在艦橋上的一戰隊司令官宇垣中將，是直到一九四三年四月為止都擔任GF參謀長的猛將型指揮官，他用斜眼看著莫名意氣消沉的栗田中將，以及負傷的小柳第二艦隊參謀長，和艦長森下信衛少將（一九四四年十月十五日晉級）交換了一個「今天就要大幹一場！」的視線。

第一波美軍飛機鎖定了第一部隊。

雪風的四門十二點七公分主砲雖然對空猛烈射擊，但總有砲彈搆不到邊的感覺。

美軍穿過第一部隊熾烈的機關砲火，三支部隊分別瞄準了大和、武藏、長門與妙高衝去。

「嗯——，敵人也相當勇敢哪！今天的對手可難對付了哪！」

到現在為止仍算隔岸觀火的寺內艦長，用望遠鏡觀看著第一部隊的對空戰鬥，但突然發出了哀號聲：

「啊，不行，被打中啦！」

首先是大和號右後方的武藏被擊中。

上午十點二十九分，一顆炸彈命中了一號砲塔的頂蓋後彈開，接著又有兩顆極近距離落彈、一枚魚雷命中右舷後部，鍋爐室也有少量漏水，但速度並沒有降低。

同一時刻，武藏號前方的妙高號（第五戰隊旗艦）也面臨魚雷機隊來襲，三枚魚雷中的一枚命中了右舷後部，速度降低到十八節以下。五戰隊司令官橋本信太郎中將（一九四四年十月十五日晉級）將旗艦轉至羽黑號，在上午十一點三十八分，將旗轉移到該艦。（之後妙高號返回到汶萊）

「那種巨大的船隻當然容易被命中，但本艦是絕不會被打中的啦！」

寺內艦長一副無所事事的樣子。

第一次空襲後，栗田艦隊仍以二十四節往東北方前進。

接著在十一點二十四分，艦隊在馬林杜克島（Marinduque）與班頓島（Banton）中間轉換航向往東，朝錫布延海前進。

「第二波不久後就會來了吧！」

正當宇垣司令官在大和號艦橋上喃喃自語的時候，瞭望員高喊出聲：「右前方，潛望鏡！」

「全體動作！右六十度，緊急集體掉頭！」

宇垣司令官用信號旗打出指令。

站在艦橋左舷的宇垣中將，向坐在右舷椅子上的栗田中將使了個眼色，栗田中將也報以會意的眼神。這是一種默契，宇垣中將（四十期）尋求指揮艦隊機動的同意，栗田中將（三十八期）則以「交給你了」的姿態表態同意。

但站在一旁的小柳參謀長，則是用白眼瞪了瞪宇垣。

——雖說是從愛宕號轉乘到大和號上，但第一游擊部隊的指揮官還是栗田中將。因此儘管是迴避潛艦的艦隊運動，還是應該由栗田中將直接指揮才對吧！

小柳雖然這樣想，但昨天他和栗田一起游泳、自己也負了傷，完全沒有氣力站在陣頭指揮。

不管怎麼說，第一戰隊從今年二月起就受宇垣持續猛烈操練，在「渾作戰」中也是由他指揮。大和號官兵也都信賴這位猛將，宛若如臂使指般地追隨他。

就在「對潛迴避」（按照戰後資料，這時候並沒有美軍潛艦）、警戒「不存在潛艦」的時候，正午，第二波的空襲開始了。

這次敵人又是把目標鎖定了巨大的大和號和武藏號。大和號只中了兩顆極近距離落彈，但武藏號遭到十六架飛機襲擊，直接被兩顆炸彈命中，還受到五顆極近距離落彈襲擊。

接著，魚雷攻擊隊發射了六枚魚雷。

其中三枚命中左舷中部，武藏號的速度降低到二十二節，艦艏稍微下沉、開始掉隊。

「這樣不行啊！再這樣下去，武藏號會被幹掉的！岸波號和沖波號不打得更狠一點是不行的啊！」

在雪風的艦橋上，眼睛緊貼著雙筒望遠鏡的寺內艦長又開始哀號起來。

——西岡不知道怎樣了……？

射擊指揮所的柴田，這時候關心起同期的狀況。武藏號的高射砲指揮官西岡敬之大尉，在江田島一號生（四年級）時代，是十分隊的伍長。柴田當時則是在八分隊，兩個人常碰面，交情很好。

——西岡是個敏銳的傢伙，今天一定是在艦橋最頂上，劈哩啪啦地展開射擊吧！但是，如果不被炸彈擊中就好了，最好是連掃射也不要……柴田不由得擔心起西岡來了。

即便接連遭到空襲，栗田艦隊繼續在錫布延海東進。我方的基地航空部隊因為飛機數甚少，所以全力貫注在對美軍航艦特遣艦隊的攻擊，因此未能為栗田艦隊提供戰鬥機隊的空中掩護。

東進的栗田艦隊在下午十二點十八分轉向一五〇度，往錫布延島方向推進。此時，艦隊正嘗試進入錫布延海的中央地帶。

接著在下午一點十二分，首先是大和號探知到敵編隊，一點二十三分，第三次空襲開始了。

這次是二十五架飛機，首先針對第二部隊而來。他們鎖定了七戰隊右翼的熊野、鈴谷，以及為金剛號開路的矢矧號，轟炸機隊開始往下俯衝。

「開始射擊！」

伴隨柴田等待已久的大嗓門，雪風的主砲和二十五公厘機砲一齊吐出火舌。

矢矧的艦艄中了一發極近距離落彈，速度降低到二十二節。

另一方面，在下午一點三十一分，另外二十五架敵機襲擊了第一部隊的大和、武藏。大和號右舷中了極近距離落彈一發，前部中了一顆炸彈發生火災，但立刻成功滅火，損傷甚輕。

1944 年 10 月 21 日，在汶萊集結中的武藏與大和（右）。在兩艦旁邊，分別有最上與鳥海陪同。

但是受到沉重打擊、速度降低的武藏號，這次也成為攻擊的目標，中了五枚魚雷還有四顆炸彈，至此它總共中了九枚魚雷，損傷相當嚴重。艦艏已經沉到接近水面，速度也更慢，開始掉隊。

栗田長官於是放棄了和武藏號同行的念頭，開始考慮叫驅逐艦清霜號陪同她，回航到台灣的馬公。

艦隊在第三次空襲中的下午一點四十七分，將航向轉往一〇〇度，朝錫布延海的中央前進。這時候，針對第二部隊金剛、榛名的第二波空襲來了。

「混帳東西，我們連一根指頭都不會讓你們碰到的！不管怎麼說，有這艘雪風在啊！」

柴田大吼著下令：「機砲給我狠狠地打！」接著便開始驅趕往榛名號蜂擁而去的美軍飛機。這次

第二部隊並沒有受損。

第三次空襲後，栗田艦隊又轉向七十度，兩點十二分轉向零度。

接著在兩點二十六分，第四次空襲開始了，這次是針對長門號，要給她狠狠一擊。和雪風同樣幸運的長門號，只中了三顆極近距離落彈。但在接下來的攻擊中，大和號的前甲板直接中了一顆直抵水線下的穿甲彈，浸水達到三千噸。雖然她因此往左舷傾斜了三點五度，但在副長的指示下透過注排水大致復原，並沒有對航行構成障礙。

接著有八架敵機襲向長門號，但沒有造成損傷。這場第四次攻擊首次沒有針對武藏號，繼武藏號後，大和號也接著受創。雖然大家心裡都籠罩著陰影，但栗田艦隊還是繼續東進，從雪風指揮所中緊張眺望的柴田不由得鬆了一口氣。

接著在僅僅十五分鐘後，最後的第五次空襲殺到了。兩點五十五分，武藏號探測到敵方編隊。

栗田長官下令航向掉頭到二九〇度。

不遜於武藏號，榛名、金剛也早早就發現三十架敵機編隊，但敵機不斷增加，很快就到達一百多架，是這天（二十四日）最大的機數。兩點五十九分，榛名號開始對空射擊，雪風作為護衛驅逐艦，也不服輸地打開砲門。

下午三點十五分，艦隊航向一一〇度。

敵編隊分成三群，殺向第一部隊、第二部隊以及掉隊的武藏號。

這次長門號也中了兩顆直擊彈，三顆極近距離落彈。長門號的速度因此一時減低到二十一節，但三十分鐘後又恢復到二十三節。

在長門號左前方擔任護衛的藤波，也被命中兩顆炸彈。（藤波號之後在十月二十七日沉沒）

但是，大半的敵機都殺向了速度降低的武藏號。

武藏號左舷被命中了十一枚魚雷，還有十顆炸彈直接命中。因此武藏號往左舷傾斜更深，艦艏的最上層甲板被海水淹沒，上甲板也有很多人陣亡，呈現出一副悽慘的狀況。

貼近武藏號進行掩護的利根號和清霜號也受到損傷。

清霜號作為武藏號的護衛，奉命視情況護衛她經科隆島（Coron Island）開往馬公，因此靠近武藏號是理所當然的。但利根號以猛將著稱、名聞遐邇的艦長黛治夫大佐，因為不能忍受對武藏號見死不救，所以向第二部隊指揮官鈴木中將（三戰隊司令）請命支援武藏號，並在得到諒解後開始接近。

黛大佐（四十七期）是眾人公認的砲術專家，而武藏號艦長豬口敏平少將（四十六期）是擔任砲術學校訓導主任的砲術大師，因此人們普遍認為，正因武藏號裝有九門四十六公分砲，這兩位砲術專家對武藏號損失尤為惋惜。

利根號雖然中了兩顆直擊彈，但並不影響戰鬥航行。清霜號則是直接被命中一彈、極近距離落彈五顆，速度降到二十一節。

另一方面，也襲擊了第二部隊的敵機，用一顆極近距離落彈命中了位在金剛號旁邊的濱風號，讓她能使出的速度降到二十八節。

大和號上的栗田中將，對沒有空中護衛的艦隊慘狀皺起眉頭，陷入苦思。

再繼續往東前進的話，損傷還會不斷擴大。距離日落（下午六點二十一分）還有將近三小時。敵人位置很近，大概還會發動兩到三波攻擊。

到底我方的航空部隊在做什麼？就算不在第一游擊部隊上空擔任護衛，主力也應該朝敵航艦特遣艦隊發動攻擊，不是嗎？

栗田中將和小柳參謀長商量之後，一方面蒐集航空部隊的情報，同時也下定決心，為了避開敵人空襲而掉頭。下午三點三十分，他下令往左一齊掉頭，航向二九〇度（西北西）。艦隊以速度十八節，大致往西前進。

這時人在雪風射擊指揮所的柴田，在近距離看到了武藏號的狀況。艦艏的海水已經沖到第一砲塔附近，甲板上到處都是炸彈爆炸的痕跡，呈現出一副屍橫遍野的慘狀。

特別清楚可以看見的是，有一顆命中防空指揮所右舷的炸彈，似乎在第一艦橋炸了開來。

這一擊讓豬口艦長重傷、航海長仮屋實大佐、高射長廣瀨榮助少佐、測距長山田武男大尉戰死。

——被幹掉了啊，完全被狠狠的幹掉了。這樣沒問題嗎，不會沉掉嗎？

柴田一邊擔心，一邊想起在汶萊灣的情景。

進入泊地後不久，只有武藏號將外舷塗上鼠灰色的塗料。

「為什麼明明要去前線，還特地刷新漆？」

「雖然說反正都會被幹掉，但回來再刷就好啊……」

「簡直就像是在為死者化妝一樣啊……」

雪風上下不禁眾口議論紛紛。

現在看起來，豬口艦長或許是要展現決死的覺悟吧！

——不管怎樣，既然艦橋中了那麼嚴重的攻擊，那西岡或許也戰死了吧……

柴田最掛心的還是這件事。（事實上西岡大尉這時候平安無事，且直到現在依然健在）

栗田司令部在下午四點發出電文，表示將會暫時掉頭。位在日吉的豐田長官ＧＦ司令部也收到了這通電文，卻對這個狀況判斷深感困惑。

畢竟，這是早有犧牲覺悟的「捷號作戰」。如果因為兩三艘艦艇沉沒就喊著要撤退，那聯合艦隊的威信往哪擺？因此無論如何都得繼續向前進才行。草鹿參謀長、高田參謀副長、神重德先任參謀等人聚在一起商量後，決定發一封打氣的電報過去。

另一方面，往西前進的栗田艦隊，發現身處一片不可思議的靜寂，不由得大感不解。原本激烈萬分的空襲，一下子全都消失得無影無蹤。

——為什麼不再攻來了呢？明明天還很亮啊……

雖然感到困惑，但栗田中將還是在五點十四分對小柳參謀長說：

「折返吧。若是今晚穿過聖伯納（聖伯納迪諾海峽），明天就可以衝入雷伊泰灣。」

（這是ＧＦ發出打氣電報〔一八一三發報〕一小時前的事）

艦隊沿邦多克半島（Bondoc Peninsula）南方西進，來到馬林杜克島東南二十五浬的位置。（往邦多克半島海岸前進的武藏號，在這天晚上七點三十五分沉沒）

早上五點十五分，栗田艦隊再次掉頭，開始往東前進。

「全軍突擊，確信必有天佑！一八一三」大和號的天線接到這通ＧＦ的激勵電報，是在掉頭之後的一小時，這時候艦隊正在邦多克半島南方十五浬處持續東進，黃昏中還可以清楚看見正在熊熊燃燒的武藏號。那是艦體一半已經沒入海中的巨大戰艦的悲涼身影。

大和號艦橋上，栗田中將的臉上驟然浮現一抹冰冷的笑容。

——確信必有天佑？說是這樣說，但沒有飛機護衛的艦隊，究竟哪來的天佑？光是在日吉的陸地上對著桌上的地圖畫線，根本不了解被熾熱火焰籠罩的第一線慘狀。我才不要什麼天佑，我想要的是護衛的零戰，就算只有二、三十架也好。

即使如此，為什麼美軍飛機都不見了呢……？

在往東進的大和號艦上，栗田長官一邊仰望東方的天空，一邊掩不住狐疑的神色。

這個傍晚海爾賽上將的意圖如下。

雖然從早上開始就對東進錫布延海的中央部隊（栗田部隊）展開猛烈攻擊，但他還是很在意應該位處於北方的空母部隊（小澤部隊）的動向。

午後相當晚的時候，米契爾中將傳來報告說，在海爾賽麾下波坎隊（正在聖伯納迪諾海峽東出口警戒中）北北東方僅一百九十浬處，發現了小澤的空母部隊。

——好，明天就和小澤的瑞鶴號決戰吧！

就在海爾賽咬緊嘴唇、下定決心的時候，下午三點三十分，偵察機傳來報告說，栗田的中央部隊已經向西掉頭。

——很好，我們已經摧毀了大和型，栗田艦隊也開始撤退了。既然如此，我們航艦特遣艦隊就應該全力攻擊小澤的空母才對。

在這種判斷下，他下令麾下第三艦隊的所有航艦與戰艦全數北上。

因此，他沒有放心思去空襲栗田艦隊，也把聖伯納迪諾海峽的出口放了空城，結果就是爆發了第二天（二十五日）清晨，護航航空母艦對上戰艦大和號的對戰了。

不管怎樣，栗田部隊還是往東前進，晚上八點三十五分，艦隊抵達布里亞斯島（Burias）

與馬斯巴特島（Masbate）之間的馬斯巴特水道。

就像前面提到的，在這期間的晚上七點三十五分，武藏號沉沒了。艦長豬口少將以下，有一千多名官兵和戰艦共存亡。清霜和濱風，展開對生存者的救助。

武藏號沉沒後不久，大和號的天線收到了一封長文電報。那是來自GF司令部的電文。

一、第一游擊部隊如果就此折返，將從根本瓦解這次捷號的根基，今後再也沒有水面部隊衝入的機會。

二、我方基地部隊與機動部隊本隊，自今晚至明日黎明前，對敵特遣艦隊展開決死攻擊，應該可以期待獲得相當成果。

三、透過第一游擊部隊的突擊，至少可以讓第二戰隊與第二游擊部隊掌握衝入的機會，因此第一游擊部隊就算衝進「聖伯納迪諾」的時間點稍晚，至少在明日白天的戰鬥中要掌握住機會，和意圖阻止我軍的敵方水面部隊進行決戰。

讀到這封電報的栗田中將，和小柳參謀長面面相覷。

簡單說，GF司令部聽聞栗田艦隊掉頭，相當擔心進入蘇里高海峽的西村中將第三夜戰部隊、志摩中將第二游擊部隊的攻擊會變成孤立作戰，從而導致失敗。

——沒問題，我的艦隊已經再度回頭，逼近聖伯納了。儘管如此，無線電文還是花了太多時間……

栗田不禁抿緊了嘴唇。

另一方面在這天晚上，西村、志摩兩部隊雖然進入了蘇里高海峽，但關於這方面的記述我就予以省略。這兩支部隊在金凱德中將（Thomas C. Kinkaid）的第七艦隊阻止下吃了敗仗。西村部隊除了旗艦山城號外，還失去了扶桑、最上，指揮官西村中將也與山城號共赴黃泉。志摩中將的部隊雖然跟在後面進擊，但旗艦那智號和最上號發生衝撞，所以沒有多作戰鬥便後撤。

接著在二十四日晚上十一點十七分，栗田艦隊以驅逐艦打頭陣組成單縱隊，駛進了聖伯納迪諾海峽。

這是一條最窄處只有五浬（九點二公里）左右的狹窄水道。全艦燈火管制，在靜寂中潛入黑暗的水道。雖然衝出這條水道就是太平洋，但前面到底有沒有美軍艦隊埋伏以待？不只如此，直到進擊雷伊泰灣為止，美軍航艦特遣艦隊會出現，還是不會出現？艦隊上下即使掩藏內心的不安，卻仍然相當緊張。

和從汶萊出擊時相比，栗田艦隊的數量已經明顯減少了許多。

重巡愛宕、摩耶沉沒、高雄、妙高受損，戰艦武藏沉沒，驅逐艦朝霜護衛高雄號前往汶萊，長波號護衛妙高號前往科隆島。

濱風和清霜則為了救助武藏號的生存者而留在現場。

就這樣在二十四日半夜，通過聖伯納的艦隊是四艘戰艦、六艘重巡、兩艘輕巡、十一艘驅逐艦，合計二十三艘。

雪風跟在榛名的後方，通過了海峽。

人在射擊指揮所的柴田，一邊眺望著逼近兩側的島嶼上黑壓壓的樹木，一邊想起賴山陽的詩詞。

鞭聲肅肅夜渡河　曉見千兵擁大牙

他回想起來，感覺自己似乎能夠清楚理解上杉謙信的心境。

這一天——十月二十五日的日出，是六點二十七分。

午夜零點三十分剛過，栗田艦隊完全通過了聖伯納，並在凌晨一點四十五分，將一直指向零度的航向轉換成九十五度，準備進入薩馬島（位在雷伊泰以北）的北方海域。

周遭還是一片黑暗。

凌晨一點五十五分，栗田司令部按照預定，下令進行Y12索敵部署。

前方右翼是能代帶頭的二水戰，距離五公里處是五戰隊的羽黑、鳥海，距離十公里處的左翼是七戰隊的熊野、鈴谷、筑摩、利根，再距離五公里的最左翼是以矢矧號打頭陣，率領十戰隊的野分、浦風、磯風、雪風，雪風位在最後面。

在五戰隊與七戰隊中央後方五公里，右邊是大和、長門的一戰隊，距離五公里處則有金剛、榛名的三戰隊尾隨。

接著在凌晨四點，艦隊航向一五〇度，沿著薩馬島東岸大致往東南方前進，一路殺向雷伊泰灣。

上午九點，艦隊距離預定與西村部隊回合地點——雷伊泰灣內的蘇魯安島，僅有一百三十浬，以二十二節的速度，大概六小時左右就可以到達，距離很近。

已經接近天亮，並沒有發現潛艦的報告。過了五點，雲層愈來愈多，似乎有暴雨要到來。

上午六點，艦隊抵達蘇魯安燈塔正北方八十浬。

這時候大暴風雨來襲，艦隊大部分躲進了雨雲。

從雨雲出來之後不久的六點四十分，艦隊轉換航向為一七〇度，更進一步南下。

這時候，大和號的雷達探測到有飛機，鳥海、能代也同樣報告「發現敵機」。

雪風射擊指揮所裡的柴田相當緊張。問題是敵方飛機何時會展開攻擊。我們真的能躲過像昨天那樣熾烈的魚雷機攻擊轟炸，然後平安衝進雷伊泰灣，用大和號的四十六公分主砲，殲滅艦隊和運輸船團嗎？

在大和號艦橋上，栗田長官與小柳參謀長也在商量，因為已經日出、四周開始明亮起來，所以是否要變更成對空戰鬥用的輪形編隊？

突然在上午六點四十五分，大和號在一一五度、約三十五公里處，發現了好幾根桅杆。因為艦隊航向一七〇度，所以是位在左前方五十五度。

大和號艦長森下少將立刻下令：「左砲戰！」

九門四十六公分砲轟隆隆地往左迴旋。

這時大和號的位置在蘇魯安燈塔的三五七度、六十七浬處。

在艦隊左側衛先頭的十戰隊矢矧號最靠近敵人，六點四十五分，艦橋上的艦長吉村真武大佐等發現了兩根疑似戰艦的桅杆，不久後察覺到那是航艦的桅杆，全都大感驚訝，於是立刻準備好砲擊戰。

矢矧號這時候是在大和號左斜前方約十三公里處，因此敵航艦的位置大約是在一二五度、二十五公里處。

六點四十九分，野分號與十七驅的浦風號為首，磯風、雪風，也都發現了這艘航艦。海平線上三艘航艦的身影，清楚映入了雪風射擊指揮所內柴田的望遠鏡裡。因為暴雨雲往南方飄去，所以以暴雨的密雲為背景，平甲板的航艦宛若剪影般浮現出來。

毫無疑問，柴田認定這三艘是惡名昭彰的海爾賽第三艦隊，特別是昨天襲擊武藏號等，讓人深恨不已的米契爾第三十八特遣艦隊的艾塞克斯級艦隊型航艦。

——很好，既然宿敵在這裡，那今天就讓他們見識見識我們的厲害吧！

他將敵情告知一號、三號砲座與各機砲群的部下。

理所當然，各砲座的砲術科員也躍躍欲試。

從昨天的例子可以知道，航空母艦的飛機可以從一百到兩百浬遠飛來，結束攻擊之後再飛回去。即使是大和號的四十六公分主砲，射程也只能勉強到達四萬公尺，因此用軍艦的大

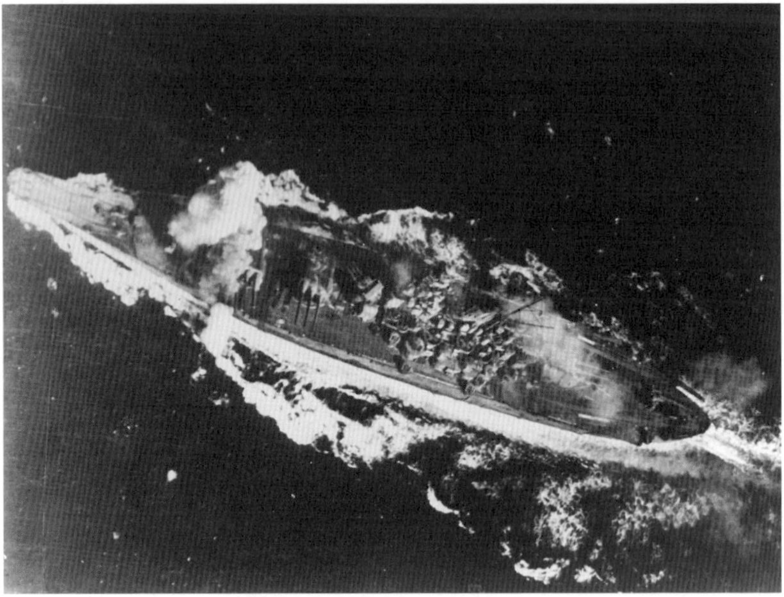

1944 年 10 月 24 日，在錫布延海遭到敵機攻擊的大和號。在第二天的戰鬥中，她首次鎖定目標，發射了 46 公分主砲。

砲和航艦作戰這種事，連想都不用想。

這是千載難逢的機會。之所以如此，是因為昨天傍晚海爾賽朝北方小澤艦隊前去，因此連針對栗田艦隊偵察的飛機都收了回去，結果就是保衛雷伊泰灣口的金凱德第七艦隊，以及附屬的專屬航艦編隊，對於栗田艦隊何時、又是從哪裡過來的，完全一無所知。

金凱德率領的戰艦群和巡洋艦，因昨天晚上防備強襲蘇里高海峽的西村艦隊而疲憊不堪，尚未完全復元，此刻在沒有獲得栗田主隊情報的情況下，將護航航艦編隊從北方並排駛入灣中。

雪風頂上的柴田，雖然對於沒能早點開火感到焦慮不已，但距離兩萬五千還太遠了。雪風裝載的四門五十口徑三年式十二點七公分砲，最大射程雖然有一萬八千四百公尺，但據柴田的理解，有效射程只有一萬五千到一萬六千。

——不早點接近到一萬五千不行哪……

柴田焦躁不已。艦隊持續加速。

這時候幹勁十足的，是日本海軍中堪稱最極端的大艦巨砲主義者——第一戰隊司令官宇垣中將。

大和號發現敵人桅杆（六點四十五分）後十三分鐘的六點五十八分，宇垣下令第一戰隊開始砲擊。

上午六點五十九分，大和號的前部六門火砲在距離三萬兩千處，發射了第一波砲彈。六發四十六公分砲彈帶著低沉的呼嘯聲，朝敵方航艦而去。

接著長門、榛名、金剛也依序開火。

水雷戰隊因為在三萬處，砲彈完全搆不著邊，所以只能一頭向前衝。

上午七點二分，大和號的司令部確認，敵方航艦一共有六艘。這是第一次（也是最後一次）大和號用主砲攻擊「敵艦」，但很遺憾的是我們不太清楚首波砲彈的彈著狀況。

不管怎樣，美軍航艦群因為巨大砲彈在附近掀起水柱，大受驚嚇是事實。雖然第一波就形成跨射，但因為遠距離又霧氣濛濛，所以並不清晰。七點零四分，長門號報告說，觀測到一艘美國航艦中彈，冒出黑煙。

幾乎就在同時的上午七點三分，栗田長官對戰艦部隊與巡洋艦部隊下令，「開始突擊！」非常遺憾的是二水戰和十戰隊，只是作為游擊隊跟在戰艦部隊的後方。如果對手是戰艦部隊的話，那他們應該會利用暴雨和雲層斷片展開肉搏雷擊，但因為對手是航艦與驅逐艦，會利用空襲展開反擊，所以司令部的意圖是用射程長的戰艦、巡洋艦的主砲對之加以壓制。

在大和號艦上觀看敵航艦狀況的栗田長官，看出對方為了發動飛機，正在往逆風向（東方）行動，於是為了妨礙之，讓一戰隊的航向轉往七十度、靠東前進。

這樣一來，一戰隊就變成往左前方前進、衝進十戰隊當中的態勢，於是矢矧號上的十戰隊司令官木村少將下令暫時掉頭北上，把進路讓給往東航行的一戰隊。

之後十戰隊把航向調回九十度，但暫時採取航行在持續用主砲、副砲砲擊的一戰隊北方五公里的態勢，這讓幹勁十足、一直想開火的柴田與寺內艦長，變得更加焦躁不安了。

但是，實際上到雪風主砲發出第一發砲彈為止，還必須歷經將近一個小時的持續前進。

接著在七點十分左右，艦載機飛了過來，對三戰隊、五戰隊進行轟炸與掃射。

敵人也朝十戰隊發動攻勢。

「什麼嘛，這些讓人火大的傢伙！」

憤怒的寺內艦長立刻下令對空戰鬥。

「全機砲，開始射擊！」

柴田也用憤怒的聲音下令。

宛若刺蝟般的雪風二十八挺機砲吐出火舌。

這時候擔任中部三號機砲砲長的水田政雄兵曹，有著以下的回憶：

——明明艦橋的望遠鏡中映出了好幾艘敵航艦，但因為主砲搆不著邊，只能讓人在那裡乾著急。然後又有像蚊子一樣的飛機飛過來，我們只能卯足了勁，一邊大罵「混帳東西！」一邊射擊。有一架飛機確實被擊墜了——。

上午七點十六分左右，艦隊的一部分鑽進了暴雨中，但出來後仍繼續前進，和逼近而來的敵護衛驅逐艦展開交戰。主要是由三戰隊、接著是一戰隊對這些美軍軍艦進行掃蕩。七點二十七分，大和號報告，擊沉一艘巡洋艦。（其實是驅逐艦強斯頓號〔USS *Johnston*, DD-557〕，沉沒時間為十點十分。這時候其實是躲入雨雲中，急速消失了身影）

柴田回想起來，這時美軍驅逐艦的反擊其實相當漂亮。

在這場戰鬥中挑戰栗田艦隊的，是攻擊驅逐艦強斯頓號、霍爾號（USS *Hoel*, DD-533，兩者皆沉沒）、赫爾曼號（USS *Heermann*, DD-532），護衛驅逐艦山謬・B・羅伯茲號（USS *Samuel B. Roberts*, DE-413，沉沒）、雷蒙德號（USS *Raymond*, DE-341）、約翰・C・巴特勒號（USS *John C. Butler*, DE-339），合計六艘。

面對從雨雲中突然出現、對航艦部隊猛烈射擊的巨艦部隊，他們就像襲擊巨象的獵犬一樣，飛撲而上、緊咬不放。

強斯頓號在上午七點四十分，對逼近而來的重巡熊野號，在距離一萬碼（九千四百十四公尺）處發射魚雷。七點二十分，其中一枚魚雷命中了熊野號艦艏，導致她掉隊，七戰隊司令官白石萬隆中將於是把將旗轉移到鈴谷號上。

除此之外，美軍的獵犬為了隱蔽航艦，還不停進行施放煙幕等動作，展現出不遜於日本水雷戰隊的拚勁，但付出的是三艘沉沒、兩艘（丹尼斯〔USS *Dennis*, DE-405〕、赫爾曼）重創的代價。

另一方面，這時候出現在栗田艦隊面前的護航航艦特遣支隊，是湯瑪斯・史伯格少將（Thomas L. Sprague）率領的第七十七・四・三特遣區隊（TG・77・4・3護航航艦區隊）中的一支——由克利夫頓・史伯格少將（Clifton Sprague）指揮的「塔菲三」（Taffy 3）。塔菲三包括了甘比爾灣號（USS *Gambier Bay*, CVE-73）、范肖灣號（USS *Fanshaw Bay*, CVE-70）、聖羅號（USS *St. Lo*, CVE-63）、白原號（USS *White Plains*, CVE-66）、加里寧灣號（USS *Kalinin Bay*, CVE-68）、基昆灣號（USS *Kitkun Bay*, CVE-71）六艘護航航艦，出現在大和號望遠鏡中的是白原號、甘比爾灣號、加里寧灣號這三艘。

根據白原號的戰鬥日誌，六點五十九分以後，他們遭到了三十六公分砲彈（三戰隊所發射）的三次跨射攻擊。

十戰隊接獲栗田長官「全軍突擊」的信號後，立刻勇猛加速到將近三十節，在上午八點五分逼近航艦部隊。在這之前，他們只能在戰艦、巡洋艦部隊的北方並行，一邊往東前進，一邊反覆進行對空戰鬥，持續著這種收斂（？）的航線。

上午七點十六分左右，巡洋艦部隊的熊野號記載美軍一艘航艦發生火災。但根據美軍戰史，最初中彈的航艦是加里寧灣號，時間是七點五十分，接著是甘比爾灣號，八點十分。

在一邊反覆展開對空戰鬥、一邊往東前進的雪風艦橋上，此時田口航海長正感受到暢快淋漓的感覺。

十戰隊以高速奔馳，等待發射必殺的魚雷。以一戰隊的兩艘巨艦為首，三戰隊、五戰隊、七戰隊正以退此一步便無死所的態度奮勇射擊。因為這是一場弔祭昨天在錫布延海沉沒的武藏號的復仇之戰，所以砲擊極度猛烈。

這也不是沒道理，畢竟大和、長門是誕生以來首次對敵艦進行主砲射擊，金剛、榛名也是自一九四二年十月十三日砲擊瓜島以來就沒動用過主砲。五戰隊、七戰隊在馬里亞納海戰也只以飛機為對手，堪稱無聊至極。

在田口航海長的後方，比他低一期的通信士國生健少尉（七十二期），一邊凝視著靠近海圖台的航跡自繪器、仔細記錄下本艦的航跡，一邊笑著對田口說：「航海長，海戰真是痛快哪！」

關於栗田長官下令「全軍突擊」（八點五分）為止，戰艦部隊、巡洋艦部隊的活躍表現，因為已經有專書記載，且我之前也有寫過，所以就大致彙整個概要，之後就予以省略了。

正如前述，大和號在七點二十七分報告，擊沉一艘巡洋艦（驅逐艦強斯頓號），但在這之後戰艦部隊因為雨雲、煙幕與敵機襲來，無法進行有效的射擊。

上午七點五十九分，脫離暴雨的金剛號開始對一艘航艦展開射擊，同時從大和號傳來電話連絡說，「敵航艦兩艘大火」。

另一方面，大和號在七點五十四分發現了美軍驅逐艦發射的六枚魚雷，於是左轉舵展開迴避，結果在六枚魚雷包夾下，直到八點四分這十分鐘間都在持續北進，長門號也跟著她動作。

這雖然是段有名的故事，但美軍方面的記錄並沒有記載發射魚雷的驅逐艦艦名，或許是霍爾號發射、但沒有擊中羽黑號的魚雷吧！

七點二十分，正如前述，熊野號艦艏中雷，速度降低到十四節，開始掉隊。同時二號艦鈴谷號也吃了一顆美軍飛機的極近距離落彈，速度降到二十三節。

五戰隊的羽黑號對驅逐艦和航艦展開猛烈射擊，陸續命中對方。七點四十八分以後，他們在右五十度、十九點三公里的海域發現一艘傾斜起火的航艦，於是展開了十九次齊射，最後在七點五十九分看到這艘航艦發生了大爆炸。

上午八點五分下令突擊之後，美軍十來架飛機對羽黑號展開攻擊，其中一彈命中了二號砲塔，杉浦嘉十艦長下令對彈藥庫進行注水。

接下來是八點五分，下令「全軍突擊」後十戰隊的戰鬥。

終於獲得突擊許可，自旗艦矢矧號艦橋的木村司令官以下，莫不幹勁十足。位在十七驅最後面的雪風艦橋上，大鬍子艦長則興奮地跳了起來。他把機關長竹內大尉找來，下了這個指示。

「喂，機關長，終於要衝了，把鍋爐的火給我燒到爆掉為止！」

「明白，這事就包在我身上吧！」

在機關科指揮所內，竹內機關長這樣拍胸脯保證。

這時候，敵方的飛機還是一樣，像渴望鮮血的牛虻般緊緊糾纏著十戰隊不放。

上午八點十分，矢矧號在右邊四十五度方向（方位一八〇度、也就是正南方）發現一艘應該是巡洋艦或大型驅逐艦的艦隻。

之後，因為美軍航艦似乎在從東往西南轉向，所以八點十九分，十戰隊也把航向從東南轉為南南西。

八點二十三分，在一九五度方向、十八公里處，從煙幕縫隙間發現疑似航艦的艦影。木村司令官企圖進行魚雷戰，於是下令「左魚雷戰」，但是不久後發現那只是一艘驅逐艦，於是矢矧號和十七驅的驅逐艦，開始對這艘軍艦進行砲擊。

「開始砲擊！」

雪風艦橋上，等待已久的寺內艦長大聲吼道。

「開始射擊！」

射擊指揮所的柴田也探出身子大喊。雖然想要幹掉航艦，但距離還有一點遠。（在八點二十分的時候，距離是二十五公里）

雪風與十七驅的驅逐艦，在八點二十五分到三十分為止，對這艘驅逐艦（羅伯茲號）進行砲擊並命中，但因為它隱藏在煙幕之中，所以木村司令官下令將目標轉向一六三度方向、十二公里處的另一艘驅逐艦（霍爾號）。

這時候，因為一戰隊南下到十戰隊的東方十二公里處，所以大和號一邊用主砲朝二十五公里遠方的航艦射擊，一邊用十五點五公分副砲對右前方的霍爾號持續攻擊。

大和號的主砲彈在八點十分命中甘比爾灣號，造成該艦發生大火，八點三十分嚴重傾斜。

接著，霍爾號在十戰隊與大和號夾擊下，在八點五十五分開始下沉，最後完全沉沒。（日方的記錄是八點四十分沉沒）

「幹掉了！」

射擊指揮所的柴田和指揮所員一起歡聲大作，向艦內廣播說：

「本艦用砲擊擊沉了一艘敵驅逐艦！」

水線下的機關科也歡聲雷動。

這時候，木村司令官看穿敵航艦群打算往西南方轉進，於是下令十戰隊的航向也跟著轉向西南，尾隨敵艦。

上午八點四十五分，矢矧號在二一〇度、十五公里處發現一艘正一邊施放煙幕、一邊往西南駛去的驅逐艦。不只如此，在它的後方，還可以看到煙幕中若隱若現的兩艘航艦身影。

木村司令官立刻開始考慮魚雷戰。雖然距離還有二十公里左右，但敵軍要進行飛機的起降，所以暫時只能維持一定的航向。因此他確信，用十戰隊五艘軍艦（矢矧、野分、浦風、磯風、雪風）四十門發射管射出的四十枚九三式魚雷來夾擊兩艘航艦，各艦一定可以命中個兩、三發。

於是木村司令官幹勁滿滿地在八點四十八分，向栗田長官作了以下的無線電話報告：

「兩艘航艦在我們方位一二〇度、兩萬公尺處，我們將對這兩艘航艦展開突擊！」

現在就是水雷戰隊獨領風騷的時候了。透過輕巡與驅逐艦的雷擊來炸沉戰鬥中的艦隊型規航艦（他們是這樣認為的），不正是驅逐艦官兵近來最痛快的事情嗎？至少這是日本海軍的頭一遭，在世界海戰史上也找不到先例了吧！

這時候在雪風艦橋上，水雷長齋藤國二朗大尉也是幹勁滿滿。

「左魚雷戰！左三十度，同航向的敵航艦二號艦！」

八門發射管骨碌碌地往左迴旋。

不管怎麼說，自今年春天從齊藤一好中尉那裡接下棒子以來，就完全沒有經歷過魚雷戰。

儘管一直在訓練，但在馬里亞納海戰中也只有對空戰。齊藤中尉好歹有在索羅門的科隆班加拉夜戰中發射過魚雷，但他就任以來十個月，卻只有進行發射訓練，部下們也一直死纏活賴地央求道：

「我們已經受夠只是擦發射管和魚雷的日子了啦！水雷長，好歹讓我們射個一發吧！」

——終於到了今天，可以如願以償進行雷擊了……

雖然齋藤水雷長這樣幹勁十足，但好事多磨，出現了出乎意料的阻撓者。

十戰隊為了取得射點，保持往西南的航向，但在八點五十分，從左前方的煙幕中突然躍出一艘驅逐艦對矢矧號進行砲擊，並發射魚雷。（從矢矧號的艦橋上看起來是這樣）

矢矧號看見這個「發射動作」，立刻往右急轉舵，並把四門八公分高射砲擺到水平、進行反擊。

浦風、雪風也對這艘令人惱火的美軍驅逐艦展開集火射擊。

這艘勇敢的驅逐艦在上午九點發生爆炸，並在九點十五分沉沒。

矢矧號上記錄這艘驅逐艦舷號是四一三，但美軍的記錄說，四一三號是羅伯茲號，而這艘軍艦似乎並沒有對矢矧號展開攻擊，因此這艘驅逐艦應該是強斯頓號。

強斯頓號在對巡洋艦戰隊雷擊後、尾隨航艦群南下的過程中，於八點五十分中彈，九點四十五分主機停止，十點十分沉沒。

儘管如此，因為強斯頓號的介入，矢矧號以下的十戰隊必須向右迴避，從而錯失了對航艦執行魚雷攻擊的機會，齋藤水雷長也只能遺憾得咬牙切齒。

這時候，早川幹夫少將（搭乘能代號）的二水戰（六艘驅逐艦），原本也和十戰隊並行，沿著西側南下，但因為十戰隊突如其來往西北轉向，所以也跟著往西北轉向，結果也拉大了和航艦之間的距離。

更詳盡一點敘述的話，上午八點五十一分，木村少將下令子隊（驅逐隊）進行「全軍突擊」。

聽聞命令後，十七驅與野分號都擺好了突擊的架式，但因為矢矧號往右轉向，所以他們也在往西北前進後，一邊避開跟右轉舵的矢矧號對撞，一邊為了重新擺出突擊架式將船艏轉往西南。接著，在受到那艘造成問題的美國驅逐艦（強斯頓號）砲擊、與之交戰並使之沉默後，他們在八點五十九分往左轉向，再度採取突擊航向。

這時，強斯頓號射出的一發砲彈命中了矢矧號的左舷軍官室，但對航行並不構成影響。

矢矧號在左艦艏方向透過煙幕，觀測到在一萬三千處有一艘企業級航艦，艦長吉村真武

石樽信敏大尉，雪風等十戰隊的旗艦矢矧號的水雷長。

大佐於是下令「準備發射魚雷！」九點四分，發射準備完畢。

這時，水雷長石樽信敏大尉（和柴田同期），正用艦橋的十八公分望遠鏡鎖定航艦，在他前面有一位輔助測距的兵長。

突然，從左舷方向有一架俯衝轟炸機衝過來，對艦橋展開掃射。子彈掠過正在等待「開始發射！」命令的石樽水雷長手背，當場血花四濺。另一發子彈則擊中了旁邊的兵長額頭，造成那位兵長戰死。

接著又有一發子彈命中了一號聯裝管裝填的魚雷鎖鉤，因此無法解除保險，有一枚魚雷無法發射。

吉村艦長在一分鐘後的九點五分往右轉舵，下令「開始發射」。

七枚魚雷從左舷倏地射了出去。

知道只射出七枚魚雷的石樽水雷長趕快調查，才發現如前所述，魚雷鎖鉤中了一彈。

就在石樽為手背止血的同時，矢矧號也往北轉向退避。

這時，子隊的四艘驅逐艦，位在矢矧號東南方約五公里處。

「矢矧號魚雷發射！」聽到這通電話，各驅逐艦全都士氣大振，但又焦急不已。畢竟，他們還沒有找到好的射點。

在最後面的雪風上，齋藤水雷長用十八公分的大雙筒望遠鏡緊盯著航艦，等待著寺內艦長「開始發射」的號令。

驅逐隊加速往西南前進，隨著艦長的「左魚雷戰！」

「準備發射！」

「開始發射！」命令，

齋藤水雷長也在九點十五分下令：「開始發射！」

這時候的發射，按照浦風（四枚）、磯風（八枚）、雪風（四枚）、野分號的順序，當時與敵方航空母艦的距離已經縮短至一萬公尺。

必殺的魚雷發射結束後，驅逐隊以司令驅逐艦浦風號打頭陣，往右轉向、開始朝北方退避。

艦橋上以寺內艦長為首，齋藤水雷長、田口航海長等全都屏氣凝神，等著看成果究竟如何。

一度北上的矢矧號在九點十五分往東南轉向觀察成果，驅逐隊也跟著右轉，同樣南下等待戰果。

關於這時候雪風艦橋的狀況，我們還是引用田口航海長詳盡的「手記」。

我們水雷戰隊以矢矧號打頭陣、十七驅跟在後面，為了追索敵人而南下。當我們穿越雨雲的時候，從雲縫間的海平線上出現了三艘護航航艦，以及護衛它們的一群驅逐艦。

敵我的距離為一萬數千公尺，敵航艦在海平線上有如貨車般並排停駐，身影清晰浮現。

水雷戰隊立刻展開拿手的襲擊（雷擊）運動。

矢矧號在一萬三千左右發射魚雷後掉頭迴轉，之後只有十七驅繼續突擊。

敵方驅逐艦拚命護衛航艦、施放煙幕，並從煙幕間展開砲擊。他們雖然是敵人，但表現得可圈可點。

敵方砲彈集中在我隊身上，在各艦周圍升起紅、黃、綠各種顏色的美麗水柱。簡直就像是冰棒從海裡面浮出來一般，持續不斷地向上伸展。

對在熱帶海域汗流浹背，又因為砲戰、魚雷戰的緊張，感到喉嚨乾渴不已的我們而言，這實在是相當能引發食慾的水柱。

試著眺望遙遠東方的我方部隊，在海平線上只能看見戰艦的望樓與桅杆，以及不時飄入遠望的視線中，主砲、副砲發射的黃褐色硝煙。

重巡羽黑、利根，似乎正往更南方前進，對準航艦的南側持續進展開射擊。（鳥海、筑摩因為中彈，腳步落後，利根號艦長黛治夫大佐、羽黑號艦長杉浦嘉十大佐則競相和航艦展開肉搏，予以猛擊。杉浦艦長在一九四五年五月十六日羽黑號於檳城海域沉沒的時候，與軍艦共赴黃泉。）

雪風在集中砲火中，為了確保魚雷射點筆直前進，我們全都由衷向神明祈禱，希望直到發射魚雷為止能夠平安無傷。

這種彷彿高舉匕首向敵人猛衝過去般的景象，感覺跟海兵時代推棒子競賽時，攻擊隊的先鋒一邊高聲吶喊、一邊向前衝鋒的心態頗為神似。

輪機轉速全開，以三十三節筆直前進，接下來我們只能祈禱平安發射魚雷了。能發射的魚雷數，只限於衝進雷伊泰灣時準備好的四枚。

我們終於占定了射點，從一號艦浦風號開始，為了左魚雷戰往右轉舵，同時按順序發射魚雷、然後退避。

浦風號之後，磯風號跟著發射。

寺內艦長大聲提醒瞭望員留意：

「要把發射出去的魚雷看仔細啊！」

艦長會這樣提醒，是因為進入水中的魚雷萬一故障打轉，搞不好會反過來傷到我方的艦艇。要是吃到一發九三式魚雷，鐵皮罐頭的驅逐艦肯定是沒有抵抗之力的。

幸好各艦的魚雷，似乎都很順利在急速奔馳。

終於輪到雪風了。

艦長下達「開始發射！」的命令後，我也下令「右滿舵」。

船艦開始向右掉頭。

我已經在等待魚雷發射了，但卻遲遲沒有射出。突然，齋藤水雷長對我說：「不好意思，航海長，發射失誤了。請再一次掉頭，讓我重新射擊吧！」

於是我們再度把航向調回原位，朝敵方航艦突擊，這次在距離一萬五百公尺處，隨著「右轉」的號令，水雷長用強而有力的聲音下令說：「準備發射，射擊！」隨即四枚魚雷便陸續躍入海中。

在彈雨紛飛中能充分理解狀況，並不斷修正瞄準的水雷長，他的冷靜判斷實在相當不錯。

發射後，水雷長拿起碼錶說：「魚雷奔馳的時間，大概正好要十分鐘。」

就在我們掉頭迴轉、努力趕上和前面艦艇的落後時，水雷長為了讓我們知道魚雷到達目標的時刻，大喊說：「準備，要擊中了！」

我凝視著敵方航艦，伴隨著「擊中！」的訊息，航艦奔騰起茶褐色的水柱。當水柱消失的時候，艦影也跟著消失。

在艦橋上，大家毫無預警、不分彼此地大喊出聲：「幹掉啦！」

我也為了將喜悅傳達給輪機室，跟他們連絡說：

「本艦的魚雷炸沉了敵方一艘航艦！」

輪機室的竹內機關長也回應說：

「機關科各部沒有異狀，士氣旺盛，柴油發電機漸漸運轉順暢！」

因為沒有預想到驅逐艦的魚雷居然能給航艦致命一擊，所以我們都欣喜萬分。

這一發讓許多敵機、敵軍掉入海中，我也不禁感覺，自己就算隨時死掉也沒有遺憾了。

在敵我錯綜複雜的砲戰中，雪風的砲彈命中了敵方深水炸彈，爆炸將敵艦艦艉擰了下來，陷入無法航行的狀態。

戰鬥告一段落的時候，出現了這樣一幕：一直在主砲射擊指揮所大聲指揮的柴田砲術長龐大的身軀出現在艦橋，豎起食指高興地報告說：「艦長，我們幹掉了一艘敵驅逐艦！」艦長也拍拍他的肩膀，表示慰勉。

之後，我們從這艘正在沉沒中的敵驅逐艦（羅伯茲號？）旁邊經過。敵方正在放下小艇棄艦中，我們可以清楚看到美軍被煙燻得黑黑的臉。

但是，十戰隊發射、合計超過二十三枚（野分號之後沉沒，所以沒有戰鬥記錄）的魚雷，命中情況究竟如何？

矢矧號艦橋上的石榑水雷長雖然左手負傷，但發射後還是按下碼錶，等待魚雷預定到達的時刻。

「準備，擊中！」魚雷到達的時刻來臨，卻還沒有掀起命中的水柱。這傢伙該不會落空了吧……？當石榑用雙筒望遠鏡緊盯著航艦時，十秒後掀起了大水柱，他立刻報告：「命中！」

根據《公刊戰史》，上午九點十九分（發射十四分鐘後），從矢矧號艦橋觀測到美軍航艦的一號艦（白原號）掀起疑似被魚雷命中的水柱，接著便籠罩在黑煙之中沉沒。

雪風發射魚雷是在九點十九分左右，所以這時應該已經有一艘航艦沉沒了。

根據同樣一份戰史，九點二十三分到二十九分之間報告，被認為由浦風和雪風等驅逐隊用魚雷擊沉的軍艦，有兩艘航艦、一艘巡洋艦。

上午十點二十分，木村司令官向栗田長官報告，十戰隊的戰果為：

一、擊沉企業級航艦一艘、擊破一艘

二、擊沉三艘驅逐艦

但實際的戰果又是如何呢？

很遺憾，按照戰後美軍的發表，這時候十戰隊對航艦的雷擊戰果，基本上其戰果並未獲

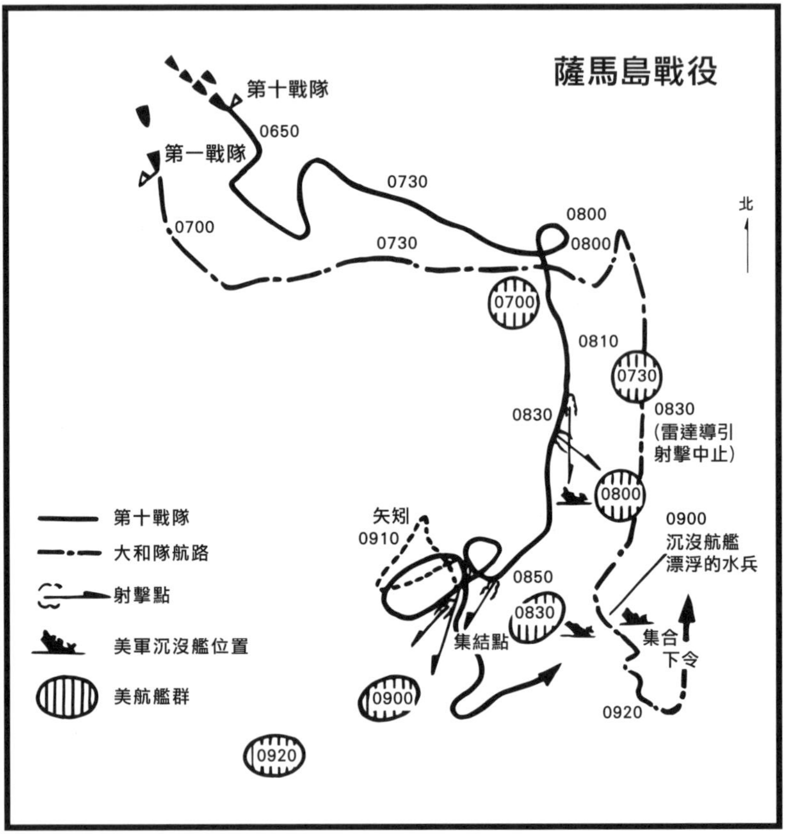
薩馬島戰役
第十戰隊
0650
第一戰隊
0730
0700
0730
0800
0800
北
0700
0810
0730
0830
0830
(雷達導引
射擊中止)
0800
0900
沉沒航艦
漂浮的水兵
矢矧
0910
0850
0830
集結點
集合
下令
0900
0920
0920
第十戰隊
大和隊航路
射擊點
美軍沉沒艦位置
美航艦群

製圖／蔡懿亭

得承認。

美方表示，十戰隊的各艦（因為美國驅逐艦的出現與奇襲），在射點上明顯落後，因此沒有獲得戰果。

可是，在矢矧、浦風、雪風的確認中，認定有一艘沉沒、一艘重創，十戰隊的戰鬥詳報中，也用插圖畫下了命中的狀況。

這張插圖從左到右，描繪了A、B、C三艘航艦。

首先是九點五分，矢矧號發射時的觀測圖。當時三艘航艦並排在一起，最右邊的一艘看起來很小。

接下來的圖也還是矢矧號的觀測圖，九點十九分B掀起大水柱、二十分，A掀起小水柱。再接下來是九點二十到二十二分，浦風號的觀測圖，A掀起水柱，B沒有異狀。

接著是九點二十三分左右浦風號的觀測圖，A傾斜火災、B掀起大水柱、黑煙奔騰、船體不見蹤影。

另一方面，雪風的觀測圖則指出，九點二十二分左右，A掀起水柱、確認沉沒。接著在九點二十九分左右，疑似B的航艦被大水柱與黑煙包圍，疑似C的航艦則在水柱與黑煙散去後，只有桅杆和煙囪露出水面，船體沉沒。

這些都是極具現實感的插圖，因此美軍發表的「十戰隊毫無戰果」這點，實在很難理解。

筆者相信矢矧號以及各驅逐艦的魚雷，確實獲致了相當的成果，但是做為參考意見，矢矧號的石槫水雷長也有以下見解：因為魚雷的引信過於敏感，所以在到達航艦之前，就因為海浪等外在因素而提早爆炸，從而產生誘爆，或許就因此才產生出大水柱林立的景象也說不定。

當時戰艦群的主砲彈也陸續落在航艦群周邊，因此航艦白原號、甘比爾灣號等的艦橋上，也有可能把魚雷過早爆發的水柱當成砲彈掀起的水柱了。

就像這樣，雪風必殺的魚雷成果被戰後美軍的發表打了臉，但用砲擊摧毀一艘驅逐艦，則是確切的事實。

柴田的回憶指出：當時一味盡情地射擊，射到砲身過熱、外側的塗料都剝落了。當時真是深切地感受到身為海上男兒的驕傲，他充分體會到了作為驅逐艦一份子的醍醐味。

上午九點三十分，矢矧號的木村司令官接到栗田長官在九點十一分發出「逐次集合」的無線電，但因為驅逐艦還在給予美軍驅逐艦致命一擊的砲戰中，所以等到那艘軍艦確實沉沒的九點三十五分，才命令驅逐艦集合，往位在東方且正在往北掉頭的大和號方向前進。上午九點「大和號」的位置，是在「雅嗨喜４３（ヤヒセ４３，暗號）．蘇魯安燈塔二十三度、五十六浬」處。

栗田長官命令集合的理由，並不是為了有名的「掉頭」，而是出於擔心各戰隊分散的緣故。

這時候不只是長官，包括宇垣一戰隊司令官、木村十戰隊司令官，乃至於雪風的寺內艦長、柴田砲術長、田口航海長等，都認為南方看見的美軍航艦，是艾塞克斯級艦隊型航艦。

若是艾塞克斯級航艦，那跟瑞鶴號一樣，可以跑到時速將近三十五節。

因此，就算時速勉強到達二十七節的大和號再怎麼追趕，經過一小時，距離也還是會維持在一萬以上。

更進一步的追擊只是無謂消耗燃料，再加上各隊分散、在進入雷伊泰灣的時候會變成一盤散沙……基於這些考量，長官才命令集合。

說到底，如果繼續追下去的話，只要再追三十分鐘，應該就可以擊沉兩艘航艦和兩艘

西村祥治中將，搭乘山城號，在蘇里高海峽戰歿。

驅逐艦，因此這個集合多少有點盤算過早了。這時候靠近敵航艦的，還有金剛、榛名、羽黑、利根，以及十戰隊、二水戰正在逼近。

正如眾所周知的，這次集合讓各艦的艦長深感不滿。

特別是有「獅子」外號的利根號艦長黛大佐，以及鍾馗樣貌的寺內艦長更是不能接受，仍然打算繼續前進。

「什麼？集合？說什麼蠢話！就算只有本艦，也要對敵航艦再度發動魚雷攻擊！」

大鬍子艦長雖然怒氣沖沖，但很不巧地，因為雪風奉命去救援受創的筑摩號，所以不得不把航向轉換到那邊。但中途救援筑摩號的任務，就換成了野分號。

奉命返航十戰隊的雪風，只好不情不願地開往矢矧號的方向。

在這天的追擊戰中，栗田艦隊雖然有鳥海、鈴谷、筑摩沉沒，熊野受創，但擊沉了航艦甘比爾灣號、驅逐艦霍爾號、強斯頓號、羅伯茲號，擊破了范肖灣號、白原號、加里寧灣號。

日軍的戰果和受損相比，絕對稱不上太大，但雪風用魚雷擊沉一艘航艦（他們這樣相信），加上擊沉一艘驅逐艦，讓士氣大為振作。

這時候，按照上午十點大和號司令部向各隊出示的戰鬥通報，這場追擊戰的戰果是確實擊沉兩艘航艦，其中有一艘艦隊型航艦，重巡一艘、驅逐艦三艘，確實命中航艦一到兩艘。之後十戰隊的報告又追加「擊沉企業級航艦一艘」，結果向ＧＦ司令部發出的電報，就成了「擊沉三到四艘航艦」的戰果。

戰鬥告一段落後，齋藤水雷長對田口航海長說：

「今天要製作魚雷發射的雷擊戰果圖，請告訴我發射時的艦艏方位、距離、方位等資料。」於是田口就把記憶中相當鮮明的七項資料回答給齋藤。

在旁邊聽到這段對話的艦長對田口說：

「喂，航海，你看起來已經相當習慣戰鬥了，像這種數據，在戰鬥正激烈時，往往很難留在腦海中。雖說訓練就是戰鬥，戰鬥就是訓練，但你現在卻能毫不猶豫地流暢說出這些數據，看來你真的熟練不少了啊！」

聽艦長這樣一說，田口一邊想著：「原來實戰就是這麼一回事嗎？」內心欣喜不已。令人痛恨的栗田艦隊「掉頭」時刻到來，是發生在這之後的事。

九點三十分以後，隨著艦隊陸續集結，大和號以基準航向三十度、二十節的速度前進。敵方的空襲在這之後日益激烈，似乎也有大編隊要到來。海爾賽的航艦特遣艦隊靠近了嗎？栗田艦隊司令部感受到這樣的預兆。但是，這只是史伯格少將率領的塔菲一、二機群，海爾賽部隊這時還在攻擊北方的小澤艦隊。

之後在上午十一點，栗田長官認為初期目標——進入雷伊泰灣已經達成，於是將航向轉往二二五度，開始往西南前進。

上午十點十四分以後，艦隊擺出第三警戒航行序列，以大和號為中心，前方是能代、長門，右方是羽黑、金剛，左方是榛名、利根，在艦隊左右配置了驅逐艦，雪風在利根號左後方占位。

上午十一點開始再進擊的時候，大和號的位置在蘇魯安島北方六十浬，若以二十節進擊，大約是三小時航程。

但栗田長官卻在午後十二點二十六分發出宿命的「掉頭」電報、往北方掉頭，放棄了進入雷伊泰灣。

關於栗田艦隊的掉頭，至今仍然籠罩著許多謎團。雖然也有美國潛艦假電報等說法，但過去筆者任職《中日新聞》文化部編輯台的時候，曾經派部下前往位在神戶的栗田中將宅邸聽他闡述實情。按照栗田中將的回答：

一、並沒有「北方出現敵人」這通美軍潛艦的假電報。

二、這天從早上開始，他最在意的就是北方的小澤艦隊是否成功扮演誘餌的角色，將海爾賽的航艦特遣艦隊誘往北方。但是直到十一點，他都沒有收到任何聯繫，因此判斷北方的誘敵已經失敗。

三、即使進入雷伊泰灣也只是和運輸船戰鬥，有失與艦隊戰鬥的原意。

四、就在這時候，我接到了北方出現美軍航艦特遣艦隊的電報（發信者不明），且在北方看見了疑似敵艦的桅杆，因此認為這樣下去得和北方的航艦特遣艦隊對決。

前一天已被狠狠打擊過的航艦部隊，如今要用戰艦與巡洋艦來攻擊，成功的可能性其實並不高。因此總歸來說，栗田長官是感覺到艦隊可能會在和雷伊泰灣內空船同歸於盡的情況下，再次遭到海爾賽航艦特遣艦隊的猛攻。正因為有這種危險，因此才決定試圖挽回戰局！

戰後有各式各樣的書籍出版，對雷伊泰灣作戰的批判也很多，當中也有像曾任大和號密碼士的小島清文先生所寫的《栗田艦隊》（圖書出版社刊），斷定「栗田艦隊的掉頭是退卻」的論述。

筆者大抵上也贊成這樣的意見。

說到底，栗田中將不管在中途島、還是三戰隊的瓜島砲擊（一九四二年十月十三日），都有人批判他不夠決斷力，早早就想著要脫離戰場。

栗田中將雖然是位水雷戰專家，但並非像在蘇里高海峽戰死的西村中將那樣，是位奮勇前進型的猛將。應該說，他是那種個性慎重、避免激烈衝突的個性。

世人都說，栗田艦隊如果衝進雷伊泰灣，就可以抓住海爾賽航艦特遣艦隊不在的空檔，殲滅金凱德的第七艦隊，從而孤立雷伊泰灣的部隊，甚至俘虜麥克阿瑟，因此感到相當遺憾，並認為栗田中將的掉頭是決心沒有貫徹到底的表現，對此大加非難。

要衝進雷伊泰灣相當容易。

可是深入之後踏上歸途時，面對海爾賽三支航艦特遣艦隊的逆襲，又會變成怎樣呢？如此這般，大和、長門、金剛、榛名恐怕都無法全身而退了。

世人都熟知十月二十五號的戰鬥，卻忘記第二天（二十六日）悲痛的退卻戰。

夜間穿過聖伯納迪諾海峽、往錫布延海西進的栗田艦隊，遭到海爾賽麾下的馬侃隊、波坎隊合計兩百五十七架飛機襲擊。大和號中了兩顆炸彈，長門號中了兩顆極近距離落彈，二水戰旗艦能代號沉沒。

若是衝進雷伊泰灣的話，二十六日在薩馬海東方海域，必定會遭受到美軍艦載攻擊機隊的空襲，之後穿過錫布延海往汶萊的道路，鐵定會成為一條受難之路。

在這裡，我們提一下阻礙十戰隊魚雷攻擊、用砲彈命中矢矧號、造成石榑水雷長負傷，最終被雪風擊沉的美軍勇敢驅逐艦強斯頓號。（這部分引用自兒島襄《悲劇的提督：南雲忠一中將、栗田健男中將》中央公論社刊）

這一天，強斯頓號接獲克里夫頓·史伯格少將發出的「狼（驅逐艦）攻擊」命令後，便和霍爾號一起奮勇殺出。

強斯頓號的艦長伊凡斯中校（Ernest E. Evans），是以勇猛著稱的美國印地安人切羅基族的子孫。

印第安士兵一向勇猛，在中途島海戰中，攻擊赤城號戰死的大黃蜂號魚雷機隊隊長華德隆少校（John Waldron），也是印第安人。

伊凡斯中校首先對最靠近的重巡熊野號在距離一萬六千處展開射擊，發射了兩百發以上的砲彈，熊野、鈴谷的反擊，在強斯頓號周邊造成水柱林立。

上午七點十分，強斯頓號在距離九千公尺處發射十枚魚雷後掉頭。然後，其中一枚如前所述命中了熊野號的艦艏，導致她掉隊。

「幹掉了！」

艦橋的伊凡斯，發出宛若毛利人（紐西蘭）般的戰吼。

可是，日軍對一個勁猛衝的強斯頓號集火猛轟，先是大和、長門，接著榛名號也加入砲擊，它被命中了三發三十六公分（十五公分？）砲彈與三發十五公分砲彈，後部鍋爐室、輪機室遭破壞，陀螺儀也無法運作。

被黑煙籠罩的強斯頓號鑽入雨雲中，看到這幕的大和號發出電報：「擊沉一艘巡洋艦，〇七二七。」

然而，速度雖然降低到十七節，但強斯頓號並未沉沒。

伊凡斯被砲彈破片削掉了左手兩根手指、又被爆風吹走了上衣和襯衫，以半裸的印第安戰士之姿，一邊大吼著「呀呼！」、「來吧，小日本！」一邊持續指揮。

之後好一段時間，美軍驅逐艦霍爾號、羅伯茲號、赫爾曼號也不斷有所表現。

眼見航艦受損的史伯格少將，這時開始大喊道：

「孩子們（指驅逐艦）！快點把敵人幹掉！」

從煙幕中現出身影的強斯頓號，桅杆折斷、整個被黑煙和火焰籠罩。

上午八點五十五分，霍爾號沉沒。

稍早之前，強斯頓號奇襲了為展開魚雷攻擊南進的十戰隊，迫使矢矧號以下的艦隻往右轉向。

按照矢矧號的記錄，這艘驅逐艦在八點五十分發射了魚雷，因此他們往右轉舵進行迴避。但這時候強斯頓號是處於全部魚雷發射完畢的狀態，所以發射管應該是空的。

強斯頓號在距離六千三百公尺處對矢矧號射擊，一共命中十二發砲彈，但也被包含雪風在內的十戰隊各艦集火攻擊，中了好幾發十二點七公分砲彈。

矢矧號軍官室就是在這個時候被砲彈命中的。

矢矧號和四艘驅逐艦對三艘航艦發射魚雷後，重新對強斯頓號發起猛烈攻擊。

日本方面的記錄（《公刊戰史》）表示，強斯頓號在上午九點發生爆炸，九點十五分沉沒。美方的記錄則說，強斯頓號在九點四十五分輪機停止，五分鐘後，伊凡斯艦長下令「全員棄艦」，十點十分船艦沉沒。

在《悲劇的提督》中，描繪了當從強斯頓號上撤退的伊凡斯在逃生艇上載浮載沉的時候，一艘日本驅逐艦從旁經過的情景。

站在那艘驅逐艦艦橋上的一位軍官——應該是艦長吧——對正在下沉的強斯頓號敬禮，伊凡斯也含著淚回應對方，做了一個回禮。

雖然沒有官兵的證詞指出雪風靠近強斯頓號時，寺內艦長曾經敬禮，但若是那位重視武士道的大鬍子艦長，應該會這樣做沒錯。

砲術長柴田對艦橋報告「幹掉一艘」的目標，當然就是伊凡斯的強斯頓號。

這一天，日美代表性的驅逐艦雪風與強斯頓號的對決，最後以雪風勝利作收。

勇猛無比的兩位艦長——寺內中校對伊凡斯中校的死鬥，作為在雷伊泰灣海戰硝煙中綻放的一朵奇葩，值得長久傳頌下去。

還有一段田口航海長記載在《手記》中、寺內艦長迴避轟炸的著名操艦技巧，值得在此特別一提。

二十四日、二十五日、二十六日這三天間，雪風連續遭到海爾賽部隊的俯衝轟炸攻擊。

「對空戰鬥！」

艦長從艦橋的小椅子上站起來，將巨大的腦袋探出艙頂小小的艙蓋。

田口航海長站在他的正下方，進行實際的操艦。

當敵方轟炸機對從右上方衝過來後，艦長下令：

「右滿舵！」

田口也跟著把命令傳達給操舵室的操舵長。

「右滿舵！」

雪風正好在敵方從機腹投下炸彈的時候往右擺頭，讓炸彈從左舷掠過。如果當時操舵的速度稍有遲疑，或是變成左滿舵掉頭的話，那這架飛機從左舷投下的炸彈，很有可能就會危險地擦過煙囪了。

但是，在空襲正酣的時候，主砲、機砲群的轟隆射擊聲，也有可能會讓田口聽不到艦長的舵令。

遇到這種情況的時候，艦長就會用右腳踹田口的右肩來取代「右轉」，用左腳踹田口的左肩來取代「左轉」。就這樣，差了十六期的年輕航海長與艦長之間，完全能夠心意相通。也靠著這對搭檔，在海戰中，雪風連一發命中彈都沒吃過。

當然，自始至終讓雪風能夠維持全速運轉，從而有辦法避開追擊和炸彈的機關科員，他們的努力也是我們不能忘記的。

就像前述，馬里亞納、雷伊泰灣時候的機關長竹內孝弟大尉，是寺內艦長獨一無二的酒友，也是肝膽相照的夥伴，因此艦橋和機關科指揮所的搭配，也是意氣相投。

從開戰到終戰時一直任職雪風機關科，在雷伊泰灣海戰的時候作為第一鍋爐長（罐長），負責提升蒸氣壓力、讓高速運轉成為可能的玉寄長昌兵曹，現在仍然住在大阪市，他說：「在雷伊泰灣海戰的時候，雪風的機關科其實一直都運作得很好。整個大戰期間，雪風的機關科與兵科之間，一直都『嚙合』得很好（沒有什麼摩擦）。艦橋信任機關科，機關科也給予很好的回應，始終都能舒暢地全速運轉。」

雪風即使在二十六日的錫布延海退避戰中，仍然能從持續的對空戰鬥中存活了下來。寺內艦長對敵方空襲似乎也已經「見怪不怪」了，每當空檔的時候，就會把頭探出頂蓋，一邊骨碌碌地張望四周，一邊悠悠哉哉、從容不迫地吸起菸來。田口航海長和弟兄，全都抱持著一個堅定的信念：艦長就是雪風的守護神。

在雷伊泰灣殘存的軍艦，多少都有極近距離落彈所造成的損傷，但雪風只有渦輪發電機故障的程度，能平安在十月二十八日返回了汶萊。

但是，出擊時的陣容已經不可復見了。殘存下來的除了大和、長門、金剛、榛名、利根、羽黑、矢矧以外，其他全都是驅逐艦。大家望著彼此滿是硝煙的臉龐，全都忍不住嘆息：

「被打得真慘哪……」

但是，悲劇並未就此停住。十一月二十一日，栗田艦隊再進一步失去了金剛和浦風。

當艦隊主力還停泊在汶萊灣的時候，日吉的GF司令部下達了大規模編制更換的命令。按照這項改編命令，第一機動艦隊和第三艦隊遭到廢止，曾經擁有眾多榮耀的機動部隊從海上消失了蹤影。

一戰隊、二戰隊、四戰隊、五戰隊、七戰隊也遭到解散的命運，索羅門以來的十戰隊也決定解散，在這裡擔任過兩次司令官的木村進少將，奉令轉任為航海學校校長。

大和號成為第二艦隊旗艦，宇垣中將前往軍令部任職。長門號則編入鈴木義尾中將的第三戰隊。

雪風、浦風、濱風、磯風等十七驅艦艇，這次被編入二水戰麾下。

在雷伊泰灣勇敢奮戰的二水戰司令官早川幹夫少將，在十一月十一日於雷伊泰的奧爾莫克灣（Ormoc Bay），戰死在旗艦島風號上。繼任的古村啟藏少將（四十五期，第一機動艦隊參謀長）在翌年一月三日，以二水戰司令官身分前往旗艦矢矧號就任。

十一月十六日，美國空軍急襲汶萊泊地。

B24、P38的大編隊，襲向停泊中的大和、長門。

據在雪風上應戰的田口航海長目擊所見，大和號主砲發射的三式彈，將敵方的一號機整個炸飛出去，敵方編隊因此陷入混亂，精確度也隨之下降，我方的損傷也少了許多。但是，這天雪風還是有大崎良一水兵長戰死，弟兄都感到相當惋惜。

這天，艦隊開始往內地回航。下午六點三十分，大和、長門、金剛的戰艦部隊，在十七驅的護衛下率先出港。

同樣在這一天，雪風成為司令驅逐艦，預定要迎接谷井保大佐。但因為要海葬大崎兵長，擔心出港落後，所以谷井司令就直接搭上浦風號前往內地。或許就是因為這樣，谷井大佐才會和浦風號共存亡吧！

戰艦部隊從菲律賓西方海面，航向台灣和中國之間的台灣海峽。

十一月二十日的半夜，田口航海長負責艦橋值更，但因為天候極度惡劣、艦橋都浸水了，所以他脫掉鞋子，赤腳站在甲板上。

這時候的警戒航行隊形，打頭陣的是二水戰的旗艦矢矧號，接著是金剛、長門、大和，右邊的護衛是浦風、雪風，左邊則是磯風、濱風。

艦隊遭到美軍潛艦海獅號（USS *Sealion*, SS-315）魚雷攻擊，是在二十一日凌晨兩點五十六分左右。

該潛艦分兩次發射了六枚魚雷，其中兩枚命中金剛號、護衛的浦風號也被命中一枚（？），兩艘軍艦都沉沒。沉沒位置據推定，是在基隆西北六十浬處。

按照金剛號副砲長高畑豐少佐的陳述，以及七分隊（高射、機砲分隊）所屬的高橋正彥兵曹、山本健樹兵長的手記，艦艇資歷超過三十年的有名戰艦金剛號，她的末日是這樣的。

晚上十點，負責值更的高橋兵曹走上戰鬥部位的高射指揮所，在方位盤前的椅子坐下。當時金剛號正以十二節北上中。

時間來到了十一月二十一日。凌晨兩點交班後，他下到前艦橋中段的高射指揮所要員待命室，小憩一下。

凌晨三點左右，山本兵長聽到「轟隆」一聲、從艦底響起的鈍重聲響與震動，驚訝地一躍而起。接著，第二聲的衝擊聲又傳來。

山本兵長衝到戰鬥部位的後部機砲砲座。二十五公厘機砲的值更人員，已經早早開始射擊。但是，對方似乎是潛艦。

在浸水的情況下，艦體開始迅速向左舷傾斜。

浦風號被炸沉，自谷井司令以下全員戰死，但金剛號只有左舷艦艏錨鍊室中了一枚魚雷，另外就是中央部輪機室中了一枚，因此誰也不認為身經百戰的金剛號會沉沒。

金剛號為了擺脫潛艦的追擊，開出了十六節以上的高速，所以海浪的打擊增強，也促進了浸水。

在高射指揮所的高橋兵曹看來，船艦正慢慢左傾。馬里亞納海戰的時候，她也曾因為極近距離落彈傾斜了五度，但這次傾斜得更嚴重，到十四度才一度停止了傾斜。

艦橋上，鈴木三戰隊司令官、艦長島崎利雄少將以下幹部拚了老命，竭力阻止傾斜。副砲指揮所的高畑少佐也相當樂觀。就算在錫布延海，金剛號遭到極近距離落彈導致傾斜，也只要透過注水就得以平安復原。因此這次怎麼想，也不太可能就此沉沒。

但是，擔任應急指揮官的副長不管怎樣拚命進行注排水作業，金剛號的傾斜還是不斷加大。

雖然實際情況如何並不清楚，但海獅號或許是將金剛號當成了重巡，所以在發射魚雷的時候，將定深設在水線下五公尺處。因此，魚雷若是命中到沒有船腹（增設裝甲）護衛的地方，破洞就會很大。

為了堵住破洞，艦上派出應急敢死隊，穿著潛水設備從舷側下水，但就在這時候，傾斜已經迅速達到四十五度。人在高射指揮所的高橋兵曹，發現以往看起來都是在將近三十公尺以下的上甲板扶手近在眼前，而且已經浸入水中，指揮所和海面之間，也到了幾乎一蹴可幾

二次改裝後的戰艦金剛號。1944 年 11 月 21 日，在雪風等艦護衛下駛往內地的途中，遭美軍潛艦海獅號雷擊沉沒。

的地步。

跟在速度降低的金剛號後面的長門號，一邊用燈號發出電文打氣，一邊從後面超了過去。

「全體官兵靠往右舷！」這道命令下來之後，高橋用繩梯降了下去。至於鈴木義尾司令官和島崎艦長，則仍然留在艦橋上。

艦長先是下令「降下軍艦旗！」看到左舷傾斜六十度後，終於下令「全員撤退！」

彈藥庫內的砲彈傾倒，大概是雷管撞上了牆壁，陸續引發大爆炸。第二次爆炸，將人在上甲板的高橋與山本整個炸飛到海上。

在呼吸困難的情況下，他們的耳、鼻、口全都像是被堵住了一般。

接著在漂流中，兩人被驅逐艦救了起來。

這時候負責救助金剛號的，是濱風和磯風，雪風則負責警戒。

金剛號的一千六百名官兵當中，有六百人倖存。鈴木司令官、島崎艦長等高階軍官，全都與艦共存亡，生存者中位階最高的是副砲長高畑少佐。

至於被炸沉的浦風號，自谷井保司令、橫田保輝艦長以下，全都和軍艦命運與共。

十一月二十三日，二水戰護衛著大和、長門回到瀨戶內海西部。二十四日，雪風等三艘驅逐艦又立刻護衛著長門號往橫須賀前進。

這讓期待能夠回到久違的母港吳，獲得進港上岸許可、好好洗去征塵的雪風弟兄，不禁大感失望。

雪風等艦火速出航，在二十五日進入橫須賀。但這次又有艱難的任務等著雪風，那就是護衛巨大空母信濃號前往內海（松山海域）。

信濃號是繼大和、武藏之後設計出來的第三艘巨大戰艦。（俗稱三號艦，正確來說是一一〇號艦）

基準排水量六萬四千八百噸，全長兩百六十六公尺、最大寬度三十六點三公尺、吃水十點三一公尺，十五萬馬力、速度二十七點三節，十二點七公分高射砲十六門、搭載飛機四十七架，編制兩千四百人。

她當然是世界最大的空母，戰後也很少有超越這個大小的同型艦。

空母信濃號原本是以戰艦之姿，於一九四〇年五月在橫須賀海軍工廠第六號船塢開工建造。但在太平洋戰爭開戰時的珍珠港攻擊與馬來亞海戰中，海軍高層目睹了戰艦在航空攻擊面前不堪一擊沉沒的狀況，於是對第三艘巨大戰艦信濃號的建造抱持疑問，對建造進度喊停。

但是，在一九四二年的中途島海戰中，日軍一舉失去了四艘空母（赤城、加賀、蒼龍、飛龍），結果信濃號遂被改造成空母，削去船身上的斑斑鏽跡，改成一艘具備飛行甲板的軍艦。

以下關於信濃號建造的歷程，因為在拙著《空母信濃的生涯》（集英社刊）中有詳細解說，所以在此省略。儘管在十月五日於塢內注水（事實上的下水）時，發生了撞上船塢閘門的嚴重事故，但十月八日米內海相還是親臨主持命名儀式，並在十一月一日於東京灣內進行海上測試，留下航速二十一節的紀錄。這是只用了預定三分之二的八座鍋爐完成的成績。

考慮到馬里亞納已經被奪走、美軍一定會空襲東京，所以高層判斷讓信濃號停泊在東京灣會很危險，所以認為十一月下旬讓她前往瀨戶內海是較為妥當之舉，並開始演練對策。

這時正好十七驅的三艘驅逐艦從汶萊護送長門號回來，於是海軍立刻決定由她們護衛信濃號前往瀨戶內海。

因此，雪風官兵就算在橫須賀，也幾乎沒有上岸機會，不過這些身經百戰的勇士倒是滿不在乎，紛紛說：

「哎，總之把信濃號平安送到松山海域的話，這次就能回到吳港放鬆放鬆，好好洗個澡，然後在旅館的榻榻米上好好喝一杯了吧！」

十一月二十四日，GF豐田長官對信濃號艦長阿部俊雄大佐（四十六期）下達以下電令：

「信濃號及十七驅逐隊，應在信濃號艦長的指揮下從橫須賀出發，盡速前往內海西部。出港時日以及往松山泊地的航路，由艦長定之。」

接獲這道命令的阿部艦長，不由自主地呻吟了一聲。

那是一種「終於來了」的預感。在美軍潛艦聚集的本州南方海域，讓這艘軍艦將近七萬噸的龐大軀體移動，一定會遭受魚雷攻擊的。

——我也會重蹈兄長的覆轍，失掉這艘軍艦嗎……？

一道陰影掠過阿部艦長心中。

相當巧合地，阿部艦長就是兩年前的十一月十三日，在索羅門海喪失比叡號的十一戰隊司令官阿部弘毅中將的親弟弟，而雪風則是扛起了為這兩兄弟指揮的兩艘巨艦，執行臨終看護的命運。

阿部艦長這群四十六期生，這時候都以艦長身分，陸陸續續葬身在南方的大海。

恩加諾角海域（Cape Engaño）的瑞鶴號艦長貝塚武男少將、多摩號艦長山本岩多大佐、然後是巴拉望海域的大江覽治大佐，接著還有錫布延海的武藏號艦長豬口敏平少將、雷伊泰海域的筑摩號艦長則滿寧次大佐，全都是四十六期的。

——我也會追隨他們而去吧……

雖然心裡這樣想，但阿部還是針對採取怎樣的路線才能甩掉美軍潛艦，召集各驅逐艦長進行了會議。

豐田長官下令的十一月二十四日，十七驅的三艘驅逐艦還正護衛著長門號，在遠州灘航行中。

二十五日，十七驅進入橫須賀港，接著在二十七日，阿部艦長便召集各驅逐艦長來到信濃號的艦長室。這時候田口航海長作為寺內艦長的隨員，跟柴田砲術長一同前往信濃號。內火艇靠近信濃號後，她的高大乾舷（水線以上的部分），給人一種從頭頂鋪天蓋地籠罩而下的感覺。

「好巨大啊……」

兩人不假思索地脫口說出這樣一句話。

在三位艦長——濱風號前川萬衛中佐（五十二期，先任艦長、代理司令）、雪風號的寺內中佐、磯風號前田實穗中佐（五十六期）面前，阿部大佐將自己想了又想的秘策告訴他們，並徵詢他們的意見。

「傍晚出擊，夜間在潛艦眾多的遠州灘南方靠南航行，第二天早上抵達潮岬海域。」

簡單說就是「黃昏出擊，外海路線」。

但相對於阿部艦長，最近剛因為魚雷攻擊而喪失了金剛、浦風的驅逐艦團隊，則強烈主張應該走沿岸路線。首先是留著大鬍子的寺內艦長大聲說：

「艦長，夜晚航行太危險了！我們這些護衛驅逐艦在雷伊泰海域的時候，聲納等都有破損，現在除了靠肉眼發現潛望鏡外，沒有更好的瞭望方法。請務必在早晨出擊，採取白晝航行、避開美軍潛艦的方法！」

阿部艦長點了個頭後回答說：

「可是，白天恐怕會遭到敵航艦特遣艦隊的空襲。軍令部已經決定，不派飛機護衛。」

「這太荒謬了！對世界最大的空母連一架護衛機都不派，只靠三艘驅逐艦就前往外海……」

代理司令前川中佐也大聲怒吼。

「阿部艦長！請務必採取白晝航行！若是白天的話，憑我們的瞭望能力，無論如何都可以發現敵潛艦，並壓過對方！」

寺內中佐再次力陳，但阿部艦長心意已決。

「我也是水雷專業出身，因此很了解各位的意見。但是在敵航艦特遣艦隊很可能接近的情況下，只能採取夜間航行。」

他臉色一變，做出了決斷：

「本艦在明天（二十八日）一三三〇出港，在灣內暫時停泊之後，等到黃昏穿越浦賀水道，往松山海域前進。」

就這樣，信濃號踏上了往命運之海出航的道路。

到了二十八日的預訂時刻，信濃號離開三號浮標，展開死亡的離家之旅。

一艘巨艦與三艘驅逐艦，肅穆地穿過黃昏的浦賀水道、駛進太平洋。

三艘驅逐艦的位置，雖然因為信濃號進行之字運動而隨之有所差異，但出港時是雪風打頭陣，信濃的右側是磯風，左側是濱風，偶爾也會變換成濱風打頭陣、右邊是雪風、左邊是磯風的陣型。按照田口航海長的記憶，來到外海後都以後者居多。

二十八日晚上九點左右，站在艦橋上值更的柴田大尉收到紅外線信號，內容是信濃號的雷達發現後方有物體在尾隨，因此要求雪風「掉頭進行調查」。雪風立刻掉頭展開調查，但除了漁船之外什麼都沒發現，於是便如此回報給信濃號。

筆者在一九七八年八月底，在美國波士頓和擊沉信濃號的美國潛艦射水魚號（USS *Archerfish*, SS-311）艦長恩萊特少校（Joseph F. Enright，當時軍階）見面，聽他闡述詳情。據他說，當時射水魚號正浮在水面上，拚命追趕信濃號，因此柴田追逐的艦影，很可能就是這艘潛艦。

邁入二十九日後，凌晨兩點，由田口航海長（十一月一日晉級為大尉）負責值更。

交班的時候，柴田提醒田口說：

「先前有出現疑似潛艦的東西，但似乎立刻就下潛了，所以本艦並沒有清楚發現它。」

田口於是下令瞭望員特別嚴密警戒，但凌晨三點十七分，他感覺到後方傳來「咚」地一陣衝擊。

「被打中了嗎？」田口望向信濃號的方向。

最初的一枚魚雷打中了後部右舷冷卻室，另外三枚則逐漸貼近艦橋，合計四枚魚雷命中了信濃號。

從雪風上回頭張望的田口，看見信濃號右舷艦橋下面相當後方的位置，掀起了一個高度應該超過三十公尺的水柱，接著右舷又連續掀起三支大水柱。

這時候敵潛艦因為是在雪風更後方射擊，所以雪風應該是行駛在信濃號右側。

雪風的先任軍官柴田大尉在回憶中這樣描述：「因為我們是一邊從右舷看著信濃號一邊航行，所以雪風應該是行駛在信濃號左側。」但因為他在凌晨兩點就和田口航海長交班，所以本書依照田口的記錄，採取雪風位在右側的說法。

又，當時擔任先任驅逐艦濱風號先任軍官的丹羽正行大尉（六十八期）則說，信濃號是在進行之字運動的途中中雷，當時應該是雪風打頭陣，右邊是濱風，左邊是磯風。在這種情況下，如果信濃號右轉，雪風就會在左側，反之如果左轉，雪風就會在右側。

讓我們把目光轉移到中雷前後的信濃號艦橋。

凌晨三點左右月亮出來，阿部艦長站在持續之字運動的信濃號艦橋上，說了聲：「這樣一來就比較容易發現潛望鏡了吧！」然後便向航海士安田督少尉（七十三期）詢問艦艇的位置。

「報告，現在是凌晨三點十五分，我們在御前崎一九八度、一百零八浬處！」年輕的安田少尉用充滿朝氣的聲音答道。

前來艦橋負責聯絡的甲板軍官（應急班指揮官）澤本倫生中尉（七十二期），一邊聽著這段對話一邊走下鋁梯，來到上部應急指揮所。正當他打算吃個消夜的汁粉時，忽然感受到一陣「砰！」的衝擊。

那是從後部靠近舵機室一帶傳來的。

——被打中了嗎？

他看了看錶，時間是三點十七分。

接著又來了三枚。

另一方面，雪風艦橋上的寺內艦長咬牙切齒地說：「又來了嗎？」

他立刻接二連三下令：「戰鬥部署！」「準備投射深水炸彈！」開始對看不見的敵人展開攻擊。

濱風、磯風也跟隨雪風的動作，三艘驅逐艦宛若保護巨象的獵犬般，在信濃號周圍來回驅馳，一邊找尋潛望鏡，一邊接二連三投下深水炸彈。

在信濃號艦橋上，阿部艦長和副長兼機關長河野大佐取得聯繫，拚命執行水密。

雖然僅是四枚魚雷，但因為定深在水下三公尺處，所以全都打中了船腹上端一點，這對信濃號而言可說相當不走運。

恩萊特艦長認為信濃號是油輪，要不然頂多就是隼鷹號（兩萬四千一百四十噸）等級的空母，所以把魚雷的定深調得比較淺，結果反而歪打正著，立了大功。

信濃號開始慢慢往右傾斜。

雖然作為應急處置、拚命地往左舷注水，但糟糕的是信濃號因為是急就章完成的產物，所以各防水區域的氣密做得不夠確實，浸水陸陸續續蔓延到其他區域。

儘管往右傾斜，信濃號還是持續以十二節往南行駛，但到了破曉時分輪機停止，這艘巨艦的命運也終於注定了。

二十九日上午六點，信濃號的位置在潮岬十一度、七十二浬處。

接著在上午八點，大家提出建議，由三艘驅逐艦將信濃號拖曳到潮岬。

艦艇的傾斜已經將近右二十度。

阿部艦長也在考慮，把信濃號拖到潮岬附近擱淺。

在雪風艦橋上，登上艦橋的柴田大尉憾恨不已。

——果然，當時應該把那個浮上來、看起來像是潛艦的東西徹底找出來、加以摧毀的……

當時，射水魚號確實是浮在海面上追趕信濃號沒錯。若採潛航，怎樣也追不上二十節的信濃號速度。但是信濃號的阿部艦長完全沒想到對方竟然會浮上海面，所以才命令雪風回到原本的位置。

濱風、磯風負責拖航信濃號，周邊的警戒則交給雪風。

濱風、磯風降下小艇，將拖曳用的鋼纜繫到信濃號的錨鍊上，開始拖曳。

兩艘驅逐艦的主機馬力各為五萬兩千，合計十萬四千馬力。（信濃號鍋爐全開的話，則是十五萬馬力）

但是，將近七萬噸的龐大身軀，即使兩艘驅逐艦使出全力拖航，還是沒有任何動靜。

「不行嗎……」

阿部艦長用繩索把自己綁在艦艏的旗杆上，身先士卒帶頭指揮，在雪風的艦橋上，清清楚楚看到這一幕。

濱風號的丹羽大尉一邊和磯風號的先任軍官三輪勇之進大尉（六十六期）取得聯繫，一邊在後部指揮拖航工作。

可是當全速前進後，原本下垂的鋼纜驟然繃緊，然後便一下子斷掉了。

這時候也有士兵被鋼纜打中，當場死亡。

阿部艦長讓鋼纜捲到驅逐艦的砲塔上，盡可能拉近與信濃號的距離，然後開到全速。

看見這幅景象，丹羽忍不住直冒冷汗，心想：「實在太危險了……」。

信濃號的傾斜已經超過三十度。

如果信濃號就此沉沒，濱風號也會一起被拖進海裡。

抵近用肉眼觀察的雪風寺內艦長，也握緊了望遠鏡說：

「這實在太危險了，根本就是要死一起死嘛！」

上午十點，阿部艦長終於放棄了拖曳的念頭，並在十七分下令「全員撤離」。

這是被魚雷命中正好七小時後的事。

「啊，信濃號沉下去了……」

這時候，在艦橋信號甲板看著這一幕的信號長濱田清至上等兵曹，感到內心絞痛不已。他從開戰以來就在雪風上，既經歷了比叡號的臨終，也目睹了武藏號的沉沒與鈴谷號的受難（後來沉沒）。金剛號沉沒的時候，他也在艦橋上努力瞭望。這次，他又目睹了巨大空母信濃號的沉沒。

同一時間，第一鍋爐長（罐長）玉寄長昌上機曹為了聯絡登上上甲板，也目擊了這幕悲慘的光景。

信濃號就像瀕死的巨象般，向右橫倒、從艦艉開始沉沒。

——那就是七萬噸的信濃號嗎？總覺得才一起行駛了兩天，結果就此沉沒了嗎……？

玉寄兵曹不自覺雙手合十。他在泗水、中途島、索羅門，乃至雷伊泰，總是為了雪風的全力戰鬥運轉，獻身於提升蒸氣壓力的作業上。

他心中想到的是，那些現在仍留在信濃號水線下的機關科員命運；和那些人們相比之際，他實在不得不感謝自己的幸運。

——直到現在為止，不管哪一場海戰都不是可以輕鬆以對的。當中特別是一九四三年三月三日的丹皮爾海峽之戰，有四艘僚艦沉沒。當時，若是有一顆兩百五十公斤炸彈命中雪風的煙囪、在鍋爐室爆炸的話，毫無疑問，我也會和今天信濃號的機關科員淪為同樣命運……

在這樣思索的玉寄兵曹眼前，信濃號剩下的艦艏最終指向空中，然後急速沉沒在水中。

信濃號沉沒後，三艘驅逐艦忙著救助落水者。

這項悲傷的作業，在歷經過比叡號與金剛號沉沒的現在，也變得很習慣了。

雪風的後甲板上，擠滿了身上染滿重油的士兵。

雪風的柴田先任軍官在舷側垂下一道道繩索，救助游近雪風的信濃號官兵。

寺內艦長為了不讓艦艏撞上載浮載沉的將士，或是讓他們被艦艉的俥葉捲進去，小心謹慎地操作著艦艇，但他也對來艦橋聯絡的柴田這樣大聲說：

「喂，先任！軍艦沉沒後，像那種一直喊著『救我、救我』，哭天喊地的軟骨頭菜鳥兵（也有不少工廠工人上了信濃號），把他們撿起來也沒啥作用啦！我們只要撿那種能夠處之泰然、盡可能設法存活下去，有用的傢伙就好啦！」

——大鬍子艦長說話還真是嚴酷哪……柴田一邊這樣想著，一邊回到後甲板，繼續救助遇難者。確實，遇難者中可以分成一直哭天喊地的人，和若無其事的人兩種。

——我們因為總是在不沉軍艦、幸運的雪風，所以從來不曾體會過「吃魚雷」的滋味。雖說艦長不會讓事情演變成這樣，但如果這種事真的降臨在我們頭上，那我們這些年輕人又會變成什麼樣呢？我自己也不知道……柴田不由得這樣思索。

歷經數小時漂流後被救起來的水兵，喝了一點提神用的伏特加和威士忌，赤身裸體地套上作業用的黃色連身工作服，全身無力癱坐在後部的居住區裡。

當中也有還保持一點精神，在後甲板幫忙拖曳救助落水者繩索的人。

信濃號的甲板軍官澤本中尉，相當晚才靠近雪風。

當他終於抓住繩索的時候，因為還有另一個人也抓著繩索，所以在後甲板指揮的水雷長齋藤國二朗大尉（七十期）用擴音器喊說：

「兩個人是不行的，一根繩索只能讓一個人上來！」

澤本於是放開手，讓給後面過來的兵曹長。這時候，後甲板的通信士國生健中尉（七十二期）大喊說：「喂，這不是澤本嗎？」

「啊，是國生嗎……」

正當澤本這樣大喊的時候，後面來了一個緊抓不放的士兵，朝他的肩膀一踹，把他踹得沉進了海中深處。

等他設法浮上來的時候，雪風已經發動主機、開始前進了。

「喂——！」澤本雖然大叫，但聲音被海浪給掩蓋了。

這時候，國生抓緊後甲板的傳聲管，大喊說：

「艦長，同期的澤本要被海浪給吞沒了，請再度繞回去吧！」

「好，左滿舵！」

寺內艦長這樣下令後，雪風繞了一圈靠近澤本的所在位置。

「喂，澤本！是我啊，知道嗎？」

國生將繩索投下去。

「喂、喂……」澤本的喊聲，又一次被海浪給蓋了下去。

當澤本好不容易被救起、登上後甲板後，他便走上艦橋，向艦長報告說：「我是信濃號甲板軍官澤本中尉。」這時站在旁邊的田口對他說：「哎，澤本，你辛苦了！去我的房間喝杯威士忌吧！」

田口和澤本雖然差一期，但隸屬同一個分隊，兩人也是很好的相撲對手。澤本的父親是當時的吳鎮長官澤本賴雄大將。

雪風等三艘驅逐艦滿載著信濃號的成員，在二十九日下午兩點駛向吳港。

先任驅逐艦濱風號的前川中佐，向GF司令部、第二艦隊司令部、橫鎮、吳鎮發出以下的電報。

一、一四〇〇，收容信濃號乘員，准軍官以上五十五名（裡面有兩位搭便船者）、士官兵一千零二十五名（裡面有三十二名工人）。

二、御真影[1]奉安在濱風號上。

1 譯註：天皇玉照。

三、機密文件都在上鎖的情況下沉沒，不用擔心有佚失之虞（水深超過四百公尺）。

四、明日（三十日）〇七〇〇，會經豐後水道在一四〇〇抵達吳港，進行收容與安排運輸。

後來根據「信濃會」的調查，戰死者有七百九十一人，生存者有一千零八十人。

阿部艦長、中村航海長、安田少尉等都和軍艦命運與共。

第十七驅逐隊以第四戰速（三十節）的高速，一邊避開潛艦、一邊從四國海域往西前進。穿著連身工作服等借來的衣服，眺望著落入黃昏的四國群山，信濃號乘員的眼眸盡顯空洞。

十七驅進入吳港的時間比預定的要早，是在三十日下午一點。

「啊，是吳港，好令人懷念啊！」

被救起來的信濃號乘員中，也有一邊低聲呻吟、一邊凝望著吳港城鎮與灰峰的士官。

但是，除了重傷者以外，士官兵都不被允許上岸。為了保密，他們被隔離在灣內三子島的醫院當中。

「可惡！把我們當成傳染病患者嗎……」

某位士官這樣狠狠地咋舌說著，但當他看到醫院的牆壁時，不由得沉默了。

「告訴後面過來的人：我們為了替沉沒在菲律賓海的戰友報仇，所以再度出擊了。各位不要洩氣沮喪，我們很期待你們跟進。戰艦武藏號的殘存者上。」

「後續的戰友啊，不要感到挫折，我們再次出動了，之後就拜託你們收拾遺骨了。瑞鶴號的乘組員上。」

直到最近為止，在雷伊泰灣海戰中沉沒艦艇的水兵都被關在這裡。他們為了保守秘密，再度被派遣到危險的前線去。

不管是在錫布延海惡戰苦鬥的武藏號官兵，還是勇敢的誘餌艦隊旗艦瑞鶴號的殘存者，都是如此。

既然如此，那我們這些信濃號的倖存者，恐怕也沒有辦法再次活著踏上故國土地了吧……

這樣一想之後，士官的臉不禁扭曲了起來。

（筆者在《空母信濃的生涯》中寫到，被雪風救助的信濃號官兵表示，他們曾遭遇到被扒走衣物等殘酷的處置，但這次雪風方面的說法則是，「我們只是處理掉他們被重油弄髒的衣服，換了新的衣物給他們而已」，特此為記。）

第四部

即使如此
雪風仍不沉

與「大和號」一同展開特攻
——跨越地獄之門

雪風在吳港享受了久違的休假日。她在這年七月為了修理返回吳港，之後要在九月二十三日從吳港出航，這次睽違兩個月在母港上岸，弟兄們的臉上都顯得朝氣蓬勃。

雪風在母港，迎接了命運之年——一九四五年的元旦。這個新年的酒，感覺格外不同。

在去年的十一月二十二日，新谷喜一大佐代替已故的谷井保司令，成為十七驅司令，並在十二月初上任。新谷大佐和谷井大佐同樣是海兵五十期生，因為是和直到一九四三年底都擔任雪風艦長的菅間良吉中佐同期，所以又是一位年輕的驅逐隊司令。

新谷大佐自中佐時代起，便歷任三十四戰隊、十戰隊參謀，機雷學校教官等職務。雖然是水雷專家，但並沒有那種血統純正驅逐艦人的惡癖，屬於比較有文人氣質的類型。

這位新谷大佐對雪風而言，堪稱又一次的重大試煉——護衛大和號進行特攻時，擔任十七驅司令的職務。

一月八日，十七驅的三艘驅逐艦，為了擔任特攻兵器「回天」的襲擊訓練目標，移動到訓練基地大津島（德山南方）。

回天是從九三式魚雷得到靈感，由黑木博司中尉（海機五十一期）、仁科關夫少尉（海兵七十一期）兩人，在一九四三年秋天發想並向高層提案。最後在一九四四年三月試製，稱為「〇六金屬製品一型」。

排水量八點一噸、全長十四點五公尺、直徑一公尺、速度三十節時續航距離兩萬四千，二十節時四萬三千，十節時七萬八千公尺，前端炸藥一千六百公斤。

和攻擊珍珠港以來使用的特殊潛航艇——「甲標的」（全長二十三點九公尺、直徑一點八五公尺、重量四十三點七五噸、速度二十五節、兩座發射管，裝備九七式四十五公分魚雷兩枚）相比，回天相當的小。但更大的差異是，甲標的是兩人乘坐，以發射魚雷後還能返回母艦為大原則進行設計。（雖然實際上玉碎的情況很多）回天則是單人操控，本身就是一枚魚雷，因此衝進去發生爆炸，就意味著駕駛者捨身玉碎。作為符合當時日本人風格的壯烈特攻兵器，這項武器在戰後讓外國人驚嘆不已。

實際的回天攻擊是在美軍登陸雷伊泰島後不久的一九四四年十一月二十日，由今西太一少尉（慶大畢業，戰死後晉升兩級為大尉）衝進內南洋的美軍烏利西泊地揭開了序幕。之後，它被使用在帕勞、烏利西、新幾內亞方面，造成了許多戰死者。

雪風為了繼這些先人之後進行高強度訓練的年輕人，直到三月十五日都擔任標靶任務。對於回天駕駛殉身報國的熱情，弟兄們全都由衷敬佩不已。

當時以雪風為標的，努力訓練的駕駛之中，據推斷有以下這幾位：

吉本健太郎中尉（戰死後晉升少佐，海兵七十二期）

中島健太郎中尉（殉職後晉升大尉，同上）

三好守中尉（同上，海兵七十三期）

雪風的田口航海長當時得知和自己同期在江田島學習的同窗正在操縱回天這件事，感到非常震撼。

以雪風為標的，在周防灘進行猛烈訓練的回天，在這之後編成千早隊、多多良隊、天武隊、振武隊、轟隊、多聞隊等隊伍，在硫磺島、沖繩、沖大東島、馬里亞納東方海域出擊，陸續玉碎。

盟軍在一月九日於菲律賓林加延灣（Lingayan Gulf）登陸，壓制了呂宋島。

二月十九日，美軍開始登陸硫磺島。這場登陸戰的目的之一，是提供從塞班島對日本本土空襲的B29戰略轟炸機隊一個中繼（迫降用）基地。

接下來美軍登陸的目標，據說是台灣或沖繩，然後必然就是本土決戰了。

為了防備這種狀況，聯合艦隊在年初的一月十日，作了以下的新編制：

▽第二艦隊　司令官伊藤整一中將（三十九期）

第一戰隊　大和、榛名、長門

第一航空戰隊　天城、葛城、信濃（已沉沒）、隼鷹、雲龍（一九四四年十二月十九日，在東海遭到美軍潛艦紅魚號〔USS *Redfish*, SS-395〕雷擊沉沒）、龍鳳、六〇一空

第二水雷戰隊　司令官古村啟藏少將（四十五期）矢矧

第二驅逐隊　朝霜、清霜

第七驅逐隊　潮、霞

第十七驅逐隊　磯風、濱風、雪風
第二十一驅逐隊　初霜、時雨
第四十一驅逐隊　涼月、冬月
▽第四艦隊
▽第六艦隊
▽西南方面艦隊（以下略）

就這樣，在聯合艦隊準備本土決戰的期間，美軍航艦特遣艦隊在三月十九日大舉襲向九州、中國（日本中部）方面的基地，痛擊吳軍港。

以九州南部為基地的宇垣纏中將五航艦，也接二連三發動包含特攻隊在內的攻擊隊展開反擊，並報告擊沉了五艘航艦、兩艘戰艦、一艘大型巡洋艦、兩艘中型巡洋艦。（按照美方資料，包含重創的富蘭克林號〔USS *Franklin*, CV-13〕在內，有五艘艦隊型航艦遭到炸彈命中）

反過來在吳港方面，除了大淀號中度受創以外，日向、天城、龍鳳、海鷹、利根都輕微受創。

這段期間，雪風在擔任回天的標靶後，又前往土佐海域，擔任T空襲部隊的夜間襲擊訓練標靶。T是「Typhoon」的第一個字母，是取自元寇之役吹起神風，將元朝軍艦吹沉的典故[1]。

二月一日，砲術長兼先任軍官柴田大尉轉任運輸艦十九號的艦長，航海長田口大尉轉任砲術長，先任軍官則由水雷長齋藤大尉擔任。接任的航海長是中垣義幸中尉（七十二期）。

田口在少尉時代曾擔任過榛名號的測距士與砲術士，對砲術非常有興趣，但他並沒有在砲術學校受過專精教育，對於轉動速度讓人目不暇給、發射速度也快的十二點七公分主砲以及為數眾多的二十五公厘機砲，並沒有指揮的自信。

「艦長，我沒有驅逐艦的砲戰經驗，請您指教一下吧！」

田口這樣據實以告後，大鬍子艦長單刀直入地這樣告誡他：

「我說啊，田口，你不管在馬里亞納還是雷伊泰灣，都能在熾熱的激戰中順利地操作艦艇。砲術在心態上，其實也是萬變不離其宗。用一句話來說就是，訓練就是戰鬥，戰鬥就是訓練！說得更清楚一點，平時要保持如戰時一樣緊張的精氣神。戰時則要像平常一樣，肩膀放鬆、保持冷靜，就是這麼一回事啦！」

艦長的教誨，讓他印象深刻。就這樣，年輕的砲術長一口氣沉靜了下來。然後，展現出這種「戰時如平時」訓練成果的，是三月十九日的吳港大空襲。

這一天，雪風在川原石的海岸附近，艦艇前後都綁上繫水鼓的狀況下，展開對空戰鬥。敵機從江田島的古鷹山方向，大舉俯衝而來。

雪風停駐不動，用兩門主砲和二十九挺二十五公厘機砲對空射擊，以刺蝟般的態勢應戰。

敵方是小型的艦載機，俯衝轟炸機地獄俯衝者式從上方直衝而下，地獄貓式、海盜式等戰鬥機則從上空、中空、低空，四面八方襲擊而來。

敵人的主要目標雖然是日向、榛名、葛城、大淀、利根等，但因為敵機是彷彿要將整片天空掩蓋的大編隊（在吳方面有合計五百架），所以當然也有相當數量襲向了雪風。

1 編註：日本海軍在二戰後期由七六二海軍航空隊所成立的「T攻擊部隊」或簡稱T部隊，專責菲律賓、台灣、沖繩方面防禦作戰的主力轟炸機部隊，主要從事巡邏、轟炸和魚雷攻擊任務。曾在台灣航空戰期間扮演重要的角色。

雪風的對空戰力至少打下了三架飛機，讓在海岸邊觀看的市民和警防團員都鬆了一口氣。

然而，看到揚長而去的敵機，以及燃起熊熊大火、無法動彈的我方艦艇，田口忍不住流下眼淚。

——號稱無敵的聯合艦隊，除了在柱島海域的大和號等及水雷戰隊外，已經變成了這樣的一副德行。這已經不能說是艦隊了。不只如此，敵機還是從母校江田島、每天看慣的古鷹山上空直降而下……

直到現在為止一直深信聯合艦隊無敵的吳港市民，看到這副悽慘的「浮動城堡」姿態，又會怎麼想呢？

聯合艦隊司令部被迫做出決斷。接下來，他們終於決定出動一直保存的大和號部隊（第一游擊部隊），發動所謂的「天一號作戰」。

——

話說，經過了三十多年的一九七九年四月七日，我參與了在福岡縣三池郡高田町舉行，伊藤整一海軍大將的墓前紀念儀式。

負責導引的，是住在大牟田的前雪風砲術長、也是我的同期奧野正（舊姓柴田）。

伊藤大將的墓地，在靠近他高田町老家的一座小山丘上。這塊墓碑是在一九五八年四月七日設置。

墓碑上刻有高橋三吉大將的銘文：

「閣下奉命擔任第二艦隊司令長官，率領麾下出擊，身先士卒踏上壯烈的旅程，在昭和二十年（一九四五）四月七日於九州南方海上，帶著無限遺憾，與軍艦大和號共運。嗚呼！高潔悲壯的閣下，每當我在心中想到您的時候，就會無限感慨、又無限感到追悼之意！」

這一天，正是大和號戰歿者的忌日。

伊藤提督的弟弟繁治先生，接著做了以下的致詞：

「雖然不是那種知名之士雲集參拜的場面，但和故人有緣的各位、還有深懷供養心意的各位前來參拜，對故人而言，我想一定會相當開心才對。哥哥在海軍竭盡心力為國奉獻，最後也承蒙國家提供一個轟轟烈烈的葬身之所，我想他應該會相當滿意吧！」

繁治先生雖然用素樸的態度這樣陳述，但當時的我，彷彿可以聽到以大和號為首，參與第二艦隊水上特攻者憾恨不甘的吶喊從墓碑背後傳達過來。

我這趟旅程的目的，雖然是為了撰寫《同期之櫻》（光人社刊），四處走訪九州同期的遺族。但在旅程中，我受邀參加了伊藤長官的墓前紀念儀式。當時我就再次立下決心，有朝一日必定要好好調查撰寫有關大和號出擊的事情。

第二艦隊司令長官伊藤整一中將，和大和號一同殉難。

一般都認為四月六日的大和號出擊，是出於四月一日美軍在沖繩登陸而做的考量。但三月十七日，在GF司令部立案的「天一號作戰」中，已經有考慮要讓大和號出擊了。

硫磺島已經失守，從在九州南方行動的美軍航艦特遣艦隊動向來看，敵軍不久必定會在以沖繩為中心的西南群島登陸，因此GF司令部計畫了包含下列主旨的作戰——「天一號作戰」。

一、在敵人登陸沖繩方面之際，展開以航空部隊為中心、必殺的特攻作戰。

二、作戰也加入水中特攻的回天隊。

三、接著當航空戰有利的時候，對第一游擊部隊（大和號部隊）下達特殊命令出擊（水上特攻），擊滅敵方攻略部隊。

三月二十三日以後，美軍對沖繩方面的砲擊與轟炸日益熾烈。因為認定登陸已經迫在眉睫，所以三月二十六日GF司令部發動了「天一號作戰」。

三月底，軍令部總長及川古志郎大將入宮參詣，向天皇上奏：「將發動天一號作戰、展開航空攻擊。」天皇露出憂慮的表情，開口問道：「雖然我很期待全軍的奮戰，但日本已經沒有軍艦了嗎，海上部隊又做什麼去了？」

及川總長帶著恐懼退下後，向GF司令長官豐田副武傳達這個旨意。（期待全軍奮戰）豐田雖然將這道聖旨傳達給「天一號作戰」部隊的各指揮官，但正如天皇的質問：「水上部隊又做什麼去了」所隱含的寓意般，在這個階段，大和號的出擊仍屬未定。

四月一日，敵軍終於開始在沖繩登陸。三日，GF參謀長草鹿龍之介中將，帶著參謀副長高田利種少將、作戰參謀三上作夫中佐飛往鹿屋，目的是要對以宇垣中將的五航艦為中心的特攻作戰，進行指導與打氣。

這段期間在日吉的ＧＦ司令部，強烈主張讓大和號出擊的，是先任參謀神重德大佐。鹿兒島縣出身的神大佐，是位擁有「神靈附體的阿神」外號，燃燒著必勝信念的積極人物。當一九四四年六月美軍登陸塞班島時，他向軍令部提案說：

「請讓我擔任伊勢號（航空戰艦）艦長，我要用她載上五千名陸軍登上塞班島，挽回戰局！」作戰課長山本親雄大佐聽了大吃一驚。

當時神大佐是海軍省教育局第一課長，雖然這個提案最後沒有被採用，但他腦袋裡已經堅定不移地相信，除了特攻以外沒有其他可勝的作戰方式。因此當美軍登陸沖繩的時候，他便熱心說服豐田讓大和號出擊，同時還撥電話給前往鹿屋出差的草鹿參謀長討論，最後終於促成了讓大和號往沖繩行動的決定。

決定展開突擊的大和號部隊編制如下：

▽指揮官　第二艦隊司令長官伊藤整一中將

▽旗艦　大和

▽第二水雷戰隊　司令官古村啟藏少將 矢矧

四十一驅　冬月、涼月

十七驅　磯風、濱風、雪風
二十一驅　朝霜、霞、初霜

在這裡有一個疑問。

讓以神參謀為首的ＧＦ司令部幹部心動的是，相對於航空特攻、水下特攻，企劃水上特攻，讓水面艦艇也展開突擊，正可以對全體海軍昭示「一億總特攻」的想法。

既然如此，那又為什麼主力只專注在大和號一艘軍艦上呢？

明明長門、榛名還有辦法行動，伊勢、日向也還尚存。如果加上大和號，用五艘戰艦衝向沖繩，大概有兩艘可以衝上中城灣的海岸，當作陸上砲台對美軍展開射擊吧！

當然，燃料也是一個問題。德山的燃料廠，並沒有足以將五艘戰艦送往沖繩的單程燃料儲量。

那麼，為什麼不用保存在橫須賀、過去帝國海軍的象徵長門號，而非得用大和號不可？

當然，為了補給燃料而讓長門號到德山，是有危險的。

可是，ＧＦ司令部的想法是透過把以日本古名命名，也是現在帝國海軍象徵的大和號派往沖繩，展現海軍在全軍特攻方面的決心。

具體來說，他們本來就不期待沒有空中保護的大和號部隊能夠成功。但是，透過大和號的殞落，讓全軍知道海軍的決心也是很好的，這是他們的想法。

這是透過死亡贏得名譽與勝利的「散華」思想（為國犧牲），和透過作戰與艦隊能力制勝的冷靜戰術本質截然不同，是一種堪稱絕望抵抗的戰法。所謂「死中求活」在個人對個人的劍術較量之際，或許還有成功機會，但在鐵塊相擊的近代戰爭中，把必勝的信念這種抽象觀念放在前面，就會有自取毀滅的危險。

最後在四月六日，草鹿參謀長與三上參謀飛到岩國，下午一點趕到柱島附近的大和號上，向他們說明有關水上特攻的安排。聽到這件事時，以伊藤長官、森下信衛參謀長為首的二艦隊幹部，對於ＧＦ把大和號當成活祭品（？）獻出去的意圖，都表示懷疑。

他們說：「如果把大和號用在當成誘出敵航艦特遣艦隊的佯攻作戰上，我們還可以理解，但像這樣毫無意義的自殺，實在是沒有道理！」

對此，草鹿說：「這是為了要作為一億總特攻的帶頭示範，所以才要你們勇敢展開突擊。」伊藤聽完之後也說：「若是如此的話能夠理解」，最終表示認同。

這時候，感到自己要負起責任的三上作戰參謀提議，讓自己一起隨同大和號出擊。但伊藤長官堅拒說：「我們就算沒有ＧＦ參謀的督導，也會堂堂正正打上一仗的。」於是三上和草鹿只好一起辭別了大和號。

另一方面，回到日吉ＧＦ司令部的高田參謀副長，也接到來自神先任參謀的請求：「請讓我轉任第二艦隊參謀，和大和號命運與共！」但因為ＧＦ司令部不宜介入的緣故，他的這個念頭還是被擋下了。

就這樣，到了四月六日下午三點二十分，由大和、矢矧、八艘驅逐艦組成的特攻部隊，往德山海域出擊。

眼見出擊在即，ＧＦ司令長官向全軍發布以下的訓令電報：

「帝國海軍部隊決定和陸軍同心協力，舉陸海空之全力，對沖繩島周邊的敵艦船展開總攻擊。

皇國興廢在此一舉，故此編成海上特攻隊，命其展開壯烈無比之突擊作戰。帝國海軍力量集結於此戰，必將發揚帝國海軍海上部隊之光輝傳統，並將其光榮流傳後世。各隊不問是否為特攻隊，都應殊死奮戰，徹底殲滅敵艦隊，以立皇國無窮之基。」

這天下午一點，當草鹿GF參謀長一行來到大和號上，說明「要做為一億總特攻的帶頭示範」理論時，驅逐艦長以上的指揮官也齊聚一堂。

回到雪風的寺內艦長，大肆宣洩滿腔的憤懣：

「我完全不贊成展開一心尋死的特攻！儘管明天老美的飛機或許就會殺到，但他們就能打沉這艘雪風嗎？不管怎樣，我是不會做出讓部下自殺這樣的行為的！」

下午三點二十分，大和號以下的特攻部隊肅穆地從德山海域起錨，從豐後水道駛往九州東方海域。

下午四點十分，伊藤長官對麾下全軍以信號方式送出以下訓示：

「神機將動，皇國隆替繫於此舉。各員當奮戰激鬥，予敵必滅，發揮海上特攻隊之本領。」

晚上七點五十分，艦隊採取第一警戒航行序列，大和號前方六公里處是磯風、其右是濱風和雪風，左邊是朝霜和霞。大和號右前方是冬月、側面是涼月、左邊是矢矧，側面是初霜占位。

七日凌晨兩點，艦隊駛入佐多岬南方的大隅海峽。

擔任值更軍官、站在雪風艦橋上的田口砲術長，回想起五日晚上在雪風艦內「打開販賣部」，全體合唱「同期之櫻」時的事。

因為當天ＧＦ已經下達命令，要「第一游擊部隊為進行海上特攻，應急速完成出擊準備，以期達成在八日黎明衝入沖繩的目標」，所以自艦長以下都預測，明天（六日）就會下達出擊命令。

看著將喝空的一升瓶往地上一丟、大唱「同期之櫻」的部下模樣，寺內艦長悠然地把酒斟進茶碗裡，放到唇邊。當時他臉上浮現的冷笑，田口始終不能忘記。

這天晚上，艦長對全員進行訓示，但因為他是個一貫討厭形式主義的人，所以只是簡單地說：

「關鍵的時刻終於到來了，各位可要充分發揮平日訓練的技能啊！」

——平時如戰時、戰時如平時……田口將艦長的教誨牢記在心，凝望著艦艏碎裂的夜光蟲青白色光芒。

——明天敵人的飛機會大舉湧現吧。只能拚命開火到死了吧……

他這樣想著，心情卻出乎意料的冷靜。

雖然自己的性命已經徹底獻給君上和國家，他還是有一兩個疑問。

其中一個是，若是用飛機進行特攻，應該就能用較少犧牲、摧毀敵方巨艦的戰果，但像這次這樣以七萬噸的戰艦為中心，讓七千餘名將士瀕臨全滅的特攻作戰真的有效嗎？說到底，特攻的本質不就是將比我們這邊付出的犧牲多上好幾倍的損失，加諸在敵人頭上嗎？像這樣讓人員白白死去，不管對海軍還是對國家，不都是重大的損失嗎？

第二個問題是，在各艦上都有一般大學出身、所謂「學徒出身」的預備軍官，以電測士、水測士的身分登艦。

登上大和、矢矧的七十七名七十四期少尉候補生，因為三月三十日才剛上船，所以在五日傍晚離開船艦，但已經配屬在崗位上的少、中尉預備軍官，完全沒有提到讓他們離艦的事情。雪風上也有電測士中川隆義中尉、航海士松岡義人中尉等人在。

他們都是一流大學出身的菁英，各自都準備著將來要在自己專攻的學術領域上，為國家做出貢獻的機會。

自己雖然從進入海兵開始，就已經做好理所當然將身家性命獻給國家的覺悟，但這些學徒出身的人員，並不都是因為打算參加特攻，所以才加入海軍的。聽說在航空隊方面，大致都是採取志願制，且如果是長子或獨生子，還會列入豁免考量。

可是，軍艦是同舟一命，不允許有個人的顧慮。在這當中，或許也會有不能理解自己為何要這麼年輕就死去、感到痛苦的人在。但就算如此，他們在出擊之前的宴會上，都還是露出平靜的笑容。

在江田島的三年間不斷忍受狂操猛練，日夜思考生死問題，並將為「悠久大義」而視為己任的人，這樣的自己和剛出大學一年的菜鳥少尉，竟會帶著同樣的心境奔赴死地，這是怎麼一回事？而國家將這些有為的棟樑逼入死地，這種損失又該如何填補……？

田口果然還是充滿疑問。

（在這之後的戰鬥中，聽說不只是雪風，各艦的預備軍官都英勇奮戰、指揮部屬，儘管造成了許多傷亡。田口聽到這些事後，突然有所領悟。那就是「走在同時代的日本青年，都抱持著同樣的感覺與信念」。之後即使經過歲月流逝，日本人這種在思考上的一致性，還是讓人感到畏懼）

命運之日──四月七日，凌晨三點四十五分，航向二八〇度，結束穿越大隅海峽的艦隊，在上午六點改採第三警戒航行序列。

這是預期敵方空襲的緊縮編隊，以大和號為中心，前方是矢矧，右方是磯風、濱風、雪風、冬月，左方是朝霜、霞、初霜、涼月，以四十度開角、組成圓陣的布陣前進。按照預定計畫，大和號與各艦的距離（R），維持在一千五百公尺。

按照這個陣形，雪風在大和號一二〇度（稍微右後方）一千五百公尺處占位，前方是濱風號，左後方則有四十一驅的司令驅逐艦冬月號在行駛。

七日早晨，九州南方海面是雲量十的陰天還下著小雨，田口和先任軍官齋藤大尉交頭接耳說：「如果是這種天氣，那也不會有敵襲了。不管怎樣，明天早上應該就能衝進沖繩了吧！」

田口聽說明天（八日）早上九點，高松宮殿下將代表天皇前往伊勢神宮參拜，為包含航空、水下等所有突擊部隊祈求武運長久。無論如何，他都希望大和號能夠撐到明天早上。

但是，七日早上六點五十七分，二十一驅的司令驅逐艦朝霜號，早早就掛出「我艦，機械故障！」的旗號，速度降低到十二節掉隊（艦隊速度為十六節），讓人不禁感覺前途多舛。

因為雲高低到一千至兩千公尺，所以大家都認為應該不會有太大規模的敵襲。但敵軍從前夜開始，就用潛艦在追蹤大和號，而且是用明碼通訊。晚上九點，矢矧號就有截收到敵方潛艦致關島基地的緊急訊息。

果然在上午八點四十分，出現了七架格魯曼艦載機Ｆ６Ｆ地獄貓式戰鬥機，在艦隊上空繞行一周後離去。

「敵人終於逼近了哪！」

寺內艦長把一張椅子搬到頂蓋開闔式的天窗底下，準備好一旦有敵襲就踏上這張椅子，把頭探出外面目視操艦。

「聽好了喔，航海長，我踹你的右肩就右轉、踹你的左肩就左轉喔！」

大鬍子艦長就跟過去指揮田口航海長的時候一樣，對航海長中垣義幸中尉這樣講。

先任軍官齋藤大尉在艦橋上，田口砲術長則緊盯著射擊指揮所的雙筒望遠鏡，仔細瞭望著敵機。

按照上午八點十分為止判明的情報，「敵航艦特遣艦隊一群，位在大和號一七五度、兩

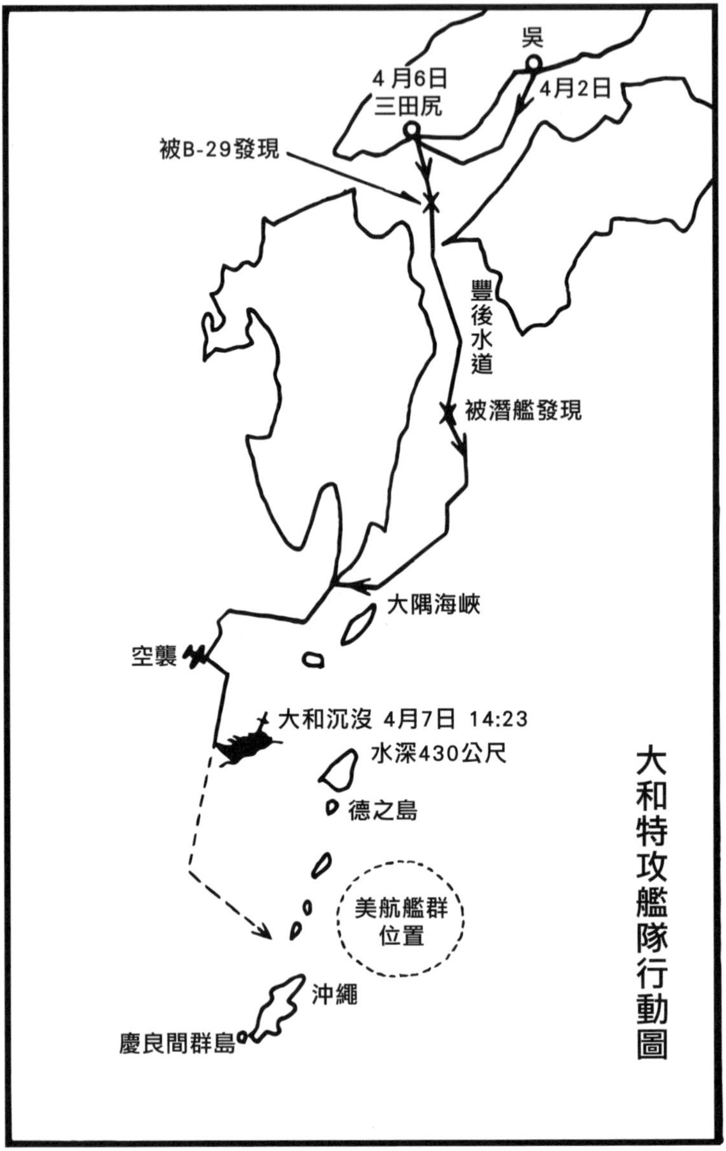
吳
4月6日
三田尻
4月2日
被B-29發現
豐後水道
被潛艦發現
大隅海峽
空襲
大和沉沒 4月7日 14:23
水深430公尺
德之島
美航艦群位置
沖繩
慶良間群島
大和特攻艦隊行動圖

製圖／蔡懿亭

百五十浬附近」，但是可以想見一定還會有其他艦隊在。因為有戰鬥機飛來，所以也有可能比兩百五十浬更近，當然也預想得到會有魚雷攻擊機、轟炸機來襲。（八點十分之際，美軍特遣艦隊的位置在德之島東南方七十浬處，因此大抵上接近事實。發現大和號的是航艦艾塞克斯號〔USS *Essex*, CV-9〕的索敵機，時間是八點二十二分）

這天，在德之島東方海面有米契爾中將麾下的第五十八特遣艦隊行動中，其兵力為航艦五艘、戰艦八艘、重巡四艘、輕巡十一艘，這天共有三百八十六架艦載機備戰待命。

上午十點，從鹿屋派遣過來、五航戰的十架護衛零戰，像是依依不捨似地揮了揮機翼，掉頭離去。就這樣，艦隊上空已經沒有保護傘了。

五航戰因為這天必須專注於跟這場水上特攻同時執行、對沖繩方面美特遣艦隊的特攻，所以對大和號的空中護衛只到坊之岬西方一百浬就中止。

這讓人不禁聯想起開戰之後不久，十二月十日的馬來亞海戰。

當時，號稱「不沉戰艦」的英國戰艦威爾斯親王號與戰鬥巡洋艦卻敵號兩艘巨艦，在沒有空中保護傘護衛的情況下從新加坡出擊，為了摧毀登陸馬來半島的日本海陸部隊而北上，結果在歸途遭到陸攻部隊猛攻，兩艘都被擊沉。

之後也有武藏號在錫布延海沉沒。事實已經證明，不管如何號稱是「不沉戰艦」，在面對來自空中的航空攻擊，尤其是水雷攻擊下也難以抗衡。

馬來亞海戰的時候，英國皇家空軍沒有護衛兩艘戰艦的理由是戰鬥機的航程短、做不到長時間的護衛。但除此之外，還有水面部隊與航空部隊之間溝通並不十分順暢的狀況。

零戰回航不久後的十點十六分，艦隊發覺有兩架巡邏用的馬丁PBM水手式水上飛機，在西進的大和號二三〇度、四十五公里處展開接觸。

十點十七分，大和號用主砲發射三式彈進行威嚇，但當時敵機已經發出發現電報了。

「在搞什麼啊……」

寺內艦長看到大和號發射主砲，忍不住用栃木腔碎碎念著。「說到底，敵人都裝了雷達嘛！」接著他又擔心起來：「朝霜號不知道怎樣了哪！」

因為機械故障落後的朝霜號，已經變成了遙遠海平線上的一個小點。

朝霜號上有二十一驅司令小瀧久雄大佐（五十期）、艦長杉原與四郎中佐（五十七期）。從艦隊中被孤孤單單拋下，很容易遭到敵人集中攻擊。畢竟只有自己一艘軍艦，沒有人協助張開彈幕，損害會變得很大。

ＰＢＭ仍保持在射程外躡手躡腳緊跟著。

艦隊在十點二十二分航向三二〇度、十點四十四分航向一六〇度，往右、左一齊掉頭，干擾對方對航路的判定。

上午十一點左右，朝霜號完全脫離了目視範圍。

接著在十一點七分，大和號的雷達探知，在一八〇度、八十公里與一百公里處，有兩大群的敵機編隊。

「來了喔！」

以大和號為首，雪風也氣勢洶洶地下達「準備對空戰鬥！」的命令。

時速四百公里的飛機，八十公里的距離只要十二分鐘就能抵達。

——終於要決戰了……

射擊指揮所的田口砲術長重新坐正。

二十九挺二十五公厘機砲的指揮全都交給各機砲群的指揮官，他自己只要專心指揮前後部四門十二點七公分主砲就好。

抬頭仰望天空，雲高約為一千公尺，要發現位在高空的敵方編隊相當困難。敵方大概會採取從雲上接敵、一抵達雲下就立刻俯衝展開魚雷攻擊和轟炸的做法吧！

因此，射擊時間極度的短。

這時候，田口砲術長在考慮三式彈的射擊法。

三式彈是對空用的砲彈，彈丸中藏了許多直徑二十五公厘、長七十公厘的鐵管，當中裝了特殊燃燒劑，在限時引信作用的同時會點火飛散。子彈頭（鐵管）在五秒間會以高溫燃燒，對飛機造成損傷，至於彈體則會在子彈頭射出後，隨著炸藥炸裂開來。

這種三式彈在從大和號的四十六公分火砲到驅逐艦的十二點七公分砲等許多火砲上都有裝備，在雷伊泰灣等地有獲得了很大戰果。

田口首先用羅經捕捉接近的敵機，然後按著扳機不放。在砲座上，射手、旋轉手用追針緊追著方位盤的基針，當兩根針重合的時候，就讓發砲電路通電、發射彈丸。若是預先將引信固定在一千公尺的話，在這個距離進行速射、張開三式彈的彈幕就能擊墜敵機，或是讓對方的轟炸瞄準失去準頭。

上午十一點十四分，八架格魯曼Ｆ６Ｆ地獄貓出現，開始接觸。大和、矢矧展開砲擊，艦隊維持速度二十或二十六節，航向二〇〇度、二七〇度、二〇五度，展開令人眼花繚亂的共同運動。

十一點三十五分，雷達在七十公里以內捕捉到兩群敵編隊。艦隊一路南下。

十一點三十分，我方的銀河（陸上轟炸機）部隊，對敵方三群特遣艦隊展開特攻。不只如此，我方還要對所有特遣艦隊展開航空總特攻。這道命令傳達到了包括大和號在內的各艦上。

下午十二點十分，位在北方的朝霜號發文說，「我們正在和敵機交戰中」，接著在十二點二十一分又發信說：「九十度方向探知敵機三十餘架」，然後便斷絕了消息。（朝霜號在這之後不久遭到數十架美軍飛機的攻擊而沉沒，小瀧司令、杉原艦長與水雷長水野通太郎大尉〔六十八期〕，都和軍艦共存亡）

十二點二十八分，大和號的雷達探知到二十架艦載機。十二點三十分，艦隊航向一三〇度，加速到二十四節。終於要決戰了。

下午十二點三十二分，在大和號一三〇度（行進方向）五十公里處，捕捉到包含ＳＢ２Ｃ地獄俯衝者式俯衝轟炸機、ＴＢＭ復仇者式水雷攻擊機、Ｆ６Ｆ地獄貓式戰鬥機在內的兩百架編隊。

「對空戰鬥！」

各艦的廣播器尖銳鳴響著。

十二點四十分，第一波的兩百架飛機，主要針對大和號與先行的矢矧號，從四周發起攻擊。

「開始射擊！」

雪風射擊指揮所的田口砲術長大聲下令，四門十二點七公分主砲以猛虎之勢，開始發射三式彈。

田口觀測發現，這天美軍的攻擊或許是從十月二十四日對武藏號的攻擊吸取教訓，打法相當令人印象深刻。

他們先利用雲層組成攻擊隊，然後一齊鑽過對空砲火，殺向大和號與矢矧號，魚雷攻擊隊則專注攻擊大和號的左舷。

這是因為在錫布延海的時候，武藏號兩舷都中雷，所以平均浸水、沒有大幅度的翻覆，所以他們似乎事先就設定好了「攻擊正面為左舷」的戰法。

不過依照攻擊順序，俯衝轟炸會優先執行。大和號的左舷中了幾顆炸彈，左側的對空砲火威力看起來降低了不少。

根據大和號的戰鬥詳報，在十二點四十分，雖然擊落了俯衝轟炸敵機中的一架，但在四十一分，於後桅杆附近中了兩顆一千磅（四百五十公斤）炸彈，造成後部射擊指揮所、二號副砲等的損壞。

美軍的魚雷和轟炸幾乎同時攻擊，十二點四十三分，五架飛機從左舷展開魚雷攻擊，一枚魚雷命中了左舷艦艄附近。

敵機不只針對大和、矢矧，也殺向驅逐艦。這顯示出敵機數量之多。

雪風的主砲、機砲，對衝過來的敵人拚了死命猛烈射擊。三式對空彈的破片、機砲曳光彈化為火球、拖曳著火線，將敵機吸進其中。

敵機（地獄俯衝者）不畏彈幕交叉射擊，從右前方準確鎖定了雪風的艦橋，一邊用兩翼的二十公厘機砲掃射，一邊俯衝而下。

田口清楚看到了機砲發射的火焰，驟然有種錯覺，彷彿是自己機砲的曳光彈命中了敵機。

敵機漸漸變大、逼近而來。就在讓人窒息的一瞬間……從敵機的機腹下，丟下了一顆四百五十公斤炸彈，正朝這邊而來。敵機留下咻的金屬響聲，從頭上揚長而去。這顆險些就要命中艦橋的炸彈，在艦長敏銳的轉舵下落在左舷旁邊，掀起了奔騰的大水柱。因為這極近距離落彈，左舷出現了許多小破洞。如果正面吃到這四百五十公斤炸彈，鑵頭皮的驅逐艦鐵定撐不了多久。

這時候在後部的三號砲塔，淺井三夫上水（上等水兵）受到了極度驚嚇。淺井是前年五月以十六歲之齡進入海軍的年輕士兵，實戰對他來說還是頭一遭。他是個傳令，負責將射擊指揮所內田口砲術長發下的命令，傳達給砲塔內的砲台長與射手、旋轉手等。

十一點左右開始，

「對空戰鬥準備！」

「前方八十公里處有敵編隊！」

「對空戰鬥！」

「目標，右上方衝進來的敵方轟炸機！」

在不停複誦命令中，淺井對戰況也有了某種程度的了解。但是，突如其來的極近距離炸彈轟然落下，還是嚇了他一跳。不過其他資深的軍官全都冷靜自若，當中還有人微笑著說：「我們艦長的操艦技巧是全日本第一，交給他就不會有問題！」淺井聽了也平靜下來，之後又繼續冷靜執行勤務。

這天寺內艦長的操艦迴避動作，堪稱一絕。

不幸的是，在正前方航行的濱風號，因為位在大和號正右方的位置，所以從左側攻擊完大和號穿出去的敵方轟炸機，便對濱風號施予猛攻。不只如此，失去了目標的魚雷機也加入了攻擊行列。

十二點四十五分，濱風號後部右舷中了一顆炸彈，兩舷推進器破損，無法航行。這段期間雖然他們打下了一架飛機，但十二點四十七分被一枚魚雷命中，從而發生大火，不久後艦體便折成兩半沉沒。

另一方面，十二點四十六分，矢矧號在炸彈和魚雷攻擊下，陷入無法航行的狀況。十二點四十八分，行駛在雪風左後方的冬月號被命中兩枚火箭彈（都沒有爆炸）。一點八分，位在冬月號左方的涼月號前部被炸彈命中，引發火災。

就在濱風號中彈之前不久，田口所在的射擊指揮所有機槍子彈飛進來。這發子彈打中了在砲術長後方操作三公尺測距儀的測距手眼睛，讓他無法測距，鮮血滴滴答答落在田口的肩膀上。他讓測距手前往戰時治療所（軍官室）後，向外張望，發現前方掀起了火柱。濱風號中彈了。就在他想著：「被幹掉了嗎？」的時候，她又被魚雷命中、折成兩段。艦艏宛若日本刀一邊指向天空，往下沉沒。

——不行啊，太早就被幹掉了吧……

田口默默地為一九四四年春天以來就擔任僚艦的濱風號默哀。

好不容易第一波離開，這個時候大和號還健在，也仍然有辦法開出全速。

趁著忙中偷閒，田口往下看了一眼，發現有煙在流動。只見大鬍子艦長正把頭探出頂蓋，抽起菸來了。

——還真是悠哉悠哉啊……當他這樣想的時候，艦長對著上面的他說：「喂，鐵砲，你好像打不太中咧！」

「呃，真是非常抱歉！」

「不管打不打得中，你這次不用省著砲彈，給我狠狠打就是了！」

艦長說這話的意思是，之前三月十九日的吳港大空襲時，雪風發射了一萬五千發的機砲彈，結果被二水戰的砲術參謀糾正說：

「你打太多了！砲彈是很重要的，要更有效率地使用啊！」

——反正今天是最後關頭了，已經不需要省著用了。盡量打出去就是了……

就在田口這樣想的時候，第二波敵機殺到了。

下午一點二十分，從二〇〇度方向、三十公里處，第二波五十架飛機（ＳＢ２Ｃ）殺到。接著從大和號的左舷，有二十架魚雷攻擊機貼著低空飛近。

一點三十七分，大和號左舷中部中了三枚魚雷，往左傾斜八度，但右舷注水三千噸後恢復水平。

下午兩點二分，左舷中部命中三顆炸彈。

這段期間，往左舷的傾斜益發嚴重，光靠水櫃注水已經不可能復原。有賀艦長和副長能村次郎大佐商議後，含著淚向還有士兵在的右舷機械室、鍋爐室注水。靠這種手段，傾斜暫時停止。

兩點七分，因為右舷中部罕見地中了一枚魚雷（右舷就只中了這樣一枚），所以大家都期待左舷的傾斜能夠因此止住，但一時間仍然看不到效果。就這樣，左舷中了六枚、右舷中了一枚，合計中了七枚魚雷。兩點十二分，更進一步在左舷中部和艦艉中了兩枚魚雷，實際速度降低到十二節。只是，因為右舷命中的魚雷之故，往左舷的傾斜恢復成為六度。

兩點十五分，最後的魚雷命中左舷中部（合計十枚），之後左舷的傾斜急遽變大。兩點二十分為二十度、兩點二十三分，艦橋後方的戰鬥旗已經傾斜到與海面齊平，前後部砲塔內的彈藥誘爆、發生大爆炸，大和號終於沉沒。

以第二艦隊司令長官伊藤整一中將、艦長有賀幸作大佐為首，兩千四百九十八名官兵和戰艦共赴黃泉了。

位置在北緯三十度二十二分、東經一百二十八度四分（大約在德之島北北西方四百七十浬處）。

號稱不沉的巨艦大和號，從第一波攻擊開始僅僅花了一小時五十分，就毫無懸念地沉沒了，比錫布延海的武藏號還要快了許多。可以清楚看出這天的攻擊是有多麼激烈。

這天第二波以後，美軍幾乎是連續不斷來襲，據統計到大和號沉沒為止，總共發動了九波攻擊。

第二波攻擊開始之後好一會兒，因為對空戰鬥告一段落，田口瞥了一眼右方的海面，結果看到一道白線正倏地愈逼愈近。

——糟糕了，是魚雷……！

田口慌慌張張用通往艦橋的傳聲管報告說：

「右五十度魚雷！逼近中！」

但是，寺內艦長並沒有把頭探出頂蓋，也沒有回應。

——這樣不行啊，要是被那傢伙打中船腹的話，本艦鐵定會像濱風號那樣折斷的……

田口全身僵硬，凝視著白色的雷跡。

但是，三秒、五秒……不可思議的是，那枚魚雷就這樣從艦底鑽過去，雪風也平安無事。

後來想起，那枚魚雷應該是要攻擊大和號卻偏離了方向，於是以流彈的形式朝雪風奔來，但因為深度是對準戰艦，定深調得很深，所以才會從艦底通過！

雪風可以說是完完全全的幸運，但若是如此，剛剛打中濱風號的魚雷，是因為鎖定驅逐艦，所以定深調得比較淺嗎？

還是因為是在肉搏狀態下發射，所以來不及潛深，就命中了濱風號呢？

第二波之後，二水戰蒙受了重大損害。

1945 年 4 月 6 日，從德山海域出擊的戰艦大和號往沖繩前進。照片是第二天大和號的最後時刻。前方的驅逐艦是霞、初霜、冬月。

下午一點二十五分，霞號中了兩顆炸彈，無法航行。

更早之前的下午一點，因為矢矧號無法航行，所以二水戰司令官古村少將考慮轉移到十七驅司令驅逐艦磯風號上，並以她為旗艦進行指揮。

但是，當磯風號靠近矢矧號的時候，因為第二波空襲攻來，所以暫且延後。接著在一點二十八分，他又命令磯風號靠過來，但對矢矧號的敵襲日益激烈，還是沒辦法順利轉乘。

磯風號在這之後靠近矢矧號負責警戒，但一點五十六分，這次換成磯風號後部遭到一顆炸彈直擊，速度降低。兩點五分，矢矧號遭到集中攻擊，合計中了七枚魚雷、十二顆炸彈後沉沒。

古村少將直到傍晚都在海上漂流，因為不久後大和號也沉沒了，所以兩點三十一分，四十一驅司令吉田正義大佐（座艦冬月號）接起了第一游擊部隊直到傍晚為止的指揮重任。

成為殘存艦艇指揮官的吉田大佐在兩點四十分左右放棄了衝進沖繩的念頭，向各艦發出「盡力救助生存者」的信號。

據齋藤先任軍官的敘述，寺內艦長認為即使只剩自己一艘軍艦，也要衝進沖繩的意圖，但最後終於放棄。

大和號沉沒的時候，人在射擊指揮所的田口感受到一陣「嘩！」的激烈風壓，熱浪撲面而來。

往大和號的方向望去，二號砲塔附近發生了大爆炸，黑煙直沖天際。（據說直達六千公尺以上）

他在這時候，想起了應該在大和號上的第二艦隊參謀長森下信衛少將。在塔威塔威的時候，與當時還是大佐的森下艦長會面時的記憶，又重新湧上心頭。

那張溫暖的臉龐，已經再也看不見了嗎？但是，我不久後應該也會前往冥府，和森下少將見面吧！到時候少將應該會像平常一樣，瞪大了眼睛看著我，然後咧嘴一笑說：「啊，你也來了啊？」（森下少將生還，之後被任命為海運總監部參謀副長）

按照吉田指揮官的命令，四點五十分，因為美軍的空襲已經停歇，所以初霜號開始救助濱風號的生存者。接著冬月和雪風，也開始救助大和號的生存者。

在田口砲術長的記憶中，雖然美軍已經沒有發動空襲，但還是有兩三架水上飛機飛到海面上，開始收容美軍迫降的飛行員。美軍飛機並沒有攻擊漂浮在整個海面上的日軍，日本驅逐艦也沒有攻擊美軍飛機，雙方可以說是展現了紅十字的精神。

在這裡，我要提一下吉田滿先生的名作《戰艦大和的末日》。他在文章中，寫下了一段在初霜號上負責救助的砲術士的談話。

救生艇立刻載滿了漂流者，而且還在不斷追加，已經陷入危險狀態。若是繼續收容人員的話，恐怕難以避免翻覆的命運，全體人員都會成為海上的藻屑。

不只如此，攀住船緣的手也愈來愈多，因為他們的力道實在太強，所以小艇開始傾斜，已經到了無法置之不理的地步。

於是，小艇的指揮以及搭乘士官，從刀鞘中拔出準備好的日本刀，朝著擁擠攀上來的手臂、手腕刷刷地斬去，然後用腳把他們踢下去。雖然這是至少能夠挽救已經在救生艇上人員的下下計，但是那些被斬倒、悲慘地仰面落下的人們，他們的表情和目光，我終身都難以忘記。

揮著劍的我，顏面蒼白、滿頭大汗，一邊喘著氣一邊繞行船緣，那是一生的地獄景象。

為了這本書的取材，我和很多舊雪風的弟兄見了面。按照大家眾口同聲的說法，不管是不是初霜號，他們實在很難想像會有驅逐艦救生艇的艇長和士官會準備日本刀，將尋求幫助的士兵手腕斬斷的事情，筆者也有同感。雖然我已經沒有辦法問吉田先生（已故）究竟是相信那位砲術士的話到什麼程度，才寫下這段文章的。但為了驅逐艦官兵的榮譽，我還是要將他們的說法寫了下來。

下午四點二十二分，冬月號靠近瀕臨沉沒的霞號讓人員轉乘上去。霞號在四點五十七分沉沒。

下午五點左右起，初霜號著手救助矢矧號的生存者。五點二十分，冬月、雪風也加入行列。接著在同一時間，二水戰司令官古村少將被初霜號救起。六點十五分，救助作業大致告終。

獲救的古村少將在六點五分，率領初霜、冬月、雪風，展開對搶先一步北上退避中的損傷艦進行搜索救助的任務。

六點三十分，冬月號往前部中彈的涼月號方向前進，初霜、雪風則負責找尋磯風號。冬月號北上到甑島附近，接著又反轉南下，但沒有發現涼月號，於是駛向佐世保。涼月號單艦孤獨地在八日午後，駛進了佐世保。

另一方面，磯風號因為在後部右舷遭到極近距離落彈，輪機室灌滿了海水，陷入無法航行的狀態，由雪風砲擊處置。

田口後來聽說，當磯風號停止的時候，隊上的通信士西銘登中尉當場脫掉衣服跳進右舷後部，調查極近落彈所造成的損害處，並向司令、艦長回報。西銘中尉是柔道五段的悍將，也是游泳高手，因為是沖繩出身，所以要拿出沖繩人助人的本色，是位幹勁十足的豪爽男兒，至今仍然健在。

十七驅司令新谷大佐因為捨不得放棄磯風號，所以考慮讓雪風來進行曳航。雖然太陽已經西斜，但距離佐世保仍有一百六十浬，就算用十節進行拖航，途中也會面臨破曉時分，而明天早上可以預期美軍飛機會追擊。因此在晚上八點五十分，新谷司令終於放棄拖航，讓官兵轉移到雪風上，之後在十點四十分，雪風用砲擊處置掉磯風號。

——這時候，我其實並沒有感到太過痛苦，田口砲術長是這樣回想當時的狀況。

「喂，鐵砲，在距離一千公尺處射擊。要打準一點啊！」

鬼艦長雖然說著無情的話語，但聲音卻很沉重。

「右砲戰、右九十度、磯風……」

不管怎樣，田口都提不起勁來。他甚至連敗戰的苦痛感都沒有。繼雷伊泰灣以來，看過金剛號的末日、救助過信濃號的官兵，這次又救助大和號的生存者，然後是僚艦磯風號的處置。

在艦橋上，一動不動凝視自己一直以來座艦的新谷司令，還有前田艦長，全都屏住呼吸，發不出聲來。

「開始照射！」

光芒刷地劃過夜晚的海上。

「距離一〇，開始射擊！」

四發一般砲彈（三式彈對軍艦不起作用，所以要換彈）飛了過去。

「準備好，要擊中了！」

但是，水柱卻落在磯風號更遙遠的前方。

——奇怪啊，明明是停止的軍艦卻打不中……

大惑不解的田口砲術長盯著羅經猛看，才發現原來因為白天的猛烈射擊與極近距離落彈，羅經已經偏離主砲軸線了。若是對手是飛機，因為三式彈是整片撒出去的，所以就算有點偏離也不會察覺到，但對準海上目標時，馬上就會看得出來。

「哎，沒辦法了，用魚雷吧！」

在艦長的命令下，這次由齋藤水雷長發射一枚魚雷。但是這邊也沒有調整好，最後從艦底鑽了過去。

「不行啊，果然還是得讓鐵砲出手。」

於是艦長再度對砲術長下令。

——好，這次一定要挽回榮譽！

田口瞄準了磯風號中甲板上堆積的魚雷，從近距離落彈開始一發發延伸距離，最後順利命中了魚雷的引信。

因為距離只有一千，所以爆風相當猛烈，破片飛濺到雪風的甲板上。田口不自覺地別過臉去，心中卻驟然湧起悲痛的情緒。

「很好，鐵砲，你幹得很好。」

艦長雖然這麼讚美，但心情卻顯得很沉重。

去年春天還有五艘姐妹艦的十七驅一艘艘減少，在今日的戰鬥中又減少了兩艘，最後只剩雪風。雪風之前在十六驅的時候，已經失去了時津風、初風、天津風，合計失去了七艘僚艦。雖然是幸運艦，但只有自己存活下來，那份生還者的心情卻格外苦澀。

晚上十點四十分，對磯風號的處置結束後，十點十五分，初霜和雪風以二十節駛向佐世保，在第二天（八日）上午十點，駛進了佐世保港。

最後在大和號特攻中殘存下來的是初霜、雪風、冬月、涼月。其中兩艦因為需要修理，所以能用的就只剩初霜和雪風而已。

雪風在這場戰役中救助了大和、磯風、矢矧等艦的官兵，帶著塞滿的甲板回到佐世保，其中還有大和號的副長能村次郎大佐。

同時雪風在這場戰役中，有井上兵曹等三人戰死。

就這樣，喪失六艘軍艦、導致長官以下三千七百餘人戰死的沖繩水上特攻結束了。唯一堪可告慰的是，這次出擊將美軍特遣艦隊引到了德之島東方，從而讓我方的航空特攻，獲得了相當的戰果。

縱使折戟沉沙——再見了，雪風！

四月十五日，雪風在佐世保港，得知二水戰解散的訊息。回想起來，在開戰後不久的泗水海戰中，雪風便作為第十六驅逐隊的司令艦，配屬在田中賴三少將的二水戰下奮勇展開戰鬥。

這支充滿回憶的二水戰，終於畫下了榮耀歷史的句點。這讓雪風的官兵，尤其是從開戰以來就一直待在這艘船上，以砲術科先任士官松井寬兵曹為首的這些人，更是感慨萬千。

測距長　龜淵銳雄
信號長　濱田清至
護理長　山田安治

一號砲塔　加藤　定
前部機砲　伊藤　浩
中部機砲　佐藤　肇

二水戰解散後，雪風和同樣在大和特攻中生還的初霜號一起被編入第三十一戰隊。三十一戰隊是以旗艦輕巡酒匂號與驅逐艦共同編制而成的反潛部隊。

五月七日德國投降，十日，名艦長寺內正道中佐留下一年半的輝煌戰績，決定離開雪風，改配屬到吳防備戰隊。據說是因為寺內艦長罹患了痔瘡，需要暫時靜養之故。

被新編為第十七驅逐隊的雪風與初霜，在五月十六日為了前往舞鶴方面整補，而前往該港。在這裡，寺內艦長在齋藤先任將校等全體弟兄的不捨之中離開了雪風，由古要桂次中佐（五十七期）接任艦長。

自去年三月上船以來，不只是在勤務方面，在作為一名青年軍官上的人格養成方面，也承蒙艦長多所教誨的田口砲術長，和其他軍官一起到舞鶴車站目送寺內艦長離去。

「喂，你們可要小心，別讓槍砲受潮了哪！就算我不在了，你們人在雪風就沒問題啦！

哎呀，打起精神來啦！」

寺內艦長從火車窗口這樣說完後，微笑著揮揮手，然後便離去了。

寺內艦長離開後不久，據說因為舞鶴會遭到敵人空襲，抑或者是前往宮津灣較為妥當，所以雪風便朝著以天橋立著稱的宮津灣出航。雪風在位於宮津鎮與橋立中間，稱為與謝海（宮津灣深處）的地方投錨，初霜號則在海灣的與謝海的中間投錨。

雪風雖說是要做為陸上砲術學校的練習艦使用，但據古要艦長的回憶，他們連一次都沒有為此開動過，只是盡可能不要使用油料，為了準備本土決戰，每天進行整補而已。

五月下旬到七月中旬這段期間，對雪風而言是段罕見的山陰假期。不管怎樣，反正不用出動，那大家就悠悠哉哉地在風光明媚的天橋立前進行游泳訓練。訓練結束之後，大家就「全體，釣魚去！」來補充糧食——這裡有多不勝數的土魠魚可以釣。

一直以來幾乎沒辦法做到的上岸和家人會面也被允許了。機關科玉寄兵曹的太太打著來天橋立觀光的名義，久違地到宮津來會客。但是當她在車站見到丈夫後不久，空襲警報就響起，只好趕快躲進附近的防空洞。不過，敵機都往舞鶴港的方向飛去，並沒有飛往宮津灣。

七月十五日，第十七驅逐隊司令松原瀧三郎大佐（五十二期）就任，雪風成為司令座艦。

在之前的六月二十二日，沖繩失陷。大家都認為敵人登陸日本本土，已是近在眼前的事。這時候Ｂ29會在夜間低空飛來，在宮津灣的入口處投放水雷。在無法進行掃雷的情況下，第十七驅逐隊的兩艘船隻與潛水母艦長鯨號，就成了籠中鳥。

接著在七月三十日早上，空襲警報轟然作響。松原司令命令麾下的兩艘艦艇讓主機維持在二十四節即時待命。他大概是認為既然敵方特遣艦隊都出現在紀州灣了，那也該來宮津灣這裡了。

果然在上午六點半，三十架艦載機（Ｆ４Ｕ海盜式戰鬥機）朝宮津灣的三艘船艦襲擊而來。迅速起錨的雪風和初霜一起在狹窄的灣中，不停來回繞圈圈應戰。

自四月大和號特攻以來，時隔三個月之久，主砲、機砲終於有大顯身手的機會。最後雖然擊落了超過五架敵機，但雪風也遭到對方的十三公厘機槍掃射，艦上多了許多小彈孔，也有一人戰死、些許人員負傷。

這天也有好幾名會客來到宮津鎮，在旅館等著雪風的弟兄上岸。

結果空襲就在他們眼前發生，而且是激烈的對空戰鬥。到了午後，傷者被運到醫院。相隔好幾個月的會客，盼到的卻是在病床上受傷的丈夫，也有年輕的妻子忍不住落淚。

但就算在這時候，雪風的運氣依然相當好。

水面下的食品儲藏室被火箭擊中，不過是一顆未爆彈。戰鬥結束後，這個區域淹滿了水，但終究沒有爆炸。

相反地，在沖繩特攻中沒有任何人戰死的初霜號，在灣內這場宛若貓捉老鼠、讓人眼花繚亂的戰鬥中，終究還是受了傷。她在獅子崎附近觸雷，龍骨彎曲，艦艇開始下沉，看樣子是碰到了B29在夜間設置的水雷。

這天，初霜號的酒匂雅三艦長（六十三期），認為應該駛出灣外，和大和號的時候一樣來一場大戰，並向松原司令發送電文表達自己的意思，但司令給他的指示是說，「靠近岸邊進行防衛戰」，結果就在靠近岸邊的時候觸雷了（這是酒匂先生自己的陳述）。

之後，裝載的深水炸彈似乎被引爆了（後來檢查發現俥葉炸飛），從艦艇開始下沉，於是初霜只好衝上獅子崎海岸，以防沉沒。

這時，酒匂艦長全身插滿了二十公厘機槍的彈片，受了重傷，但仍繼續指揮。艦內也有許多死傷者，但直到最後都還能保持指揮順暢（酒匂先生在這之後成功康復，雖然體內仍有彈片，但直到現在都還在橫濱活得好好的）。

就這樣急忙編制起來的第十七驅逐隊，又只剩下雪風一艘船艦了。

這時候，水雷科員正木日吉兵長負責操作機砲，但因為射擊過猛，二十五公厘機砲的砲管整個燒得通紅，中間甚至出現了裂痕。

機關科電機室的荒川章兵長，則在這天一大早就讓雪風的鍋爐升火待機，敵人一來就開始拚命兜圈子。雖然是久違的運轉，但完全沒有故障，全員士氣旺盛。儘管上空有無數敵機飛來，但雪風有必定會突破難關的信念。

他們兩人也都有參加沖繩特攻，正木兵長親眼目睹了大和號的沉沒，荒川兵長則救助了許多生還者，但從這時候開始，他們才真正相信雪風不沉的傳說，並在宮津灣見識了這個傳說的實證。

當天傍晚，雪風在宮津灣入口處伊根村的漁港靠岸，整艘船艦掛上魚網，在上面再掛上竹子和木頭，偽裝成一座小島。在旁邊的海岸，這天在空襲中沉沒的長鯨號官兵，正在為戰死者舉行火葬儀式。對著燃燒遺體的煙霧，古要艦長雙手合什。雪風弟兄心想，這或許是帝國海軍最後的火葬之煙了吧。

之後，古要艦長盡可能允許弟兄上岸，在宮津鎮外宿兼休養。

——已經戰敗了。既然如此，那雪風也不用再戰鬥了。艦艇和人員都辛苦太久了，想讓他們盡可能休養……

這是古要艦長的想法。油料也不多了，就算要作戰也是當浮動砲台而已，接著就只能以陸戰隊身分，準備本土決戰罷了。

雪風，集榮耀與強運於一身的船艦。作為最後一任艦長，雖然沒能經歷多采多姿的戰鬥，若能有幸帶領這艘名艦迎向終戰，這也算扮演好終結者的角色了——這也是古要艦長的心思。

然後，八月十五日的敗戰日終於到來。

斷斷續續的玉音放送……可是，當知道日本投降的時候，自艦長以下，全體弟兄都痛哭失聲，甚至還有士兵在甲板上哭到痛苦扭動。

——都已經奮戰到這種地步，祖國卻還是戰敗了……他們雖然這樣想，但雪風還是好好活下來了，這讓全體官兵的內心不禁感慨萬千。

最盛時期曾有一百艘以上的一等驅逐艦中，直到終戰還留下來的，就只有雪風、潮、響、春風、神風、澤風、矢風、汐風、夕風、波風、冬月、涼月、春月、宵月、花月、夏月等而已。

然而，開戰時的新銳艦——十八艘陽炎型當中，倖存下來的就只有雪風一艘。幾乎同型的十艘朝潮型，以及更新型的夕雲型二十艘，全都在這場戰爭中喪失殆盡。

倖存的澤風、矢風等，是大正年間下水的舊式艦（峯風型），冬月、涼月、春月等，則是一九四二年以後完工的最新銳艦，除了冬月、涼月外，其他的作戰經歷都不長。

——

到了終戰之日，雪風被編入第四十一驅逐隊，八月二十六日又編入第一預備艦隊。這段期間中，除了航海科、機關科以外的官兵都陸續復員，踏上返鄉之路。在互相告別的臉上，除了寂寞之外，更多的是「該做的都做了」的滿足感。

特別是對索羅門海戰以後始終跟雪風一起行動，堪稱「雪風一家」、早已習慣這種心境的人們而言，更是如此。田口砲術長也跟充滿回憶的雪風告別了。

九月十五日，雪風被指定為特別輸送艦，擔任運輸復員士兵的業務。艦長也在十一月以後，陸續換成橋本以行中佐、佐藤精七少佐。

十二月二十日，雪風進入舞鶴船塢，拆除以十二點七公分主砲為首，二十五公厘機砲、六十一公分魚雷發射管等武裝。

——這樣一來，身經百戰的武勇軍艦雪風，事實上生涯也告終了……

在大和號特攻的時候，一邊被把頭探出艙頂的寺內艦長左右踩著肩膀，一邊下令「左轉舵、右轉舵」的中垣航海長，從艦橋看著被起重機運走的砲塔，不由得有這樣的感慨。

第二年（一九四六年）二月十一日，改造工程告一段落，特別輸送艦雪風號於焉誕生。已經不能射擊大砲、發射魚雷的雪風舷側，那個長時間被太平洋波浪反覆沖刷的「ユキカゼ」字樣，被改漆上了羅馬拼音的「YUKIKAZE」。終於要開始運輸復員士兵了。

二月十三日，航海長換成中島典次大尉（七十一期，現姓上村），中島大尉也兼任先任軍官。

雪風在這之後，直到一九四六年十二月十八日為止，共計十五次擔任從中國和南洋運輸復員士兵的任務，將一萬三千多名士兵運回祖國。

這段期間，艦長由高田敏夫少佐代理。

一九四六年徹底完成運輸艦任務的雪風，在十二月三十日被指定為「特別保管艦」，終於要作為賠償艦，轉交給盟軍。

第二年（一九四七年）四月，東日出夫中佐擔任最後一任艦長。六月，雪風最後決定要轉交給中華民國。以下用「雪風會」代表久保木尚先生的記錄，來簡潔描述雪風移交給中國，以及歸還運動的概述。

雪風在一九四七年七月一日早上從佐世保出港，往上海駛去。

「準備出港，起錨！」

站在艦橋的東日出夫中佐，用威風凜凜的聲音下令。

東中佐是位有如關公一般，留著漂亮鬍鬚的男子。

這天，和雪風一起開往上海的，還有驅逐艦初梅、楓，海防艦四阪、第十四號、第六十七號、第一百九十四號、第二百一十五號等七艘。

在這當中，初梅號（一九四五年六月十八日完工）、楓（一九四四年十月三十日），是一九四四年四月以後完成的新型艦，三十二艘的松型（丁型）之一。

松型是海軍因為大型加強的驅逐艦在補給作戰中消耗殆盡，認為有必要量產小型輕量驅逐艦而誕生的急造艦。雖然都是以榎、萩、初櫻、檜、樺等植物來命名，但還是一等驅逐艦。

松型的排水量為一二六二噸，大約是雪風的一半，速度二十七點八節，配置有十二點七公分高射砲三門，六十一公分四聯裝魚雷發射管一座，也是雪風的一半。

當然，初梅、楓也是撤除武裝，變得光禿禿的。

「兩舷微速前進！」

雪風緩速前進，繞過向後岬把佐世保港拋在身後。

——雪風已經不會再回到日本的港口了……

東艦長回頭看著向後岬。

默默跟隨在後面的七艘非武裝艦艇……

——這就是日本最後的艦隊嗎……？

眺望著這支艦隊的艦長，眼中閃爍著晶瑩的白光。

七月三日上午十一點，雪風駛進了上海港。接著在六日，她終於被移交給中華民國。

東艦長和中島先任軍官進行最後的訓示。東艦長漂亮的鬍子，似乎不自覺地在顫抖。

「大家做得很好。明天我們就要回日本了，請大家盡情地與雪風好好道別吧。」

中島大尉的聲音也斷斷續續、幾不成聲。

安置在江田島前海軍兵學校庭院中的名驅逐艦雪風的主錨（林書豪 攝）。

不久後，伴隨著吹奏《君之代》的喇叭聲，艦艉的日章旗降了下來，變成中華民國的青天白日旗升起。

——啊，雪風已經不是日本的船艦，而是中國船艦了……

迄今為止一直忍住淚水的資深士官，終於忍不住痛哭失聲。

七月三日，雪風弟兄告別了升起青天白日旗、宛若送到別人家的養子般孤零零的雪風，搭著舊海防艦踏上回日本的歸途。

加入中華民國艦隊的雪風，改名為「丹陽」（意指紅色的夕陽或朝陽）[1]。

丹陽裝備了美國海軍的五吋（十二點

七公分）砲三門，成為新的中華民國艦隊旗艦。據說在撤退到台灣後，也曾和中華人民共和國的軍艦在金門島附近進行砲戰。

丹陽——我們的雪風似乎還在作戰。每次聽到這個消息，舊雪風的弟兄就會頭痛不已。不管是齋藤（國）大尉、田口航海長、柴田先任，還是寺內艦長（一九七八年一月十九日過世），都是如此。

丹陽——也就是曾經的新銳艦雪風（一九四〇年一月二十日完工），不知不覺自完工以來也已經過了二十年。以人類的年齡來算，應該是六十高齡了。

雪風退下現役、被繫泊在基隆岸邊的傳聞，也流傳到雪風弟兄的耳裡。

——無論如何，都要把雪風帶回來，就像三笠艦一樣，保存在內地的吳一帶才行……

一九六二年五月，舊雪風弟兄創立了「雪風會」。

十月十三日，「驅逐艦雪風保存會」正式成立，以久保木尚先生為中心，開始向大眾募集資金。

1 編註：實是以丹陽縣為名。

可是，雪風似乎還沒有引退。一九六四年十二月，在台灣高雄海面上舉行的觀艦式中，參與其中的丹陽雄姿，刊載在台灣的報紙上。「雪風還健在！」雪風會員們都欣喜萬分，但發言人久保木先生主張：

「不管怎麼說，她的艦齡都已經接近二十五年了。所以應該趁雪風還能動的時候，將她帶回日本。」於是歸還運動更加緊了腳步。

之後，雪風保存會包括直接向蔣介石總統送上請願書等，不斷熱心地展開運動，希望有一天會突然獲得歸還，但到了一九七〇年，開始有「雪風已經沉沒」、「已經被當成高齡艦加以解體」的傳聞流傳，雪風保存會的成員不禁為之心痛。

接著在一九七一年一月，中國（台灣）方面傳來通報：「我們願意把雪風的錨和舵輪歸還」。聽到這個消息，雪風保存會的成員莫不大為震驚。

——果然，雪風已經被解體了嗎？我們的悲願終究落空了……

身經百戰的名艦雪風的錨和舵輪，在一九七一年十二月八日歸還給日本。歸還的場所在橫須賀市的海上自衛隊橫須賀地方總監部。

中華民國方面派出駐日特命全權大使彭孟緝先生，日本方面則由海上幕僚長內田一臣海將等幹部、雪風保存會的野村直邦前海軍大將、福井靜夫前海軍技術少佐、寺內、東兩位前艦長，以及雪風會員五十多人出席。

看見運到會場——地方總監部庭院裡的雪風錨和舵時，雪風弟兄全都哭了起來：

「變成這樣子了嗎……？」

「那艘雄偉的軍艦，只剩下這樣一點點了嗎？」

再次為雪風流下的追悼之淚，也是為如今已亡故的十六、十七驅逐隊戰友的葬禮之淚。

雪風的舵輪被放在江田島的前海軍兵學校教育參考館中，和眾多將士的遺物一起保存，錨則被安置在庭院之中。

然後又過了十一年……

無視太平洋的廣闊、四處馳騁的名艦，她的雄姿如今只能靠著錨和舵輪緬懷，名艦的活躍，也有種化為夢幻泡影的感覺。但是，代表日本海軍的雪風活躍之姿，應該會長久烙印在日本人心中！

驅逐艦小論

豐田穰

一、僅有一次的經驗

我的海軍生涯因為從進入海軍兵學校（海兵）以來不過六年，所以並沒有上過太多艦艇。關於驅逐艦，我也只是好幾次在江田島的海岸邊，搭過和舊式巡洋艦平戶號繫泊在一起的第一代時津風號，在艦橋和艦內到處看看走走，幾乎沒有搭過一級驅逐艦的經驗。只有一次，我登上現役的時津風號（？）在土佐海域疾馳。

一九四一年春天，聯合艦隊在山本五十六長官指揮下，以高知縣西方的宿毛灣為基地，連日開赴太平洋，持續展開日以繼夜的苦練。

當時我們六十八期生是少尉候補生，即將在四月一日升任少尉軍官，每個人都幹勁十足。

有一天，伊勢號的候補生去搭乘驅逐艦，觀摩該艦的日間戰鬥的襲擊教練。之所以不選夜戰，大概是GF司令部出於體貼，不希望「有什麼閃失」吧！

說到時津風號，她和本書的主人翁雪風同屬十六驅逐隊。

為什麼會記得時津風號這個名字，是因為她和繫泊在江田內的廢艦時津風號，有著同樣的名字。不過，因為是二號艦或三號艦，所以或許是天津風號也說不定。

開戰當時十六驅的編制是雪風、時津風、天津風、初風，因此這時候的司令驅逐艦應該是雪風。

因為伊勢是二戰隊的二號艦，旗艦是日向，所以日向的候補生有可能是搭乘雪風。

十六驅駛入海上、進行各式各樣的艦隊運動後，便對一、二戰隊展開襲擊演練。（一戰隊當然是長門、陸奧）

面對進行之字運動的戰艦部隊，十五驅、十六驅的二水戰反覆進行艦隊運動，在戰艦的左舷前方占位，以全速（大約三十五節左右？）展開突擊。不管怎麼說，因為超越三十節，就等於秒速十五公尺以上，所以光是站在甲板上，吹到臉上的風就會讓人感到疼痛。

因為時津風號的艦橋很狹窄，所以候補生可以隨意登上射擊指揮所、鑽入機關科，或是前往水雷砲台觀摩。當中特別搶眼的，是上甲板中部兩座四聯裝的六十一公分魚雷發射管。雖然當時我們完全不知道九三式氧氣魚雷是什麼，但泛著異樣黑色光芒的八門發射管，還是足夠吸引候補生們的眼光。我記得這天對戰艦部隊進行了兩到三次的魚雷發射。

正如眾所周知，襲擊前，水雷戰隊要向戰艦的左舷全速突擊，取得射點（大約在一千公尺前方？氧氣魚雷應該可以更遠，但襲擊演練的時候是近身肉搏戰）後，「左滿舵！」往左變換航向，朝右舷發射魚雷後退避。

在發射後立刻要裝填下一發的情況下，聯管（聯裝發射管）的士官兵雖然沒有發出「一二、一二」的吆喝聲，但還是使出吃奶的力氣操作滑輪，將超過一噸重的魚雷裝填進發射管。他們的動作非常俐落。

我在伊勢號上的部位雖然是左舷高射砲指揮官，但在水雷戰演練的時候，一群人感受著那種八艘或十六艘驅逐艦「上啊，衝啊！」的氛圍，擠成一團在指揮所裡張望，實在是非常有魄力的記憶。至於自己實際搭乘驅逐艦，試著對四萬噸的戰艦近戰，則又是另一種切身感受的魄力了。

當時二水戰的司令官是誰，我當然已經不記得了。不過按照資料，從一九三九年十一月十五日到開戰之前的一九四一年九月十日，應該是五藤存知少將。

五藤少將是出身純正的水雷專家，在擔任五驅、十驅司令之後，歷任那珂、愛宕、鳥海、陸奧的艦長，成為二水戰司令官。之後他把二水戰交棒給田中賴三少將，轉任六戰隊司令官。一九四二年十月十二日在索羅門方面進行薩沃島海戰的時候，他在旗艦青葉號上中彈，當場死亡。

襲擊訓練途中，我們按照艦長的指示試著站在艦艉。從第三砲塔的旁邊到艦艉間，拉著一條很粗的繩索。當艦艇全速迴旋時，因為風壓很強、傾斜劇烈，就會有士兵被甩出去，所以為了讓他們容易抓緊，才拉上這樣一條繩索。全速迴旋時，隨著傾斜，艦艉會掀起很大的波浪。

結束演練後，我們一邊在軍官室裡喝著汽水，一邊和艦長、水雷長（先任軍官）懇談。年輕的通信士應該是比我大一期的六十七期生，但我記不得了。但不管怎樣，我還記得那位氣度豪邁的先任軍官這樣激勵我們：「你們早點結束在戰艦上的進修來驅逐艦吧！要真正沐浴在海潮與海風中，成為名符其實的海上男兒，就要在驅逐艦上啦！」

二、驅逐艦的成員

進入海軍兵學校之後不久，一號生便告訴我們各術科教官的區分方式：

「聽好了喔，海軍的兵科軍官分成砲術、水雷、通信、運用、航海、飛行各科。首先是砲術科，他們體格魁梧、姿態凜然。看到砲術科長就知道了喔！（當時的砲術科長是酒井原中佐，是位相貌堂堂的軍官。非常可惜的是當他擔任威克島警備隊司令的時候，因為島嶼孤立導致美軍俘虜死亡，結果在戰後被處死）接著是水雷科，他們看起來一副髒兮兮的樣子。那些穿著骯髒軍服，敬禮像招財貓似的，就是驅逐艦官兵。通信科一副神經質的樣子，看到××教官就知道了。運用科相當硬派，這是因為他們大多是從事錨作業、艦艇整備等，雖然樸素不起眼卻要求正確的工作。航海科是一副機敏的樣子，軍服漂亮、敬禮也很漂亮。這是因為航海科大多在戰艦、巡洋艦等大型軍艦的艦橋工作，所以儀容都很端正。最後是飛行科，他們給人的感覺是水雷科與航海科的綜合體。看起來雖然很機敏，卻又有種莫名的散漫。」

我覺得這種分類方法非常有趣。一年級時的分隊監事是運用科的教官，確實是位個性硬派的人物。他總是露出一副苦瓜臉，然後牢騷滿腹。

然後到了二年級，分隊監事是水雷科的荒木政臣教官。我一邊想著一號生的說法，一邊觀察這位分隊監事。某次訓話的時候，荒木教官這樣說：

「你們要活得像個男人的話，就要去驅逐艦啦！雖然不管哪一科都是為國盡心奉獻，但最勇敢雄壯的還是驅逐艦官兵。聽好了喔，艦隊決戰雖然最初是從戰艦的主砲射擊開始，但最後是靠驅逐艦的突擊來給敵人主力致命一擊。驅逐艦排成一列縱陣展開突擊的樣子，實在是既狂野又勇猛，簡直就像是和鯨魚肉搏的殺人鯨群一樣在突擊。魚雷有著狂野又強悍的破壞力，就算是四萬噸的戰艦，挨上兩三發也會失去行動力，如果吃上五發，毫無疑問就會被擊沉。總之，驅逐艦就是狂野男子漢風格的工作啦！因為是很小的船艦，所以自艦長以下都是生活與共，非常有家庭氣息，至於軍紀、風紀什麼的，則沒那麼重視，畢竟大家都是兄弟啊！」

這位教官出身山口縣，而所謂「狂野」，似乎是這時候驅逐艦官兵的口頭禪。所以從這時候起，荒木教官就被冠上了「狂野教官」的外號。

和運用科教官的細膩相比，荒木教官雖然體格矮小，但講起話來倒是口氣頗大：

「你們這些人，將來都會投入決定日本命運的戰場。因此只要好好鍛鍊身體，就不必沒頭沒腦地讀書。只要到了關鍵時刻，對老美戰艦的腹部用那狂野的玩意來上一發，這樣就夠啦！」大概就是這副德行。

除此之外，水雷科的特色就是老穿著古舊到變成羊羹色的軍服，敬禮的時候指尖會往內側彎。我雖然很喜歡這位勇猛的荒木教官，也想過上驅逐艦似乎不錯，但因為已經把駕馭飛機當成志願，所以最終還是與驅逐艦無緣，實在遺憾。

三、日俄戰爭與驅逐艦

日清戰爭以來，日本海軍的水雷艇與驅逐艦奮勇作戰，即使是在日俄戰爭中，驅逐艦也相當活躍。

可是在太平洋戰爭中，驅逐艦並沒有如預期般對敵方主力展開突擊。敵方主力的大部分在珍珠港被擊沉，而我方主力與敵方之間的海上艦隊決戰，最終也未能實現。

取而代之的是我軍驅逐艦自索羅門以來，到處負責陸軍的運輸與護衛，因此反覆投入的是戰前未曾預想到，敵我驅逐艦之間的砲戰、魚雷戰。

戰後因為書寫戰記的緣故，我得以知道這種慘烈的驅逐艦之間戰鬥的實況，在對驅逐艦弟兄表示敬意的同時，也對他們深感同情。之所以如此，是因為我的腦海裡浮現出一幅景象，那是我在當少尉候補生的時候，從戰艦伊勢號的高射砲指揮所中，看到正進行水雷戰教練、陸陸續續展開肉搏的驅逐艦身影。

「真是勇猛啊，若是用這種氣勢打過去，即使是戰艦也要吃上兩、三枚魚雷吧……」

我一邊想著過去那位「狂野」教官的話，一邊眺望著那宛若披頭散髮、狂飆猛進的年輕武者風姿。但是對水雷戰隊而言，艦隊訓練的大部分內容，也就是那種驅逐艦對戰艦部隊的果敢突擊，在太平洋戰爭中並沒有機會登場。

說到底，我認為太平洋戰爭中日本大本營的錯誤，大多是因為他們過於看重日俄戰爭勝利的經驗所導致的。

比方說，在陸軍方面，因為「二〇三高地戰役」最後是靠人海式的刺刀突擊占領目標，所以在太平洋戰爭中也把步兵的突擊看得很重。更糟糕的是因為這樣，步兵出身的軍官成了軍中主流。因為是步兵指揮官的關係，所以一開始就認為不靠戰車和飛機，僅靠最後的刺刀突擊就能獲得勝利。更重要的是兵器的製造和補給問題。步兵科的大本營參謀，對飛機、戰車乃至運輸船的補充相當冷漠，認為只要補給步槍、刺刀和子彈就足夠了。這就是瓜島以降的島嶼作戰中，屢屢發生玉碎的原因。

若說陸軍的步兵重視主義妨礙了軍隊的現代化，那海軍的偏重砲術科，就是讓這場戰爭走偏了路。

和陸軍的二〇三高地匹敵的海軍作戰原點，不用說就是日本海海戰。

在人稱聖將的東鄉大將率領下，日本艦隊在對馬海峽迎擊俄羅斯艦隊，並將之加以擊滅。這場海戰是世界戰史上無可比擬的壓倒性勝利。但是因為這場海戰，認為海戰的主力兵器是大砲、也就是所謂的大艦巨砲主義，長期支配了日本海軍。這在外國大致也是如此，一戰期間包括日德蘭海戰等，戰艦裝備的主砲精準度，都是勝利的要素。

然後，大正年間的一九二二年的「華盛頓會議」與昭和年間的一九三〇年的「倫敦會議」，讓日本海軍的高強度訓練更加激烈。因為軍艦數量受到限制，所以要透過訓練補足劣勢。於是在戰艦主砲的精準度上升同時，砲術科的參謀和將官也持續占了優勢。

這種傾向也影響到水雷戰隊，為了擊倒敵方戰艦而重視驅逐艦的魚雷攻擊，就此永久失去了展現這種訓練成果的機會。

但也正因如此，在談到這場大戰中水雷戰隊留下的酷烈戰鬥記錄時，這種操艦技術是不能遺忘的。我最近閱讀了光人社出版、軍校同期志賀博的《海軍兵科軍官》後，感觸甚深。志賀在大戰期間位居前線，參與了水雷戰隊的激戰。

就像我前面所述，雖然沒有以戰艦為對手，發生華麗的突擊戰與魚雷戰，而是在運輸途中，和敵方水雷戰隊爆發戰鬥居多，但這仍然是極為壯烈的作戰。他們賭上日俄戰爭以來驅逐艦官兵的榮譽，圍繞著這些島嶼奮戰不懈。在第一次索羅門海戰、第三次索羅門海戰、薩沃島海戰等戰役中，他們在展現魚雷攻擊的精準度同時，也展現了砲戰的技術。即使是在第二年的中部索羅門戰鬥中，他們也在庫拉灣夜戰、維拉拉維拉夜戰等戰役中，將千錘百鍊的夜間魚雷攻擊成果展現在美軍身上。

當戰場移動到太平洋西部，即使是在菲律賓的戰鬥中，我軍驅逐艦部隊儘管飽嘗運輸與戰鬥之苦，卻仍然展現出果敢戰鬥的姿態，威脅美軍的水面部隊。

日本的驅逐艦啊，雖然令人感到憾恨的是沒能親身讓世間看到自日俄戰爭以來，對敵戰艦突擊的訓練成果，但這種訓練成果在太平洋的東西兩端廣泛發揮，確實是不辱前輩的偉業。

四、美澳分割作戰

那麼，日美兩國的高層認為太平洋上日美的決戰，是怎樣的一場戰役呢？

這裡就必須分析東鄉元帥以來日本海軍的迎擊作戰。

明治三十八年（一九〇五）五月的日本海海戰，是在日本本土迎擊萬里迢迢、進行一萬數千浬遠征的波羅的海艦隊，並予之痛擊，這是很正確的。

就像許多文獻證明的，波羅的海艦隊因為長途航海疲憊不堪。生鮮糧食不足、艦內瀰漫著疾病與譁變的徵兆，整體籠罩著一種不祥的氣氛，處於無法冷靜進行戰鬥的狀態。

航速遲緩、訓練不足的波羅的海艦隊，在一心只想進入海參崴港整補的狀況下，直插對馬海峽，而迎擊的東鄉艦隊則採取大膽的T字戰法，制敵機先。

日本海海戰是理所當然會贏的一場戰役。

之後，沿襲日本海海戰戰法的海軍將領們，把這種大艦巨砲的戰力，直接視為未來日美決戰戰術上的主要兵力。然而，對於更重要的如何遭遇敵方海軍這件事，我方將領們卻逐漸忘記了日本海海戰其實是一場迎擊作戰。

不過，在太平洋戰爭爆發稍早之前不久，迎擊作戰還是有可能的。

簡單說，歷經兩次裁軍會議、被壓制在美國海軍七成以下（戰艦為六成）的日本海軍，考慮的是透過「漸減作戰」進行日美決戰。敵人要從夏威夷渡過西太平洋，對日本遠征。因此要在小笠原群島的東方，首先用潛艦奇襲削弱其兵力，接著在小笠原近海，用空母和水雷戰隊再削弱一部分。

另一方面，用高速的戰鬥巡洋艦（後來的高速戰艦）和重巡、驅逐艦混編的機動部隊進行夜間強襲，也會相當有效。就這樣把敵人的主力部隊削減到和日本一樣，也就是全力的七成。這時候我軍再出動戰艦部隊，發揮平日的訓練成果痛擊敵戰艦部隊，然後再用水雷戰隊突擊，達到日本海海戰般的戰果，這就是漸減作戰的宗旨。

這種戰法乍看之下或許顯得消極，但我認為並沒有錯。雖說未必能如預期般取得壓倒性的勝利，但至少大敗的可能性也相對較低。

然而，情勢出現了變化：飛機的發展改變了戰爭模式，且因為中日戰爭，日本為了牽制美國而與德國締結同盟，所以就變成必須要主動挑戰美國。

既然如此，那就不能等待敵人出現在小笠原附近了。

於是，山本五十六長官制定了偷襲珍珠港的作戰計畫，意圖在不待我方戰艦部隊與敵主力決戰之前，就先行殲滅美國戰艦部隊的大部分兵力，從而在戰爭初期取得有利地位，引導戰局走向勝利。結果就是展開那場大補給戰，讓沒有這種能力的日本根本弱點徹底暴露出來。

但是，若只是透過攻擊珍珠港擊破敵戰艦部隊，還是可以避免把補給線延伸到極限、千里之外的索羅門死鬥。

那麼，為什麼要在距離日本數千浬的瓜島上，進行酷烈的爭奪戰呢？

雖然談論這點並非這篇後記的主要宗旨，但因為和驅逐艦的苦鬥有關，所以我還是略提一下。

太平洋戰爭開戰前，日本海軍有兩條作戰方向。

首先是強力的聯合艦隊司令長官——山本大將的司令部策劃的珍珠港攻擊，這在日本是眾所皆知的事情。

但是大本營的海軍部、也就是軍令部所考慮的美澳分割作戰，則比較不為人所知。

什麼是美澳分割作戰呢？

那就是打通拉包爾經索羅門群島南下一線，占領新赫布里底到新喀里多尼亞乃至紐西蘭一線，分割美澳，首先逼使澳洲投降。這段期間德國會迫使英國屈服，那剩下的敵人就只剩美國。這時候，如果珍珠港攻擊已經擊破了敵主力，那登陸美國本土就變得很容易。美國人都是見風轉舵之輩，聽到日軍在舊金山附近登陸的話，一定會四散奔逃、陷入恐慌狀態，從而答應日本提出的講和條件。這就是美澳分割作戰的如意算盤。

這種作戰是當時軍令部菁英擬定的，因此有相當程度的缺陷。首先是補給問題。假使真能打到紐西蘭，要怎麼把武器、糧食運到南半球的南邊？若是陸軍，或許還會說可以就地徵用，但沿途那些以南方原住民為主的小島上，根本難以獲得能用於現代戰爭補給的物資。另一方面，太過小看飛機的戰鬥力，也可說是軍令部高層的一項錯誤判斷。

結果美澳分割作戰在第一關的瓜島就遭受挫折。之後為了補給被拋在瓜島的陸軍，又開始進行了艱難的運輸與驅逐艦的嚴酷作戰。

雖然說起來有點奇妙，但讓日本驅逐艦失去和美軍戰艦部隊對決機會的，正是在飛機發達之後所發生的珍珠港奇襲。然後，讓日本驅逐艦在索羅門進行人稱「鼠運輸」補給戰的，則是軍令部的美澳分割作戰。

儘管如此，為了延續自日俄戰爭以來的水雷戰法傳統，這些被稱為「獰猛」（海軍中對「兇猛」的戲稱）的驍勇「驅逐艦傢伙們」，在太平洋上奔馳奮戰，將其鬥志與技術發揮得淋漓盡致。對於他們的奮鬥，我致上最深切的敬意。

雪風

聯合艦隊盛衰的最後奇蹟

雪風ハ沈マズ　強運驅逐艦 栄光の生涯

作者：豐田 穰（Jou Toyoda）
譯者：鄭天恩
校對：魏秋綢
主編：區肇威（查理）
封面繪圖：梁紹先（毛球）
封面設計：倪旻鋒
內頁排版：宸遠彩藝

出版：燎原出版／遠足文化事業股份有限公司
發行：遠足文化事業股份有限公司（讀書共和國出版集團）
地址：新北市新店區民權路 108-2 號 9 樓
電話：02-22181417
信箱：sparkspub@gmail.com

讀者服務

法律顧問：華洋法律事務所／蘇文生律師
印刷：博客斯彩藝有限公司

出版：2025 年 7 月／初版一刷
電子書 2025 年 7 月／初版
定價：650 元

ISBN 978-626-99606-8-2（平裝）
978-626-99606-6-8（EPUB）
978-626-99606-7-5（PDF）

國家圖書館出版品預行編目 (CIP) 資料

雪風：聯合艦隊盛衰的最後奇蹟 / 豐田穰著；鄭天恩譯 . -- 初版 . -- 新北市：遠足文化事業股份有限公司燎原出版：遠足文化事業股份有限公司發行 , 2025.07
568 面；14.8 X 21 公分
譯自：雪風ハ沈マズ　強運驅逐艦　栄光の生涯
ISBN 978-626-99606-8-2(平裝)
1. 海軍　2. 軍艦　3. 第二次世界大戰　4. 海戰史　5. 日本
592.918　　114008780